江苏省环境空气中细颗粒物、臭氧及其前体物特征研究

主　编◎郁建桥　单　阳　钟　声

副主编◎秦　玮　秦艳红　余进海　茅晶晶

河海大學出版社

HOHAI UNIVERSITY PRESS

·南京·

图书在版编目(CIP)数据

江苏省环境空气中细颗粒物、臭氧及其前体物特征研
究 / 郁建桥,单阳,钟声主编 ;秦玮等副主编.
南京:河海大学出版社,2024.12. -- ISBN 978-7
-5630-9507-0
Ⅰ.X51
中国国家版本馆 CIP 数据核字第 2024XV2104 号

书　　名	江苏省环境空气中细颗粒物、臭氧及其前体物特征研究	
	JIANGSUSHENG HUANJING KONGQI ZHONG XI KELIWU、CHOUYANG JIQI QIANTIWU TEZHENG YANJIU	
书　　号	ISBN 978-7-5630-9507-0	
责任编辑	杜文渊	
文字编辑	殷　梓	
特约校对	李　浪　杜彩平	
装帧设计	徐娟娟	
出版发行	河海大学出版社	
地　　址	南京市西康路 1 号(邮编:210098)	
电　　话	(025)83737852(总编室)　(025)83787763(编辑室)	
	(025)83722833(营销部)	
经　　销	江苏省新华发行集团有限公司	
排　　版	南京月叶图文制作有限公司	
印　　刷	广东虎彩云印刷有限公司	
开　　本	787 毫米×1092 毫米　　1/16	
印　　张	15.75	
字　　数	330 千字	
版　　次	2024 年 12 月第 1 版	
印　　次	2024 年 12 月第 1 次印刷	
定　　价	108.00 元	

前言

岁月不居,时节如流,弹指一挥间,距离 2012 年年初《环境空气质量标准》(GB 3095—2012)发布已经过去 12 年,刚刚过去的 2023 年更是污染防治"攻坚战"从"坚决打好"到"深入打好"的中局之年,在江苏省委、省政府坚强领导和生态环境部有力指导下,2023 年江苏省环境空气 $PM_{2.5}$ 年均浓度为 33 $\mu g/m^3$,连续 3 年达到国家空气质量二级标准,全省设区市环境空气质量平均优良天数比率为 79.6%,$PM_{2.5}$ 浓度和优良天数比率均达到国家考核目标要求。

每一微克 $PM_{2.5}$ 浓度的下降,每一个优良天的增加,背后都有庞大的系统工程的贡献,而当浓度进入一个低水平阶段后,治理难度会更大,每一微克的改善,背后会有更艰苦的付出,而且改善程度更容易受到气象条件波动的影响,空气质量持续改善的边际成本将递增。为了更好地支撑"十四五"乃至"十五五"江苏省环境空气质量的持续改善,江苏省环境监测中心联合北京大学、中国科学院大气物理研究所、江苏省气象台等多家单位,依托"江苏省 $PM_{2.5}$ 和臭氧协同控制重大专项"的研究成果(课题一和课题五),编制了《江苏省环境空气中细颗粒物、臭氧及其前体物特征研究》的书稿。

本书共分为六篇,主要包括时间篇、空间篇、气象篇、成因篇、预报篇、溯源与对策篇,其中时间篇(第一篇)、空间篇(第二篇)和成因篇(第四篇)重点梳理了 2015 年至 2022 年间 $PM_{2.5}$ 和臭氧及其前体物的时空特征变化规律;气象篇(第三篇)系统分析了气象条件对江苏省空气质量的影响;预报篇(第五篇)介绍了江苏省空气质量预报工作,并对预报模式的优化方法进行了一系列探索;溯源与对策篇(第六篇)则结合江苏省大气污染成因分析工作,系统介绍不同溯源技术及其实际运用情况和相关防治对策,以期为我省生态环境管理部门提供技术支撑,也让读者对江苏省环境空气质量、预测预报及精准溯源等有一个基本的了解。

本书由郁建桥、单阳、钟声策划,负责全书的总体构思和结构设计;由秦玮、秦艳红、余进海、茅晶晶统稿,并对各章节编写质量进行把关;秦艳红、余进海、茅晶晶、徐政、蒋自强、曹军、陆维青、马茜雅、楚翠姣、孙鹏、吴志军、晏平仲、皮冬勤、王文丁、陈昊、严文莲、项萍、高宗江、郭松、韩珣、黄琴负责全书的编写工作。因本书涉及的数据较多,分析的内容较广,受制于专业水平和实际经验等多方面的限制,本书可能会有不全面甚至不妥的地方,望同行及读者批评指正、不吝赐教。本书在文本编写和数据分析方面得到了江苏省 13 个驻市环境监测中心的支持,在此对刘军、丁峰、杜元新、东梅、李昌龙、孙瑞、潘晨、李璐、吴福全、魏恒、钱震、杨杰、陈程、王瑜、杨广利、吴鑫宇、赵有政、咸月、谢扬、易睿、邱坚、田苗苗、吴莹、王玉祥、王辉、许纯领等人表示感谢,此外,感谢袁琦、陈诚、杨雪、王爱平、丁铭、陈文泰、卢兴东、吴晓杨等人对本书编写工作的支撑,感谢河海大学出版社对本书出版的支持。

　　最后,作者在本书的编写过程中深刻感受到"十二五""十三五"期间空气质量的提升和 $PM_{2.5}$ 浓度的持续下降来之不易。空气质量改善工作经历了风雨洗礼,最终取得了沉甸甸的收获,然而"十四五"是深入打好污染防治"攻坚战"的关键阶段,空气质量改善的压力陡增,希望本书的出版能为下一步江苏省空气质量持续提升贡献出微薄之力。

郁建桥　单阳　钟声

2024 年 3 月

目录

第一篇　时间篇

第二篇　空间篇

第三篇　气象篇

第四篇　成因篇

目
录

第一篇 时间篇

本篇围绕江苏省 $PM_{2.5}$ 和臭氧的时间变化，描述了 $PM_{2.5}$ 和臭氧的年、月、日等变化特征，并梳理了 $PM_{2.5}$ 和臭氧协同污染的变化特征，从而帮助读者对江苏省 $PM_{2.5}$ 和臭氧的时间变化规律有一个整体了解。

第一章　江苏省 PM₂.₅ 时间变化特征

第一章

江苏省 PM₂.₅ 时间变化特征

第一节　PM₂.₅ 年变化特征分析

截至 2022 年，江苏省 PM$_{2.5}$[①] 年均浓度实现 2013 年以来"九连降"，图 1-1-1 是 2015—2022 年 13 个设区市 PM$_{2.5}$ 浓度变化情况。整体而言，徐州市 PM$_{2.5}$ 浓度呈现先波动后下降的趋势，最高浓度出现在 2017 年，其余 12 个市 PM$_{2.5}$ 浓度在 2015—2022 年中均表现出波动下降的趋势，最高浓度均出现在 2015 年；2022 年相较 2015 年，南京、无锡、徐州、常州、苏州、南通、连云港、淮安、盐城、扬州、镇江、泰州和宿迁 PM$_{2.5}$ 的下降浓度分别为 3.7、4.3、3.1、3.4、3.9、4.1、3.1、3.0、3.0、2.9、3.0、3.7、3.0 μg/(m³·年)，无锡下降浓度最高，扬州下降浓度最低。此外，整体而言，沿江 8 市平均下降浓度[高于 3.6 μg/(m³·年)]高于苏北 5 市平均下降浓度[低于 3.1 μg/(m³·年)]。

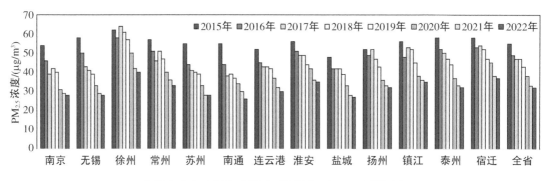

◎ 图 1-1-1　2015—2022 年 13 个设区市 PM₂.₅ 平均浓度

生态环境部在我省共布设了 4 个国家区域环境空气质量监测子站（以下简称区域站），其主要功能是分析跨行政区的区域内、区域间和跨国界大气污染物的浓度水平和传输规律，研判区域大气污染发生发展趋势，为区域重污染天气预报预警提供支持。我省的 4 个区域站分别是苏州市西山站、扬州市宝应站、盐城市鹤乐园站和宿迁市洪泽湖站。从区域站和国家环

---

① 未特殊说明时，PM$_{2.5}$ 使用的数据均为监测时大气温度和压力下的浓度。

境空气质量监测网城市站(简称城市站,主要用于监测城市建成区的环境空气质量整体状况和变化趋势,参与城市环境空气质量评价)$PM_{2.5}$ 浓度来看,除宿迁市区域站 $PM_{2.5}$ 浓度达 30 $\mu g/m^3$ 外,其余 3 个区域站 $PM_{2.5}$ 浓度均相对平稳,年均浓度在 20 $\mu g/m^3$ 左右,浓度均明显低于城市站。从变化幅度看,除宿迁区域站外,其余区域站点 2022 年同比变化幅度均低于 2021 年同比变化幅度。其中 2022 年苏州、扬州的区域站变化幅度低于城市站,盐城和宿迁区域站变化幅度高于城市站。从年际变化看,宿迁区域站 $PM_{2.5}$ 年均浓度逐年下降,其余 3 个区域站浓度呈波动下降趋势,全省颗粒物污染形势逐年改善,如图 1-1-2 所示。

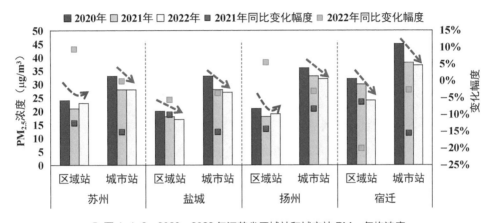

◎ 图 1-1-2　2020—2022 年江苏省区域站和城市站 $PM_{2.5}$ 年均浓度

　　按照《环境空气质量标准》(GB 3095—2012)对江苏省 $PM_{2.5}$ 的浓度分布情况进行分析,详见图 1-1-3。从结果来看,2015—2022 年江苏省 $PM_{2.5}$ 优级天(仅以 $PM_{2.5}$ 浓度统计,本段下同)的占比分别为 32.8%、44.8%、42.9%、48.2%、49.1%、59.4%、64.2% 和 70.2%。整体来看,$PM_{2.5}$ 优级天数的比例呈波动上升的趋势,且 2022 年 $PM_{2.5}$ 优级天数占全年的三分之二以上;2015—2022 年江苏省 $PM_{2.5}$ 良级天数的比例分别为 46.5%、37.7%、42.1%、37.0%、37.8%、33.0%、30.6% 和 24.2%。$PM_{2.5}$ 轻度污染天的频率分布分别为 13.4%、11.8%、11.3%、9.6%、10.4%、5.0%、4.6% 和 4.6%,$PM_{2.5}$ 中度污染天的频率分布分别为 4.1%、4.2%、2.6%、3.1%、2.4%、1.8%、0.5% 和 0.9%。$PM_{2.5}$ 重度污染天及以上的比例分别为 3.1%、1.5%、1.1%、2.2%、0.4%、0.8%、0.1% 和 0.1%。整体来看,除 $PM_{2.5}$ 优级天外,其余级别的占比基本呈下降趋势,且严重污染天仅出现在 2015 年和 2017 年。2018—2022 年连续五年未出现严重污染天。然而尽管 2020 年 $PM_{2.5}$ 浓度达标率明显提升,但重度污染天数的占比较 2019 年呈上升趋势,升幅达 0.4 个百分点,污染天数较 2019 年升高 1.12 倍。

注:本书计算数据或因四舍五入原则,存在微小数值误差。

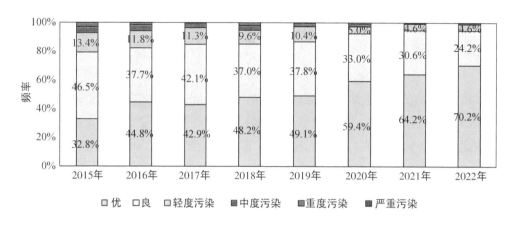

○ 图 1-1-3 江苏省 2015—2022 年 $PM_{2.5}$ 浓度频率分布

如图 1-1-4 所示,优级别 $PM_{2.5}$ 浓度频率呈现逐年升高的趋势,良、轻度污染和中度污染条件下 $PM_{2.5}$ 频率呈现波动下降趋势。2020—2022 年 13 个设区市轻度污染超标频率大幅下降,2022 年各设区市的频率在 2.2%～7.9%,各设区市的频率范围进一步收窄。部分轻度污染可随 $PM_{2.5}$ 浓度的进一步降低逐步达到《环境空气质量标准》中的二级标准(以下简称"空气质量二级标准"),使 $PM_{2.5}$ 达标率上升,因此需要对 $PM_{2.5}$ 引起的轻度污染加以重视。

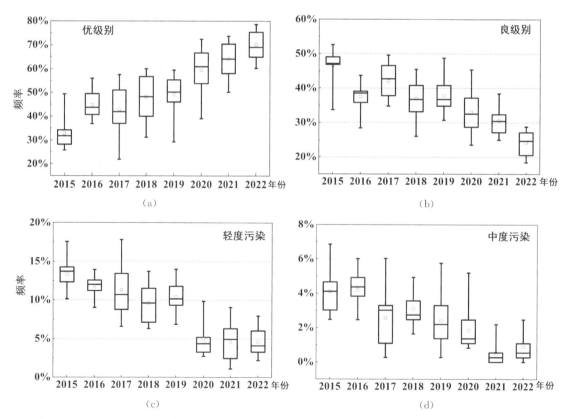

○ 图 1-1-4 2015—2022 年各设区市 $PM_{2.5}$ 浓度在优级别(a)、良级别(b)、轻度污染(c)、中度污染(d)出现频率

从 2015—2022 年江苏省 13 个设区市年均值的分布来看[详见图 1-1-5(b)]，$PM_{2.5}$ 平均浓度分别为 55、49、47、47、43、38、33 和 32 $\mu g/m^3$，整体表现出下降的趋势。此外，2020 年以后我省 $PM_{2.5}$ 年均浓度均进入"30＋"。2020 年南京、无锡、苏州、南通和盐城 5 市 $PM_{2.5}$ 年均浓度首次达空气质量二级标准，2021 年 8 市达到空气质量二级标准，2022 年 11 市达到空气质量二级标准。此外，2015—2022 年 13 个设区市全年日均值中 $PM_{2.5}$ 最大值和最小值分布呈波动下降趋势。尽管 2022 年年均浓度为近 8 年最低值，但是 2022 年 13 个设区市全年日均值中 $PM_{2.5}$ 浓度最小值（中位数）以及 $PM_{2.5}$ 最大值（中位数）仍高于 2021 年。这表明现阶段 $PM_{2.5}$ 持续下降的趋势还不稳固，需持续开展 $PM_{2.5}$ 污染防治工作。

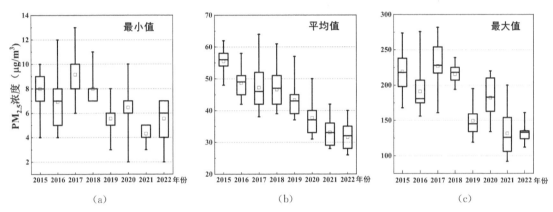

注：图中小方框表示全省平均值，箱式图从上到下依次是最大值、上四分位数、中位数、下四分位数、最小值

◯ 图 1-1-5　2015—2022 年江苏省 $PM_{2.5}$ 日均最小值(a)、平均值(b)和最大值(c)

从 2015—2022 年 13 个设区市以 $PM_{2.5}$ 为首要污染物的超标天数来看[图 1-1-6(a)]，2015—2022 年全省以 $PM_{2.5}$ 为首要污染物的超标天数平均为 69、60、51、50、43、25、16 和 19 天，超标率分别为 19.0%、16.6%、14.4%、13.9%、12.2%、7.5%、4.6% 和 5.5%。整体均呈现波动下降的趋势，其中 2022 年较 2021 年呈现小幅上升。从 2015—2022 年 13 个设区市 $PM_{2.5}$ 超标天数来看[图 1-1-6(b)]，2015—2022 年全省 $PM_{2.5}$ 浓度超标天数分别为 979、833、711、706、623、361、249 和 265 天，设区市平均超标天数分别为 75、64、55、54、48、28、19 和 20 天，$PM_{2.5}$ 超标率分别为 20.6%、17.5%、15.0%、14.9%、13.1%、7.6%、5.3% 和 5.6%。整体呈现波动下降的趋势，2022 年较 2021 年小幅上升。

我省优良天数比率自 2019 年以来逐年改善，其中 2022 年受极端高温少雨天气影响，臭氧频频超标导致全年优良天数比率有所下滑。从 $PM_{2.5}$ 对优良天数比率贡献来看，2015—2022 年 $PM_{2.5}$ 贡献显著降低，从 2015 年的占比 51.9% 降至 2022 年的 21.1%。其中 2017 年、2019 年及 2021 年占比降幅较大，表明除人为管控措施外，气象条件也有利于颗粒物扩散。从设区市来看，徐州、盐城、宿迁近年来占比排名在 13 市中靠前，泰州为 2015 年以 $PM_{2.5}$ 为首要污染物超标天数占比最高城市，淮安为 2022 年以 $PM_{2.5}$ 为首要污染物超标天数占比最高城市。从下降趋势来看，淮安、泰州 2 市呈现逐年下降趋势，其余 11 市呈现波动下降趋势。详见图 1-1-7 和图 1-1-8。

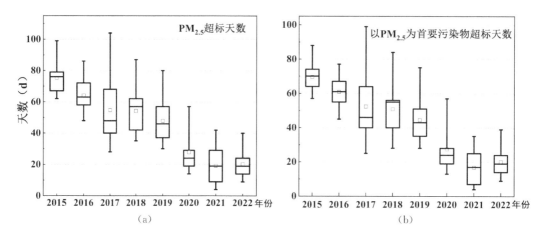

注：图中小方框表示全省平均值，箱式图从上到下依次是最大值、上四分位数、中位数、下四分位数、最小值

图 1-1-6　2015—2022 年江苏省 13 个设区市以 PM$_{2.5}$ 为首要污染物超标天数(a)和 PM$_{2.5}$ 浓度超标天数(b)

图 1-1-7　2015—2022 年江苏省优良天数比率及 PM$_{2.5}$ 贡献占比逐年变化

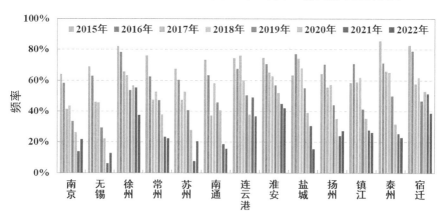

图 1-1-8　2015—2022 年江苏省设区市优良天数比率逐年变化

第二节　PM₂.₅月变化特征分析

　　图1-1-9展现了2015—2022年江苏省PM$_{2.5}$浓度月分布情况。江苏省PM$_{2.5}$浓度高值多集中在秋冬季。PM$_{2.5}$月均浓度呈"两头高、中间低"的V形分布。自1月起PM$_{2.5}$浓度逐月波动下降,夏季达到全年最低水平,入秋后又逐渐转为上升趋势。最高浓度主要出现在1月(2016年、2018—2022年)和12月(2015年和2017年),最低浓度主要出现在7月(2021年和2022年)、8月(2016年—2020年)和9月(2015年)。

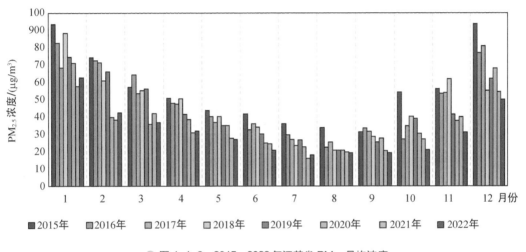

◯ 图1-1-9　2015—2022年江苏省PM$_{2.5}$月均浓度

　　图1-1-10展示了2015—2022年江苏省PM$_{2.5}$浓度超标天数的月分布规律。2015—2022年中PM$_{2.5}$浓度超标天主要集中在1—3月和11—12月。不同年份PM$_{2.5}$超标天数的月分布规律有所差别,2015年、2016年和2022年超标天数前三的月份分别是1月、12

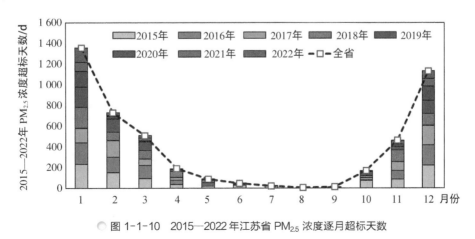

◯ 图1-1-10　2015—2022年江苏省PM$_{2.5}$浓度逐月超标天数

月和 2 月，2018 年、2020 年和 2022 年超标天数前三的月份分别是 1 月、12 月和 11 月，2017 年超标天数前三的月份分别是 12 月、2 月和 1 月，2019 年超标天数前三的月份分别是 1 月、2 月和 12 月。2015 年各月均有 $PM_{2.5}$ 浓度超标天，2016 年起 $PM_{2.5}$ 浓度出现超标的月份逐年减少，2016—2021 年无 $PM_{2.5}$ 浓度超标天的月份分别为 8 月、7—8 月、7—9 月、7—9 月、6—9 月、6—9 月，2022 年无 $PM_{2.5}$ 浓度超标天的月份为 4 月及 6—10 月。整体而言，夏季 $PM_{2.5}$ 浓度超标天数明显减少。

第三节　$PM_{2.5}$ 日变化特征分析

图 1-1-11 展示了 2015—2022 年江苏省(左)和 2022 年 13 个设区市(右)$PM_{2.5}$ 浓度日变化特征。不同年际间 $PM_{2.5}$ 浓度基本表现出相似的日变化特征，最高值主要出现在 8—9 时，最低值均出现在 16 时，这主要是由于夜间边界层下降，污染物不断累积，在 8—9 时左右累积贡献达到最大，随后随着白天太阳辐射增强，大气边界层打开，空气垂直对流活动增强，大气污染物被稀释，16 时大气 $PM_{2.5}$ 浓度降至最低；不同设区市间 $PM_{2.5}$ 浓度同样基本表现出相似的日变化特征，除宿迁(3 时)外，其余 12 市在早上 7—9 时达到峰值，在 15—17 时大气 $PM_{2.5}$ 浓度降至最低，随后 $PM_{2.5}$ 浓度呈现上升趋势。

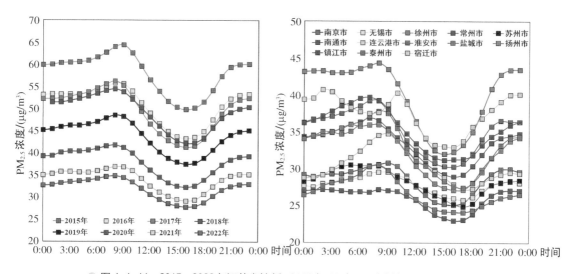

○ 图 1-1-11　2015—2022 年江苏省(左)和 2022 年 13 个设区市(右)$PM_{2.5}$ 浓度日变化

图 1-1-12 是 2015—2022 年江苏省 $PM_{2.5}$ 不同污染等级下的日变化特征。除 $PM_{2.5}$ 浓度等级为重度污染和优外，其余等级下，不同年际间 $PM_{2.5}$ 的日变化整体都表现出相似性。夜间浓度较高，在 8—11 时前后达到最高值，日出后随着边界层高度抬升，$PM_{2.5}$ 浓度迅速下降，在 14—17 时达到最低，随后浓度开始升高。值得注意的是，$PM_{2.5}$ 浓度在良、轻

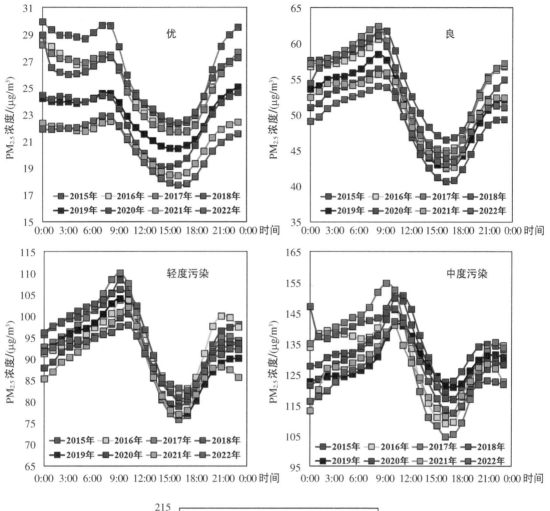

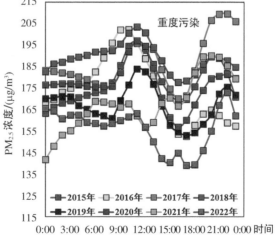

○ 图 1-1-12　2015—2022 年江苏省 PM$_{2.5}$ 不同污染等级下的浓度日变化

度污染和中度污染下,最高值出现的时间分别在 8—9 时(7 年在 8 时)、9—10 时(5 年在 9 时)、9—11 时(5 年在 10 时),高值出现的时段随着污染程度的增加逐渐延迟,这可能是由于随着 $PM_{2.5}$ 污染程度的加重,气象条件主要以小风、静稳条件为主,大气扩散能力逐渐减弱。此外,$PM_{2.5}$ 浓度处于优级天时,凌晨到白天期间 $PM_{2.5}$ 浓度持续处于高位,7—8 时达到高值(2015—2018 年及 2020 年最高值出现在 0 时,次高值出现在 7—8 时),随后 $PM_{2.5}$ 浓度呈现下降趋势,在 14—17 时左右达到最低值,随后 $PM_{2.5}$ 呈上升趋势;$PM_{2.5}$ 浓度处于重度污染天时,受污染期间的气象条件及污染物排放水平等共同作用影响,不同年际间 $PM_{2.5}$ 的浓度差异性明显,出现 2~3 个不同程度的峰值。

表 1-1-1 为各设区市 2015—2022 年 $PM_{2.5}$ 波峰和波谷间的变化速率。除 2016 年泰州和 2020 年宿迁 $PM_{2.5}$ 变化速率最高外,其余时间段均为徐州市 $PM_{2.5}$ 的变化速率最高,其次是南京、泰州、淮安、扬州、盐城、连云港和宿迁等市。从变化速率平均结果来看,徐州的变化速率最高,苏州变化速率最低。

表 1-1-1　2015—2022 年各设区市 $PM_{2.5}$ 波峰和波谷间的变化速率

设区市\年份	南京	无锡	常州	苏州	南通	扬州	镇江	泰州	徐州	连云港	淮安	盐城	宿迁
2015年	1.2	1.2	1.8	1.1	1.5	2.6	1.5	2.2	2.9	2.5	2.2	2.6	1.4
2016年	1.4	1.1	1.7	0.5	1.7	2.0	1.7	2.6	2.4	1.6	1.8	1.8	2.4
2017年	1.3	1.2	1.9	1.0	1.0	1.7	2.3	2.5	2.8	1.9	2.4	2.0	2.3
2018年	0.7	0.8	1.3	0.9	1.5	1.2	1.3	1.0	2.1	1.0	1.0	1.3	1.1
2019年	1.0	0.9	1.3	1.0	0.9	1.5	0.6	2.1	2.4	1.6	2.4	1.7	0.8
2020年	0.9	0.8	1.1	0.8	0.9	1.3	1.2	1.4	1.2	1.2	1.7	1.3	2.0
2021年	1.0	0.8	1.3	0.6	1.0	1.0	1.0	1.2	1.7	0.8	1.3	1.0	0.7
2022年	0.8	0.5	0.9	0.5	0.5	1.1	1.1	1.2	1.8	0.9	1.1	0.7	0.6

江苏省臭氧时间变化特征

第一节 臭氧年变化特征分析

图 1-2-1 是 2015—2022 年 13 个设区市臭氧[①]日最大 8 小时滑动平均值的第 90 百分位浓度变化情况。整体而言,各设区市臭氧浓度均呈现波动升高的趋势,其中最高臭氧浓度主要出现在 2019 年(南京、无锡、徐州、常州、连云港、淮安、镇江、泰州和宿迁,其中镇江 2022 年与 2019 年持平)和 2022 年(苏州、南通、盐城、扬州);从最大增幅看(最高浓度与最低浓度之差),南京、无锡、徐州、常州、苏州、南通、连云港、淮安、盐城、扬州、镇江、泰州和宿迁臭氧的最大增幅分别为 24、24、40、30、19、33、27、12、33、31、36、31、43 µg/m³,徐州和宿迁升幅最大,达 40 µg/m³ 以上;此外,整体而言,沿江 8 市(28.5 µg/m³)最大增幅高于苏北 5 市(31.0 µg/m³)。

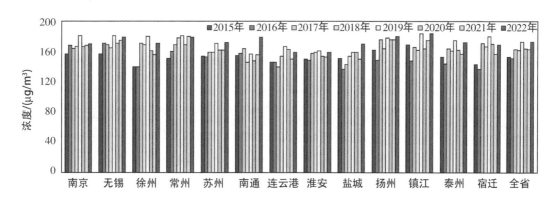

● 图 1-2-1 2015—2022 年 13 个设区市臭氧日最大 8 小时滑动平均值的第 90 百分位数浓度

从区域站和国家环境空气质量监测网城市站臭氧日最大 8 小时第 90 百分位浓度看(图 1-2-2),除 2020 年苏州外,其余条件下区域站臭氧浓度均高于城市站,这主要是由于

---

① 未特殊说明时,臭氧使用的数据均为参比状态(大气温度为 298.15 K,大气压力为 1 013.25 hPa 时的状态)下的浓度。

区域站多位于城市周边较为清洁的区域,人类活动相对较小,NO$_x$ 等浓度水平低于城市地区,滴定作用较弱,且城市中含有高浓度 VOCs 和 NO$_x$ 等前体物,在传输过程中不断发生化学反应,传输到下方向区域站后气团中往往含有高浓度臭氧,因此区域站的臭氧浓度往往高于城市站。从江苏省数据看,区域站较城市站偏高幅度在 1.18%～10.83%,其中宿迁区域站较城市站浓度的偏高幅度更高。从变化幅度看,除苏州区域站外,其余站点 2022年同比变化幅度均高于 2021 年同比变化幅度,其中 2022 年苏州的区域站变化幅度高于城市站,盐城、扬州和宿迁区域站变化幅度低于城市站。从年际变化看,除扬州区域站臭氧浓度持续在高位徘徊外,其余 3 个区域站浓度整体上呈上升趋势,全省臭氧污染形势逐年加重。

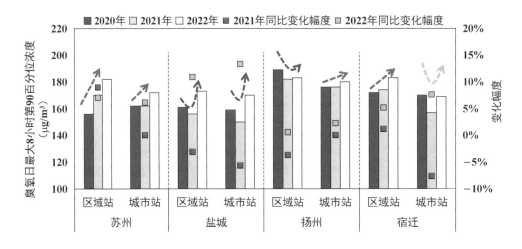

○ 图 1-2-2　2020—2022 年江苏省区域站和城市站臭氧日最大 8 小时第 90 百分位年均浓度

按照《环境空气质量标准》对江苏省臭氧日最大 8 小时滑动均值的频率分布情况进行分析,从结果来看(图 1-2-3),2015—2022 年江苏省臭氧优级天(仅以臭氧日最大 8 小时滑动均值统计,本段下同)的频率分别为 61.1%、65.4%、56.8%、57.0%、51.9%、53.1%、56.5% 和 46.5%,整体来看,臭氧优级天的比例呈波动下降的趋势;2015—2022 年江苏省良级天的比例分别为 31.0%、27.0%、32.4%、32.5%、33.2%、35.9%、32.5% 和 38.7%,整体来看,良级天的变化呈现小幅波动上升的趋势;臭氧轻度污染天的频率分布分别为 7.1%、7.3%、9.5%、9.3%、12.7%、10.1%、9.5% 和 13.2%,中度污染天的频率分布分别为 0.7%、0.3%、1.3%、1.2%、2.2%、0.9%、1.4% 和 1.6%,整体来看,污染天比例呈现小幅波动上升的趋势。

进一步细化江苏省臭氧污染关键浓度的分布情况,具体如图 1-2-4 所示,从结果来看,臭氧高值频率呈波动上升的趋势,其中介于 160～180 μg/m³ 的臭氧浓度是可争取改善为良级天的关键浓度范围,140～160 μg/m³ 是须小心防范、以防遇不利气象条件时"突变"为污染天的关键浓度范围。整体来看,2022 年 140～160 μg/m³ 和 160～180 μg/m³ 范围的频率较 2015 年分别提升 3.6 和 3.2 个百分点。

○ 图 1-2-3　江苏省 2015—2022 年臭氧日最大 8 小时滑动均值频率分布

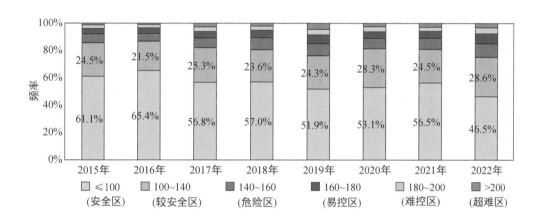

○ 图 1-2-4　2015—2022 年江苏省臭氧 8 小时滑动平均值在不同区间段出现频率

如图 1-2-5 所示,近几年中,低浓度(≤100 μg/m³)的臭氧呈现波动下降的趋势,良及轻度污染的臭氧频率整体呈现大幅波动上升的趋势,中度污染的臭氧频率呈现小幅波动上升趋势。2022 年 11 个城市臭氧 8 小时滑动平均值出现轻度污染的频率超过 10%,平均超标频率较 2021 年升高 3.7 个百分点。

从 2015—2022 年 13 个设区市臭氧日最大 8 小时滑动平均值第 90 百分位数的分布来看,详见图 1-2-6(b),臭氧日最大 8 小时滑动平均值第 90 百分位数分别为 153、151、163、162、173、164、163 和 173 μg/m³,整体表现出波动上升的趋势,其中 2020 年我省臭氧日最大 8 小时滑动平均值第 90 百分位数首次大幅下降,下降幅度达 9 μg/m³。2021 年和 2022 年臭氧浓度再次出现抬升态势。此外,2015—2020 年 13 个设区市 $PM_{2.5}$ 最大值和最小值分布相对平稳,无明显上升或下降趋势。

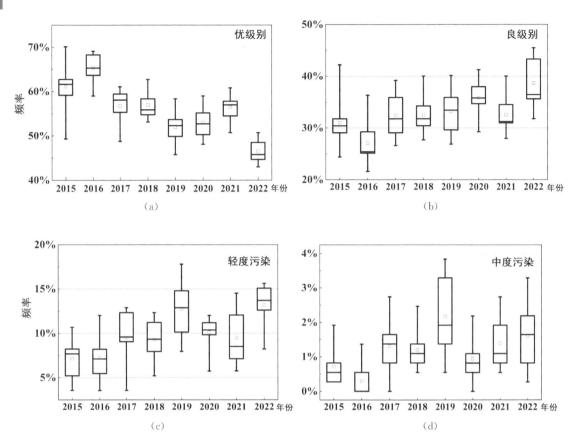

图 1-2-5　2015—2022 年设区市臭氧 8 小时滑动平均值在优级别(a)、
良级别(b)、轻度污染(c)、中度污染(d)出现的频率

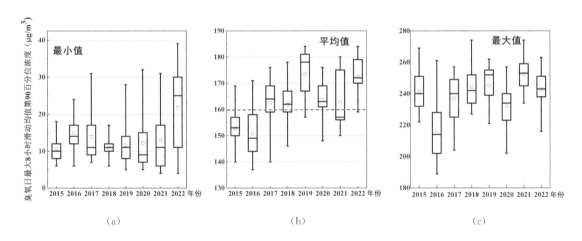

注：图中小方框表示全省平均值，箱式图从上到下依次是最大值、上四分位数、中位数、下四分位数、最小值，红色
虚线为臭氧的空气质量二级标准浓度

图 1-2-6　2015—2022 年江苏省臭氧日最大 8 小时滑动平均值的第 90 百分位数最小值(a)、平均值(b)、最大值(c)

从 2015—2022 年 13 个设区市以臭氧为首要污染物的超标天数来看[图 1-2-7(a)]，全省以臭氧为首要污染物(以下缩略为"首污")的平均超标天数为 26、27、39、36、53、40、40 和 54 天，超标率分别为 7.1%、7.5%、10.6%、9.8%、14.6%、11.0%、10.8% 和 14.8%，除 2018 年和 2020 年外，其余年份整体均呈现上升的趋势，其中 2020 年降幅最为突出。从 2015—2022 年 13 个设区市臭氧超标天数来看[图 1-2-7(b)]，超标天数分别为 374、359、512、499、707、527、520 和 702 天，年平均超标天数分别为 29、28、39、38、54、41、40 和 54 天，臭氧超标率分别为 7.9%、7.6%、10.8%、10.5%、14.9%、11.1%、10.9% 和 14.8%，整体呈现波动上升的趋势，其中 2019 年升幅最突出，2020 年降幅最突出。

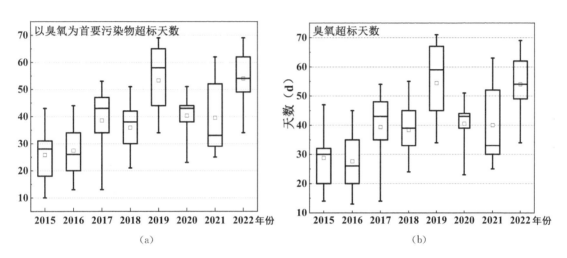

注：图中小方框表示全省平均值，箱式图从上到下依次是最大值、上四分位数、中位数、下四分位数、最小值

◎ 图 1-2-7　2015—2022 年江苏省以臭氧为首要污染物超标天数(a)和臭氧超标天数(b)

我省优良天数比率自 2019 年以来逐年改善(图 1-2-8)，其中 2022 年受极端高温少雨天气影响，臭氧频频超标导致全年优良天数比率有所下滑。从臭氧对优良天数比率贡献来看，2018—2022 年臭氧贡献显著上升，目前臭氧污染已超过其他污染物，成为影响我省优良天数比率的首要污染物；从城市来看(图 1-2-9)，自 2016 年起，无锡是臭氧首污超标天占比最高城市，从 2016 年占比 40.7% 增加至 2022 年的 83.1%。2022 年无锡、南通、盐城臭氧首污超标天占比均超过 80%，空气质量受臭氧影响较大。从 2018—2022 年增速来看，盐城、南通、泰州增速显著。从历年逐月情况来看，臭氧对全省优良天数比率的影响集中在 3—10 月，其中 6—9 月超标天首污均为臭氧(除 2020 年 6 月出现一次沙尘过程导致 2 天首污为 PM_{10} 的超标天)。

基于全省角度统计出现臭氧污染的频次时，只要城市当日存在臭氧污染的即为 1 次。从逐年臭氧污染频次来看(图 1-2-10)，与优良天数比率逐年变化一致，优良天数比率较差的 2019 年和 2022 年臭氧污染频次也显著增加，2021 年污染频次最少。从重度污染天来

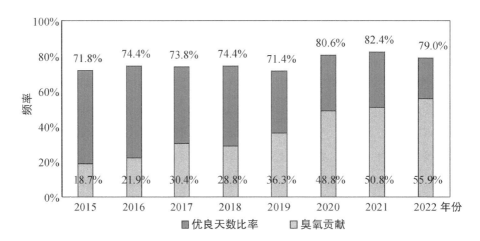

○ 图 1-2-8　2015—2022 年江苏省优良天数比率逐年变化

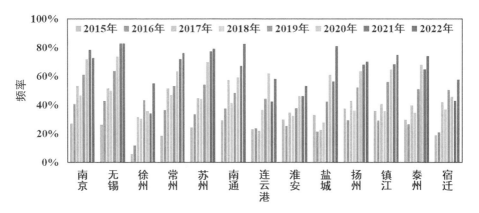

○ 图 1-2-9　2015—2022 年设区市优良天数比率逐年变化

看,污染频次较低的 2018 年、2021 年分别出现了 1 天和 3 天的重度污染天,2022 年 6 月也出现了 3 天重度污染天,表明重度污染天的出现与污染频率无明显相关关系,极端臭氧污染事件多出现在大范围快速升温的气象条件下,多存在偶发性。

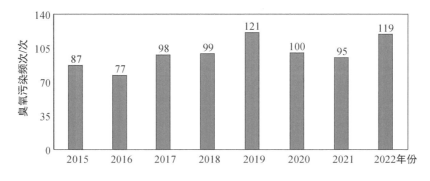

○ 图 1-2-10　2015—2022 年臭氧污染频次

第二节 臭氧月变化特征分析

图 1-2-11 是 2015—2022 年臭氧日最大 8 小时滑动平均值的第 90 百分位数月变化。各市臭氧浓度月变化大多在夏季和秋初呈现双峰特征。在不同年份,各市臭氧浓度的月变化呈现一定的相似性,说明其浓度变化主要受到当地排放特征和气候特征的影响。最高浓度主要出现在 5 月(2017 年和 2020 年)、6 月(2015 年、2018 年、2019 年、2021 年、2022年)、9 月(2016 年),最低浓度主要出现在 1 月(2016 年和 2021 年)、12 月(2015 年、2017—2020 年、2022 年)。此外,冬季臭氧浓度呈现升高趋势,表明冬季大气氧化性逐渐增强,冬季大气氧化性增强能够促进 SO_2、NO_x、VOCs 等物质转化成二次颗粒物,对冬季重污染的防治产生消极影响。

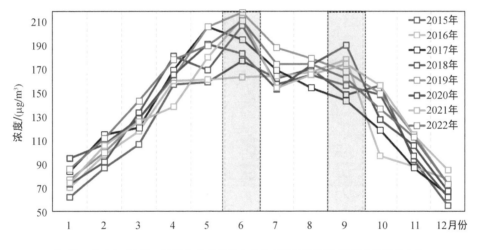

图 1-2-11 2015—2022 年臭氧日最大 8 小时滑动均值第 90 百分位数月变化

图 1-2-12 展现了 2015—2022 年江苏省臭氧超标天数的月分布情况,近 8 年中臭氧超标天主要集中在 4—9 月,不同年份臭氧超标天数月分布规律有所差别,2015 年臭氧超标天数前三的月份分别是 6 月、8 月、7 月,2016 年超标天数前三的月份是 9 月、7 月和 8月,2017 年超标天数前三的月份分别是 5 月、6 月、4 月(7 月并列),2018 年超标天数前三的月份分别是 6 月、4 月、5 月,2019 年超标天数前三的月份分别是 6 月、5 月和 7 月,2020年超标天数前三的月份分别是 5 月、6 月和 9 月,2021 年超标天数前三的月份分别是 6 月、5 月和 9 月,2022 年超标天数前三的月份分别是 6 月、5 月和 4 月。2019 年冬初(2 月)和秋末(11 月)出现臭氧超标天,其中 2 月超标的城市主要是南京、徐州和宿迁,11 月超标的城市主要有南京、无锡、常州、苏州、盐城、扬州、镇江、泰州 8 市。从逐月臭氧污染频次看

（基于全省角度统计出现臭氧污染的频次,只要城市当日存在臭氧污染的即为 1 次）,具体如图 1-2-13,2—11 月均发生过臭氧污染事件,污染频次峰值发生在 6 月,峰值频次为 20.3 天,5 月次之,为 17.3 天。

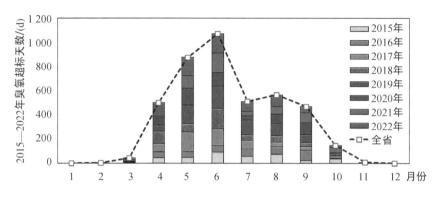

图 1-2-12　2015—2022 年江苏省臭氧逐月超标天数

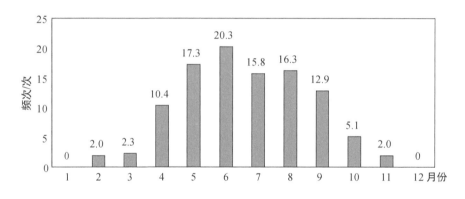

图 1-2-13　2015—2022 年江苏省逐月臭氧污染频次

第三节　臭氧日变化特征分析

图 1-2-14 是 2015—2022 年江苏省(左)和 2022 年 13 个设区市(右)$PM_{2.5}$ 浓度日变化特征图。在不同年际间及不同设区市,臭氧浓度表现出相似的日变化特征,在 7 时达到最低值,日出后浓度迅速上升,在 15 或 16 时达到峰值,随后开始下降,但浓度水平有一定的差异,其中不同年际间均在 15 时达到峰值,2022 年不同城市中 16 时达到峰值的城市主要有徐州和宿迁,主要集中在江苏省内陆地区。此外偏北的靠海城市如盐城和连云港 2 市夜间臭氧存在拖尾现象,这可能是夜间受到海风的影响使得海上臭氧回流,夜间臭氧浓

度出现了一定的抬升。

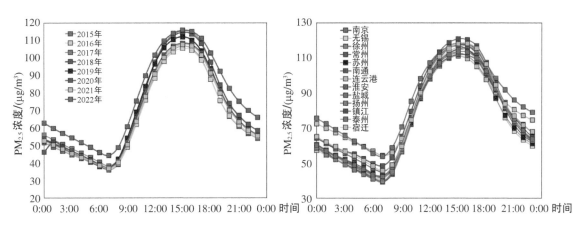

图 1-2-14　2015—2022 年江苏省(左)和 2022 年 13 个设区市(右)臭氧浓度日变化

　　图 1-2-15 展现了 2015—2022 年不同区域四季臭氧浓度日变化,其中南京、无锡、常州、苏州、扬州、镇江和泰州 7 市属于内陆沿江区域,徐州、淮安和宿迁为内陆苏北区域,南通、连云港和盐城为沿海区域。从结果来看,除夏季外,其他季节夜间沿海区域的臭氧浓度均高于内陆沿江区域和内陆苏北区域,表明海风抬升夜间臭氧浓度的情况主要出现春季、秋季和冬季。

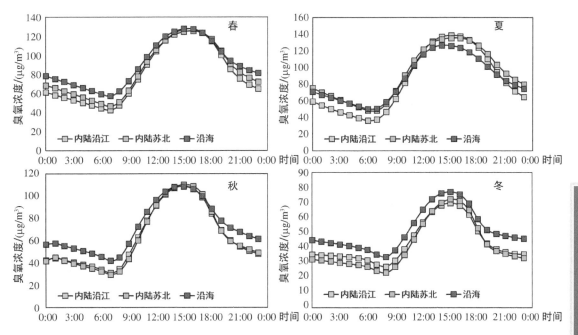

图 1-2-15　2015—2022 年不同区域四季臭氧浓度日变化

图 1-2-16 展现了 2015—2022 年江苏省臭氧浓度在不同污染等级下的日变化特征。不同臭氧污染等级下,不同年际间臭氧的日变化整体都表现出相似性,在 6—8 时达到最低值,日出后浓度迅速上升,在 15 或 16 时达到峰值,随后开始下降。臭氧在优级天时,在不同年际间臭氧日变化最小值介于 30.35(2019 年)～37.22(2022 年) μg/m³;臭氧在良级天时,在不同年际间臭氧日变化最小值介于 39.75(2018 年)～49.01(2022 年) μg/m³;臭氧为轻度污染时,在不同年际间臭氧日变化最小值介于 40.83(2015 年)～52.01(2022 年) μg/m³;臭氧为中度污染时,在不同年际间臭氧日变化最小值介于 41.29(2016 年)～53.28 (2018 年) μg/m³。不同污染阶段,不同年际间臭氧日变化最低值的差值相对较小,均在 12 μg/m³ 以内,然而随着污染程度的增加,最低值呈现小幅上升的趋势。污染期间臭氧较高的本底浓度使得其在日出后光解生成羟基自由基(·OH),加速了光化学反应的过程,促进了白天臭氧的生成。

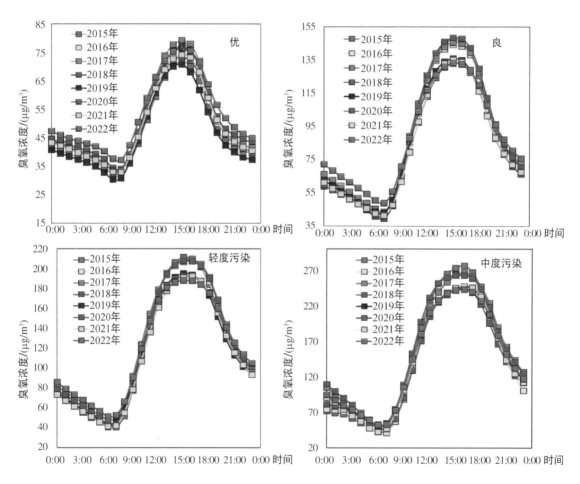

图 1-2-16 2015—2022 年江苏省臭氧不同污染等级下的浓度日变化

表 1-2-1 和表 1-2-2 分别为 2015—2022 年臭氧不同污染等级下波谷和波峰出现时

间。值得注意的是，臭氧在优、良、轻度污染和中度污染时谷值分别出现在 7—8 时（2019年和2020年出现在7时，其余时间出现在8时）、7时、6—7时（2015年、2016年和2020年出现在7时，其余时间出现在6时）和6—7时（2016年和2020年出现在7时，其余时间出现在6时）。整体来看，随着污染程度的增加，谷值出现时间提前；臭氧在优、良、轻度污染和中度污染时峰值分别出现在15时、15时、15—16时（2016年和2021年出现在16时，其余年份出现在15时）、15—16时（2018年出现在15时，其余年份出现在16时）。整体来看，随着污染程度的增加，峰值出现的时间延后。

表 1-2-1　2015—2022 年臭氧在不同污染等级下谷值出现时间

年份 级别	2015 年	2016 年	2017 年	2018 年	2019 年	2020 年	2021 年	2022 年
优	8:00	8:00	8:00	8:00	7:00	7:00	8:00	8:00
良	7:00	7:00	7:00	7:00	7:00	7:00	7:00	7:00
轻度污染	7:00	7:00	6:00	6:00	6:00	7:00	6:00	6:00
中度污染	6:00	7:00	6:00	6:00	6:00	7:00	6:00	6:00

表 1-2-2　2015—2022 年臭氧在不同污染等级下峰值出现时间

年份 级别	2015 年	2016 年	2017 年	2018 年	2019 年	2020 年	2021 年	2022 年
优	15:00	15:00	15:00	15:00	15:00	15:00	15:00	15:00
良	15:00	15:00	15:00	15:00	15:00	15:00	15:00	15:00
轻度污染	15:00	16:00	15:00	15:00	15:00	15:00	16:00	15:00
中度污染	16:00	16:00	16:00	15:00	16:00	16:00	16:00	16:00

图 1-2-17 展现了 2022 年各设区市臭氧和总氧化剂（O_x，$O_x = O_3 + NO_2$）[①]浓度在超标日和非超标日的日变化特征。在各个城市臭氧超标日和非超标日，臭氧和 O_x 浓度日变化整体都表现出相似性。夜间浓度较低，在 6—7 时前后达到最低值，日出后浓度迅速上升，在 15—17 时前后达到峰值，随后开始下降。

在臭氧超标日，日出后臭氧浓度迅速升高，浓度上升速度明显快于非超标日。南京、无锡、常州、苏州、南通、盐城、扬州、镇江和泰州 9 市在臭氧超标日和非超标日夜间臭氧浓度相近，其中南通臭氧超标日夜间的臭氧浓度略低于非超标日，如果比较 O_x 浓度可以发现，臭氧超标日夜间的 O_x 浓度仍要高于非超标日，较低的臭氧浓度主要是受到 NO 滴定作用的影响，夜间较高的前体物浓度可能与白天高浓度臭氧有关；而在徐州、连云港、淮安和宿迁 4 市，臭氧超标日夜间的臭氧浓度也要明显高于非超标日，夜间较高浓度的臭氧在日出后光解生成·OH 自由基，加速白天光化学反应的过程，有利于臭氧的生成。

---

① 总氧化剂 O_x 为 O_3 和 NO_2 体积浓度（ppb 之和，O_x 单位为 ppb，1 ppb = 1×10^{-9}）。

在臭氧超标日,臭氧浓度的高值持续时间一般长于非超标日,且出现时间略晚。其中,南京、常州、苏州、连云港、盐城、宿迁等地臭氧超标日的浓度峰值出现时间比非超标日晚1～2小时左右,可能除本地生成外还受到区域传输的影响。

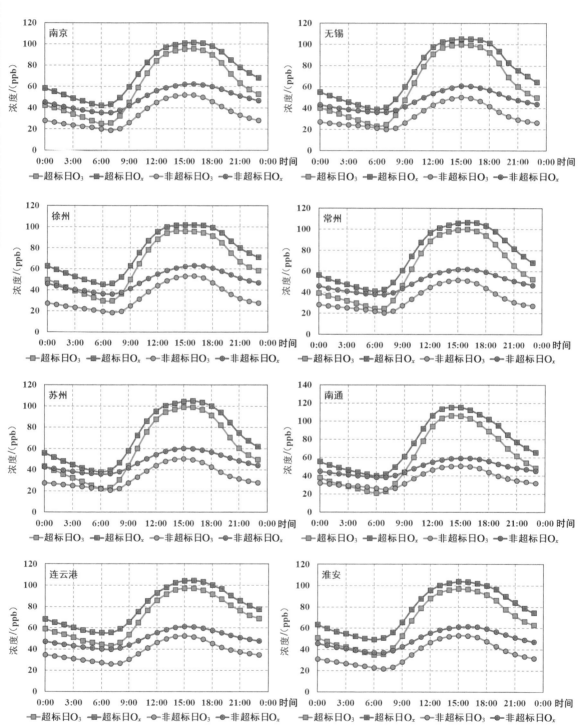

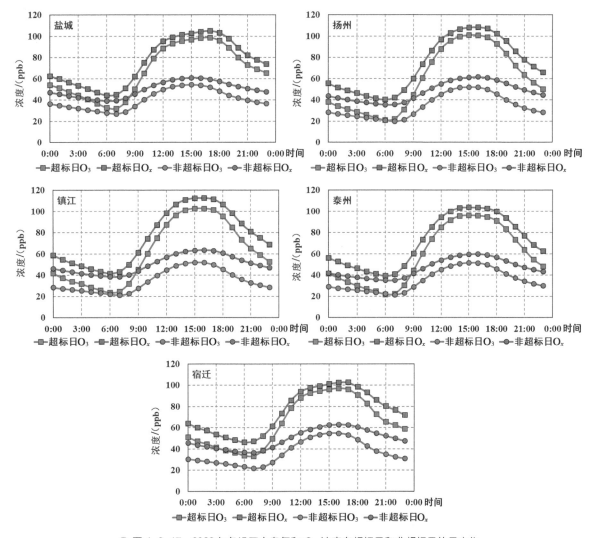

● 图 1-2-17　2022 年各设区市臭氧和 O_x 浓度在超标日和非超标日的日变化

第三章

PM$_{2.5}$ 和臭氧协同污染特征

第一节　AQI 超标情况

2015—2022 年江苏省空气质量平均超标天数分别为 102、94、96、94、105、70、65 和 77 天,2015—2021 年整体呈现波动下降的趋势,2022 年较 2021 年小幅上升,然而 13 个设区市臭氧平均超标天数却从 2015 年的 29 天波动提高至 2022 年的 54 天左右。在所有的空气质量指数(AQI)超标日当中,臭氧作为首要污染物或者与其他污染物并列为首要污染物的比例由占比近四分之一逐渐提升到占比超四分之三,是所有超标污染物(PM$_{2.5}$、PM$_{10}$、NO$_2$、O$_3$)中首要污染物超标天数不降反升的物种,如图 1-3-1 所示。

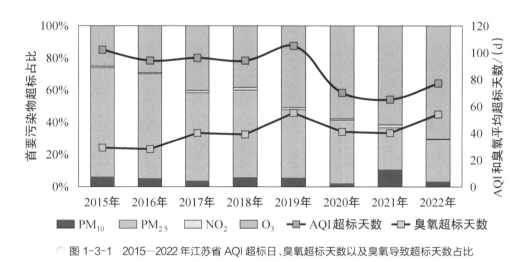

◯ 图 1-3-1　2015—2022 年江苏省 AQI 超标日、臭氧超标天数以及臭氧导致超标天数占比

从江苏省 2022 年逐月 AQI 超标天数及其组成情况来看(图 1-3-2 和图 1-3-3),所有的 AQI 超标日中 1—3 月和 11、12 月 AQI 超标天主要是 PM$_{2.5}$ 作为首要污染物或者与其他污染物并列为首要污染物,4—10 月主要是臭氧作为首要污染物或者与其他污染物并列为首要污染物,臭氧作为首要污染物或者与其他污染物并列为首要污染物的天数已经超过 PM$_{2.5}$,成为影响环境空气质量最主要的污染物。

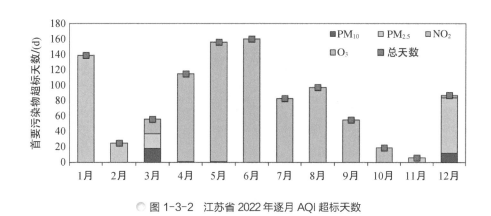

◯ 图 1-3-2 江苏省 2022 年逐月 AQI 超标天数

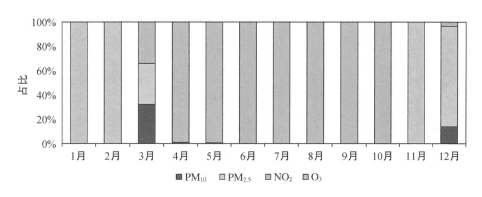

◯ 图 1-3-3 江苏省 2022 年逐月 AQI 超标天组成情况

根据 2015—2022 年江苏省污染天数统计情况,除 2019 年和 2022 年,江苏省污染天数基本呈现波动降低的趋势,重度以上污染天数也呈现波动下降的趋势,重度以上污染天数最少的年份出现在 2022 年,最高的年份出现在 2015 年,2022 年重度污染天数达到个位数,如图 1-3-4 所示。

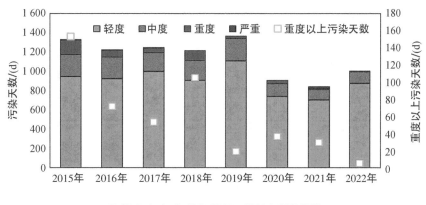

◯ 图 1-3-4 江苏省 2015—2022 年污染天数

第二节　PM$_{2.5}$与臭氧协同污染分析

为了探究 PM$_{2.5}$ 和臭氧协同污染特征,基于2015—2022 年13 个设区市日均浓度数据统计了 PM$_{2.5}$ 和臭氧"双超标"天数(图 1-3-5),2015—2022 年 PM$_{2.5}$ 和臭氧"双超标"天数分别为91、26、20、57、26、5、0 和 2 天,2015 年"双超标"的天数最高,2021 年"双超标"的天数最少,近三年"双超标"天数均在 10 天以内。整体来看,2015—2022 年 PM$_{2.5}$ 和臭氧"双超标天"呈现波动下降的趋势,这主要是由于 2015—2022 年 PM$_{2.5}$ 浓度呈现逐年下降的趋势,臭氧日最大 8 小时第 90 百分位数浓度呈现波动上升的趋势,二者呈现反比例变化,具体详见图 1-3-6。

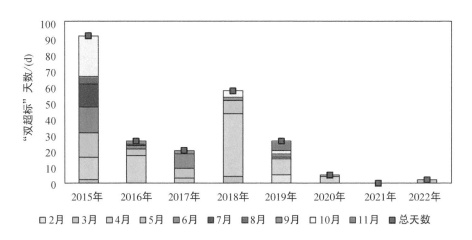

◯ 图 1-3-5　2015—2022 年 PM$_{2.5}$ 和臭氧"双超标"天数

◯ 图 1-3-6　2015—2022 年 PM$_{2.5}$ 和臭氧年际变化趋势

从 2015—2022 年 PM$_{2.5}$ 和臭氧"双超标"污染状况月分布整体来看(图 1-3-7),全年期间 PM$_{2.5}$ 和臭氧污染的关键时段主要分布在 4—6 月和 10 月,"双超标"天的峰值天数分别出现在 4 月和 10 月。整体来看,4 月是我省容易出现 PM$_{2.5}$ 和臭氧"双超标"天的典型月份,其次是 10 月,其中 4—6 月"双超标"天出现的天数在 28～87 天,10 月的"双超标"天数则为 29 天,6 月份下旬左右江苏多处于梅雨季节,且 7—8 月气温明显升高,大气边界层抬升使得 PM$_{2.5}$ 的浓度下降,从而表现出 7—9 月协同污染较弱的趋势;而 1 月、12 月则温度较低,太阳辐射弱,环境空气质量污染主要以 PM$_{2.5}$ 污染为主,在此期间没有 PM$_{2.5}$ 和臭氧"双超标"的天气。

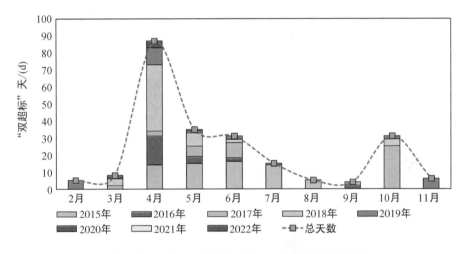

● 图 1-3-7　2015—2022 年 PM$_{2.5}$ 和臭氧"双超标"月分布

统计 2015—2022 年"双超标"天中沿江 8 市和苏北 5 市的分布情况(图 1-3-8)。除 2 月外,其余月份沿江 8 市"双超标"天数高于苏北 5 市或者与苏北 5 市持平。整体来看,沿江 8 市是江苏省 PM$_{2.5}$ 和臭氧"双超标"污染较严重的区域。

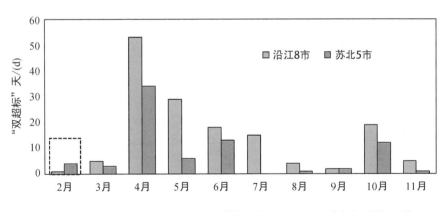

● 图 1-3-8　2015—2022 年沿江 8 市和苏北 5 市逐月 PM$_{2.5}$ 和臭氧"双超标"天数

图 1-3-9 是 2015—2022 年各设区市 PM$_{2.5}$ 和臭氧"双超标"污染区域空间分布情况。整体来看,泰州出现 PM$_{2.5}$ 和臭氧"双超标"的天数最多,共计 39 天,其次是扬州、镇江、常州、无锡等,前五位均为沿江 8 市中的城市。

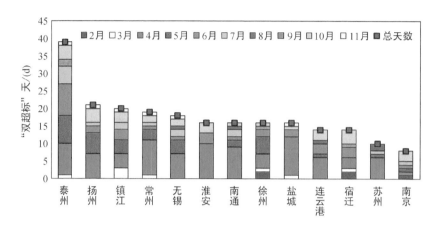

图 1-3-9   2015—2022 年各设区市逐月 PM$_{2.5}$ 和臭氧"双超标"污染区域

各设区市 PM$_{2.5}$ 和臭氧"双超标"天中,南京和宿迁 2 市出现"双超标"天数最多的月份为 10 月,徐州出现"双超标"天数最多的月份为 5 月,其余设区市出现"双超标"天数最多的月份是 4 月,在 4 月、6 月和 10 月出现"双超标天"的城市分别有 13、12、12 个,是出现"双超标"城市数量最多的月份;2 月出现"双超标天"的城市是徐州、宿迁和南京 3 市,主要以苏北城市为主;3 月出现"双超标天"的城市主要是泰州、镇江、常州、徐州、盐城和宿迁 6 市,如表 1-3-1 所示。

表 1-3-1   2015—2022 年各设区市 PM$_{2.5}$ 和臭氧"双超标天"污染月份

月份\城市	2月	3月	4月	5月	6月	7月	8月	9月	10月	11月
泰州	0	1	9	8	9	5	0	2	4	1
扬州	0	0	7	6	2	1	0	0	4	1
镇江	0	3	4	4	3	2	0	0	3	1
常州	0	1	10	3	1	1	0	0	2	1
无锡	0	0	7	4	1	2	1	0	2	1
淮安	0	0	10	0	3	0	0	0	3	0
南通	0	0	9	2	1	2	1	0	1	0
徐州	2	1	4	5	2	0	0	1	1	0
盐城	0	1	11	0	2	0	0	0	1	0
连云港	0	0	6	1	3	0	1	0	3	0
宿迁	2	1	3	0	3	0	0	1	4	0
苏州	0	0	6	1	0	1	2	0	0	0
南京	1	0	1	1	1	1	0	0	3	0

表1-3-2为2021年和2022年各设区市不同季节$PM_{2.5}$和臭氧相关系数r。从结果来看,2021年和2022年的夏季(6月—8月)$PM_{2.5}$和臭氧呈显著的相关关系,2021年和2022年夏季$PM_{2.5}$与臭氧呈现明显的协同污染特征,二者具有一定的同源性,相关系数的范围分别在0.551~0.832和0.483~0.788,2021年的相关性略高于2022年;春季(3月—5月)和秋季(9月—11月)多数城市$PM_{2.5}$与臭氧的相关系数为正值,但是相关性较夏季有较大程度的下降,其中相关关系明显的城市主要集中在沿江8市。与其他季节相比,冬季(1月、2月、12月)有多个城市$PM_{2.5}$与臭氧呈负相关关系,冬季$PM_{2.5}$一次排放影响突出;此外,2021年冬季有多个城市$PM_{2.5}$与臭氧的相关性呈负相关关系,2022年除镇江外(与2021年相关系数持平),其余城市相关系数均高于2021年,表明2022年冬季的大气氧化性较2021年有所抬升。

表1-3-2　2021年和2022年各设区市不同季节$PM_{2.5}$和臭氧相关系数r

区域	年份/季节 城市	2021年				2022年			
		春	夏	秋	冬	春	夏	秋	冬
苏北5市	徐州	−0.040	0.716	0.117	−0.170	−0.260	0.483	0.066	−0.029
	连云港	−0.009	0.739	0.040	−0.236	0.261	0.697	0.106	−0.027
	淮安	0.057	0.756	0.207	−0.128	0.256	0.544	0.115	0.094
	盐城	0.116	0.788	0.241	−0.049	0.420	0.788	0.429	0.191
	宿迁	0.075	0.832	0.076	−0.152	0.025	0.619	0.137	0.053
沿江8市	南京	0.065	0.551	0.252	−0.116	0.250	0.664	0.230	−0.045
	无锡	0.113	0.634	0.168	−0.119	0.308	0.574	0.364	−0.016
	常州	0.012	0.698	0.135	−0.050	0.352	0.623	0.311	0.002
	苏州	0.118	0.617	0.105	−0.111	0.279	0.641	0.320	0.002
	南通	0.319	0.629	0.230	−0.078	0.365	0.721	0.354	0.178
	扬州	0.056	0.723	0.263	0.053	0.392	0.677	0.341	0.222
	镇江	−0.031	0.696	0.165	0.029	0.345	0.697	0.135	0.0286
	泰州	0.167	0.755	0.329	0.064	0.494	0.672	0.402	0.209

每年6—8月$PM_{2.5}$和臭氧的协同污染特征明显,进一步统计2015年以来夏季臭氧与$PM_{2.5}$的相关系数,具体如图1-3-10所示。从图中可以看出,臭氧和$PM_{2.5}$相关系数在2019年达到最大值,2016年达到最小值。整体来看,2015—2022年臭氧与$PM_{2.5}$相关系数呈现波动上升的趋势,我省环境空气臭氧和$PM_{2.5}$协同污染特征呈现为波动升高的趋势。

○ 图1-3-10　2015—2022年夏季$PM_{2.5}$和臭氧相关系数r时间序列

第一篇　时间篇

第二篇　空间篇

本篇围绕江苏省 $PM_{2.5}$ 和臭氧的空间变化，描述了江苏省 $PM_{2.5}$ 和臭氧在全国、长三角及江苏省的空间变化特征，并对江苏省 $PM_{2.5}$ 和臭氧的空间变化开展系统梳理，从而帮助读者对江苏省 $PM_{2.5}$ 和臭氧的空间变化规律有一个整体了解。

江苏省 PM$_{2.5}$ 空间变化特征

第一节　PM$_{2.5}$ 空间变化

从 2022 年全国 PM$_{2.5}$ 均值的结果来看，PM$_{2.5}$ 浓度出现高值的区域主要集中在京津冀、汾渭平原、长三角等东部沿海地区，这与我国东部地区高密度工业布局、高强度人类活动等因素有关。我省（江苏省）位于东部沿海高 PM$_{2.5}$ 的核心区间边缘，仅次于京津冀及其周边和安徽省。从全国尺度看，我省 PM$_{2.5}$ 浓度污染态势依然十分严峻。

从 2019—2021 年京津冀、长三角、珠三角、成渝地区、汾渭平原等主要城市群 PM$_{2.5}$ 均值月变化规律看（图 2-1-1），其中各城市群 PM$_{2.5}$ 污染特征表现形式基本一样，PM$_{2.5}$ 浓

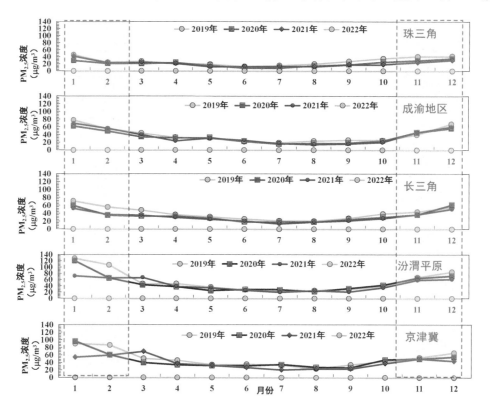

图 2-1-1　2019—2022 年我国主要城市群 PM$_{2.5}$ 月变化特征

度在 1 月达到高值后，呈现逐渐下降的特征，6—8 月达到全年最低值，然后 PM$_{2.5}$ 浓度开始呈现逐渐上升的趋势，11—12 月再次出现高值浓度。整体来看，PM$_{2.5}$ 高值主要在春初、秋末和冬天。此外，主要城市群污染程度是京津冀和汾渭平原＞长三角和成渝地区＞珠三角。

第二节　长三角区域 PM$_{2.5}$ 空间分布

图 2-1-2 为 2015—2022 年我省与长三角周边省市（上海市、浙江省和安徽省）PM$_{2.5}$ 浓度年际变化，其中 2015—2018 年 PM$_{2.5}$ 浓度数据为标准状态下（简称标况，指温度为 273 K，压力为 101.325 kPa 时的状态）的数据，2019—2022 年为监测时大气温度和压力下的 PM$_{2.5}$ 浓度[①]。从图中可以看出，除 2015 年我省为长三角三省一市最高浓度的地区外，2016—2022 年我省 PM$_{2.5}$ 浓度仅次于安徽省，偏低幅度分别为 2、7、1、3、1、2、3 μg/m³，偏低幅度呈现波动变化趋势；此外，我省与周边省市 PM$_{2.5}$ 浓度最低的浙江相比，偏高幅度分别为 11、10、15、13、13、9、8 μg/m³，偏高幅度基本呈现波动下降的趋势。整体来看，尽管我省 PM$_{2.5}$ 浓度持续改善，但在长三角区域仍居于高位。

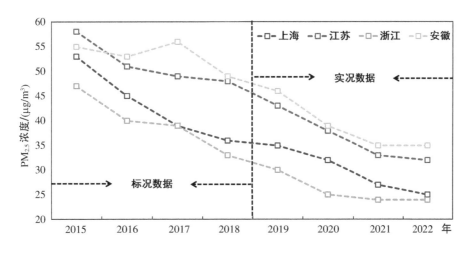

○ 图 2-1-2　江苏省与周边省市 2015—2020 年 PM$_{2.5}$ 浓度比较

① 相关数据参照《环境空气质量标准》（GB 3095—2012）和 2018 年 8 月 14 日生态环境部办公厅印发的《〈环境空气质量标准〉（GB 3095—2012）修改单》进行统计计算。

第三节　我省 PM$_{2.5}$ 空间分布

图 2-1-3 是 2015—2022 年我省各设区市 PM$_{2.5}$ 年均浓度空间分布情况,监测结果显示,内陆地区 PM$_{2.5}$ 浓度较高,整体表现为徐州及其周边和常州及其周边 PM$_{2.5}$ 存在高值,其中徐州市为全省 PM$_{2.5}$ 最高的城市;2016—2018 年苏北内陆及沿江中部地区浓度较高,最高值均出现在徐州,其次是宿迁;2019 年 PM$_{2.5}$ 高值浓度主要出现在徐州、宿迁、常州、泰州和镇江,主要集中在苏北内陆地区和沿江中部区域;2020 年高值浓度主要出现在徐州、宿迁、淮安、常州和镇江,苏北城市是我省 PM$_{2.5}$ 污染程度较重的典型区域。2021 年和 2022 年高值城市主要集中于苏北和沿江中部城市,徐州和宿迁居全省前两位。

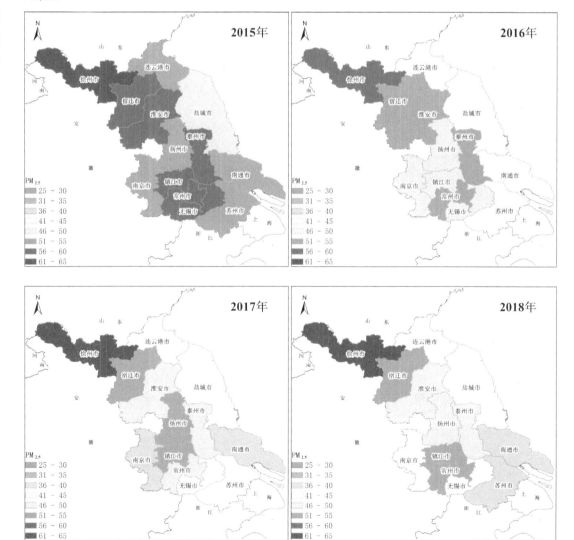

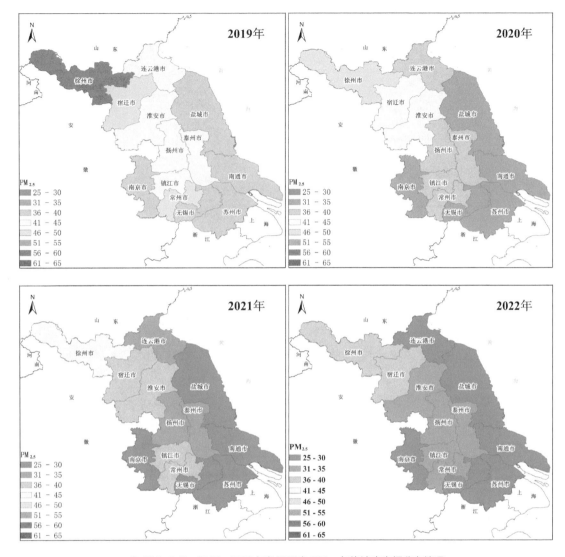

图 2-1-3　2015—2022 年各设区市 PM2.5 年均浓度空间分布情况

江苏省臭氧空间变化特征

第一节 臭氧浓度空间分布

从 2022 年全国臭氧日最大 8 小时第 90 百分位的结果看(图 2-2-1),高臭氧浓度的区域与 $PM_{2.5}$ 的高值区域大致相同,主要集中京津冀及其周边、长三角和珠三角等东部沿海地区,这与我国东部地区高密度工业布局、高强度人类活动等因素有关,该区域也是 $PM_{2.5}$ 和臭氧协同污染的关键区域,当前我省位于该污染区域内部,面临 $PM_{2.5}$ 和臭氧协同污染的双重挑战。

从 2019—2022 年京津冀、长三角、珠三角、成渝地区、汾渭平原等主要城市群臭氧日最大 8 小时第 90 百分位平均值月变化规律看(图 2-2-1),主要城市群区域的臭氧污染特征存在一定的差异性,其中京津冀臭氧浓度高值主要出现在 5—9 月,峰值主要出现在 6 月和 9 月(2020 年和 2021 年峰值仅出现在 6 月),此外 6 月份的峰值浓度明显高于 9 月;汾渭平原臭氧浓度高值主要出现在 5—9 月,月变化规律与京津冀较为一致,峰值出现在 5 月,为单峰分布特征;长三角臭氧浓度高值主要出现在 4—10 月,第一次峰值出现在 5 月或 6 月,第二次峰值出现在 9 月,两次峰值浓度较为接近;珠三角臭氧浓度高值主要出现在 8—11 月;成渝地区臭氧浓度高值出现在 4—8 月,其中最大峰值主要出现在 7—8 月。总体而言,长三角的臭氧污染开始较早,持续时间较长,6 月、7 月受梅雨影响臭氧浓度小幅下降,整体呈现"M"形的变化趋势。

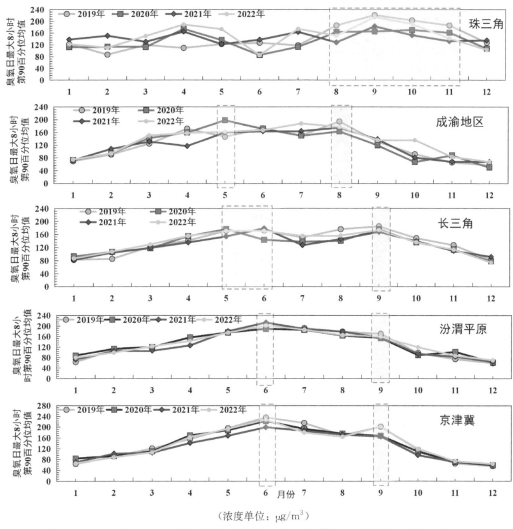

（浓度单位：μg/m³）

● 图 2-2-1　2019—2022 年主要城市群臭氧日最大 8 小时第 90 百分位数平均值月变化特征

第二节　长三角区域臭氧空间分布

图 2-2-2 为 2015—2022 年我省与长三角周边省市（上海市、浙江省和安徽省）臭氧日最大 8 小时滑动平均值的第 90 百分位数年际变化，其中 2015—2018 年臭氧浓度数据为基于国家公布的标准状态下（简称标况，指温度为 273 K，压力为 101.325 kPa 时的状态）的数据人为换算成参比状态（大气温度为 298.15 K，大气压力为 1 013.25 hPa 时的状态）的数据[①]。监测结果显示，2017 年我省臭氧浓度在长三角区域低于上海市，其余年份我省臭氧

---

　　① 相关数据参照《环境空气质量标准》（GB 3095—2012）和 2018 年 8 月 14 日生态环境部办公厅印发的《〈环境空气质量标准〉（GB 3095—2012）修改单》进行统计计算。

浓度均高于周边省市。整体而言,我省臭氧浓度在长三角地区基本处于最高水平。

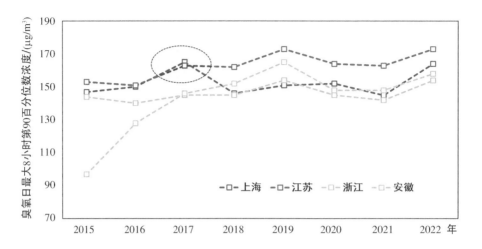

○ 图 2-2-2　江苏省与周边省市 2015—2022 年臭氧日最大 8 小时滑动平均值的第 90 百分位数浓度年际变化

第三节　江苏省臭氧空间分布

　　图 2-2-3 是 2015—2020 年全省臭氧日最大 8 小时滑动平均值的第 90 百分位数空间分布情况。2015 年整个中部和南部地区较高,其中最高城市出现在镇江;2016 年沿江地区和中部地区浓度较高,无锡浓度最高;2017 年除沿海城市连云港和盐城,2018 年除南通外,全省臭氧浓度均较高,呈现区域污染特征。2019—2022 年区域性污染特征进一步增强,沿江城市与内陆城市臭氧污染的差异性缩小。

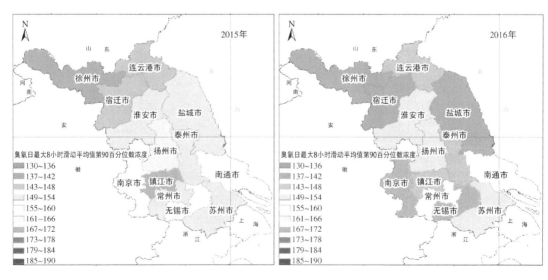

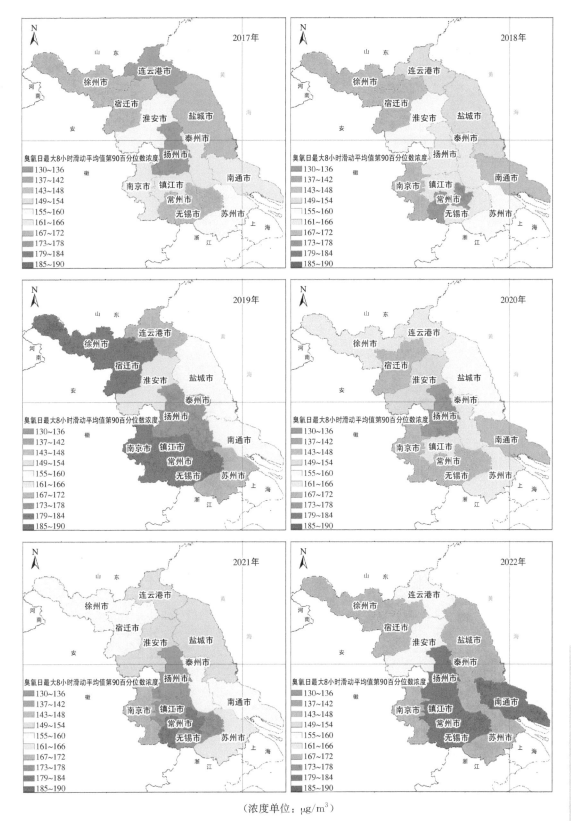

(浓度单位：μg/m³)

图 2-2-3　2015—2022 年我省各设区市臭氧日最大 8 小时滑动平均值的第 90 百分位数空间分布情况

图 2-2-4 是 2015—2022 年各设区市臭氧平均浓度空间分布情况。臭氧日最大 8 小时滑动平均值的第 90 百分位数和臭氧平均浓度表现出不同的空间分布特征,前者主要反映臭氧高值的空间分布,后者反映臭氧平均浓度的分布。8 年间臭氧平均浓度的空间分布特征基本一致,东部沿海和中部地区浓度较高,苏北和苏南臭氧年均值浓度较低,但全省各设区市浓度均呈现波动变化趋势。

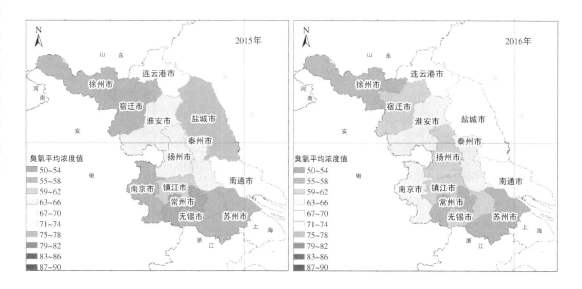

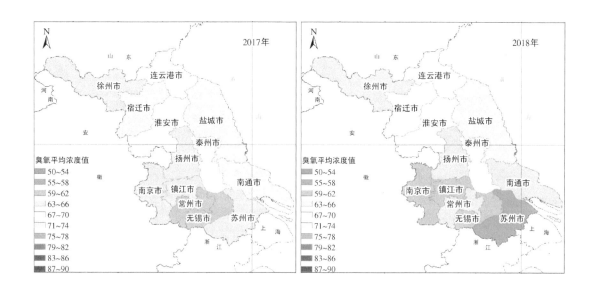

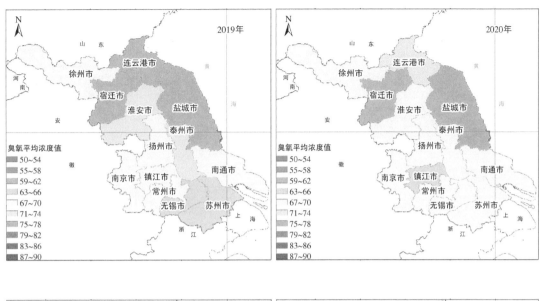

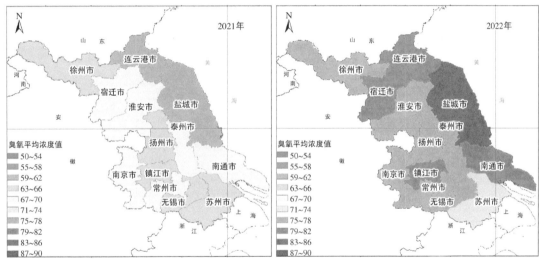

（浓度单位：μg/m³）

○ 图 2-2-4 2015—2022 年各设区市臭氧平均浓度空间分布情况

第三篇　气象篇

　　本篇围绕江苏省气象条件变化情况展开分析，系统介绍了气象条件对江苏省空气质量的影响，并且梳理了高浓度臭氧、$PM_{2.5}$下的环流类型，并针对风、温度、湿度等气象条件对江苏省空气质量的影响进行详细分析，以期总结气象条件对江苏省大气污染的影响情况。

第一章

江苏省大气条件变化情况

江苏省地处中国大陆东部沿海中心,滨江临海,湖泊众多,地势平坦,属于东亚季风气候区,是亚热带向暖温带过渡区,气候温和,雨量适中,四季分明,是受气候变化影响明显的区域。根据江苏省应对气候变化及节能减排工作领导小组应对气候变化办公室印发的《江苏省"十四五"应对气候变化规划》,1961年以来,江苏省气候变暖特征显著。根据江苏省70个国家级地面气象站的观测,1961—2021年,江苏省多年年平均气温为15.2℃,平均每10年增加0.31℃,呈显著上升趋势。在前30年期间(1961—1990年),年平均气温为14.7℃;在近31年期间(1991—2021年),年平均气温上升为15.7℃。2021年的年平均气温为历史最高值,为16.7℃;2007年和2017年同为历史次高值,为16.4℃,均出现在这段时期。

近年来,江苏省年均气温呈现加速上升趋势(图3-1-1)。在历史高温日数前十位的年份中,有5年出现在2010年以后,年均气温增速远高于1961年以来气温的平均增速。2022年江苏省出现气温极端天气,早春3月平均气温创历史新高,较常年同期异常偏高2.6℃,夏季高温出现"时间早、日数多、影响范围广、强度强"等特点。有多项极值破纪录,全省≥35℃的平均高温日数有34天,≥37℃的平均高温日数有16天,40℃以上高温站日数有108个,区域性高温综合强度为1961年以来最强。11月末,强寒潮波及江苏全省,为历史同期次强。

◑ 图3-1-1 2015—2022年江苏省平均气温变化对比图

江苏省年降水量在 1961—2021 年间呈现波动上升趋势,但降雨日数反而呈下降趋势。年降水量多年平均值为 1 034.0 mm,近 61 年平均每 10 年增加 24.9 mm;年降水量年际变化明显,最大值(2016 年,1 612.3 mm)是最小值(1978 年,564.9 mm)的约 2.7 倍。前30 年期间的平均年降水量为 997.5 mm;近 31 年为 1 069.4 mm,在年降水量前十位的年份中,有 7 年出现在这段时期。年降水日数多年平均值为 109.8 天,在 1961—2021 年期间反而呈减少趋势,平均每 10 年减少 0.6 天。如图 3-1-2 所示,近三年江苏省年降水日数呈明显下降趋势,2021 年降水日数同比 2020 年约减少 11.0%;2022 年同比 2021 年减少18.0%。江苏省降水量分布不均,从 2022 年的年降水量来看(图 3-1-3),降水主要集中在东南部城市苏州、南通,而淮安、盐城、扬州等市降水量相对较少,从变化幅度来看,大部分苏北城市、镇江区域降水明显减少。

◯ 图 3-1-2　2015—2022 年江苏省年降水量及有效降水日变化对比图

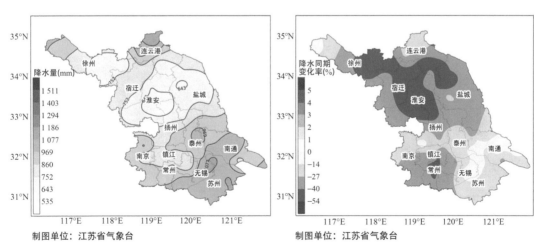

◯ 图 3-1-3　2022 年全省各地累积降水量分布图及与 2021 年同比变化图

　　随着气候不稳定性加剧,各地极端天气气候事件趋多增强。江苏是我国受气象灾害影响较频繁的省份之一,气候变化的影响导致近年来异常高温天气持续增加,龙卷风、冰雹、大风、雷电等强对流天气频发,同时降雨集中导致暴雨灾害和干旱交替出现。2020年夏季,我国江淮流域遭受了21世纪以来最强的持续性梅雨的侵袭。梅雨量打破了自1961年以来的历史记录,江苏多地受到洪涝灾害影响,长江及长江入海口水体生态质量受到严重影响。2022年春夏季,江苏省降水量均明显偏少,全省大部分地区出现不同程度的气象干旱,淮河出现断流,江河、湖泊水位异常偏低,水体面积明显减少,水产养殖业及农业生产遭受损失,水运和生态环境受到影响。

第二章　气象条件对于江苏省空气质量的影响

第一节　气象条件对 $PM_{2.5}$ 和臭氧的影响

气候变化给江苏省环境空气质量持续改善带来了挑战。一方面,降雨期短而雨量集中,降雨量未显著减少但降雨日数减少,使得雨水对大气中颗粒物的湿清除作用减少。另一方面,平均气温的持续上升更是有力促进了臭氧的生成,使臭氧污染高发时间从夏季提前到春季,导致江苏省全年臭氧污染程度明显增强。此外,气温升高还导致秋冬季节弱冷空气活动增多,使得北方传输型 $PM_{2.5}$ 污染过程增多。

为定量研究近年来气象条件对江苏省空气质量的影响,本书采用空气质量预报模式(WRF-CMAQ)模拟了 2016—2022 年江苏省 $PM_{2.5}$ 和臭氧浓度变化情况,分析气象条件变化对 $PM_{2.5}$ 以及臭氧浓度变化造成的影响。结果显示,江苏省 $PM_{2.5}$ 浓度受到气象条件、非气象条件(主要是指人类活动,包括污染排放、管控减排等因素)的影响,其中将非气象条件的管控减排影响作为主要考虑因素。一般认为,大气扩散条件有利时,将对污染物浓度具有改善的贡献;大气扩散条件不利时,将对污染物浓度具有转差的贡献。

如图 3-2-1 所示,对于近地面 $PM_{2.5}$ 浓度变化,相较于基准年 2015 年,江苏省全省平均 $PM_{2.5}$ 浓度呈逐年下降趋势。从模拟的结果来看,气象因素整体对 $PM_{2.5}$ 浓度下降不利,但管控减排有力推动了 $PM_{2.5}$ 浓度的下降,是江苏省近年来 $PM_{2.5}$ 浓度持续改善的主要原因。从实际变化来看,2016—2022 年每年较于基准年 2015 年,全省平均 $PM_{2.5}$ 浓度均降低,分别降低了 7 $\mu g/m^3$、8 $\mu g/m^3$、9 $\mu g/m^3$、12 $\mu g/m^3$、18 $\mu g/m^3$、23 $\mu g/m^3$ 和 23 $\mu g/m^3$,降幅逐年增加;设区市中苏州、南通及无锡 $PM_{2.5}$ 浓度逐年改善情况较明显。从气象条件影响程度来看,2016 年与 2020 年由于年均降水量较大,气象条件在过去几年中较好,因而有利于 $PM_{2.5}$ 浓度的改善;其他年份的气象条件相对较差,不利于 $PM_{2.5}$ 浓度的改善,即导致 $PM_{2.5}$ 浓度升高,其中气象条件影响最大的为 2019 年,2021 年虽为不利影响,但数值略低其他年份。从管控减排来看,过去几年均有利于 $PM_{2.5}$ 浓度下降,且贡献值较高,除 2016 年以外几乎每年都是 $PM_{2.5}$ 浓度下降的主导因素,可见 $PM_{2.5}$ 浓度降低得益于有力的减排管控措施。

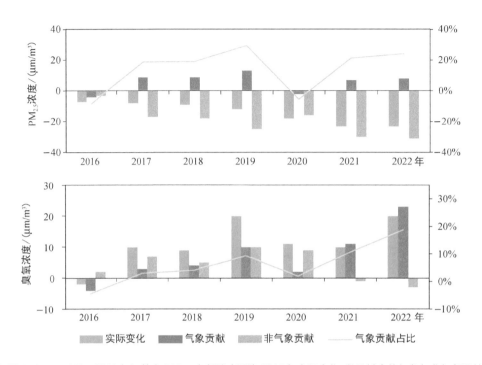

实际变化　　气象贡献　　非气象贡献　　气象贡献占比

○ 图 3-2-1　2016—2022 年江苏省 $PM_{2.5}$、臭氧浓度同比 2015 年实际变化，以及其中的气象与非气象贡献

对于近地面臭氧浓度变化，相较于基准年 2015 年，江苏省臭氧浓度除了在 2016 年略降外，在 2017—2022 年期间每年均增加，气候变暖带来的气温升高是导致臭氧浓度升高的重要原因之一。从实际变化来看，除 2016 年全省臭氧浓度相较于 2015 年下降 2 $\mu g/m^3$ 外，其他年份全省的臭氧浓度均增加，分别增加了 10 $\mu g/m^3$、9 $\mu g/m^3$、20 $\mu g/m^3$、11 $\mu g/m^3$、10 $\mu g/m^3$ 和 20 $\mu g/m^3$。江苏省臭氧浓度逐年上升趋势十分明显；设区市中镇江、徐州和常州臭氧浓度上升情况相较于其他城市较大。从气象条件影响情况来看，除了 2016 年因年均降水量明显偏多导致该年气象条件有利于臭氧浓度的改善，其他年份的气象因素均导致臭氧浓度升高，且呈逐年上升趋势，特别是 2019 年、2021 年和 2022 年，气象贡献均超过 10 $\mu g/m^3$。2020 年因夏季超长梅雨期导致气象贡献较低。从管控减排因素来看，从 2017 年以后逐渐由不利影响因素逐渐转变为改善影响因素，至 2021 年、2022 年转为有利改善因素，可见管控减排对臭氧浓度降低的有利影响正在逐渐增大。

模拟结果显示，2022 年江苏省全省 $PM_{2.5}$ 浓度每降低 1 $\mu g/m^3$，其中气象因素影响 $PM_{2.5}$ 浓度转差 1 $\mu g/m^3$，人为因素管控减排后改善 2 $\mu g/m^3$。从各市来看，$PM_{2.5}$ 浓度除苏州升高 0.2 $\mu g/m^3$，其他城市均有所降低，降低范围在 1～4 $\mu g/m^3$。气象因素影响使得各市 $PM_{2.5}$ 浓度均有所升高；人为因素使得各市 $PM_{2.5}$ 浓度均有所降低，降低范围在 1～6 $\mu g/m^3$，如图 3-2-2 所示。

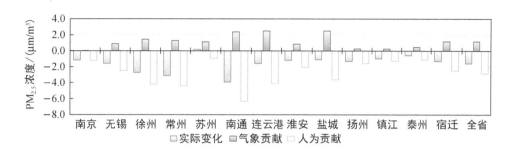

○ 图 3-2-2　2022 年同比 2021 年江苏省 $PM_{2.5}$ 浓度实际变化、气象与人为贡献

2022 年江苏省全省臭氧浓度升高 10 $\mu g/m^3$，其中气象条件影响使得浓度上升 12 $\mu g/m^3$，人为管控减排影响使得浓度改善 2 $\mu g/m^3$。从各市来看，臭氧浓度除常州降低 1 $\mu g/m^3$，其他城市均有所升高，升高范围在 2～23 $\mu g/m^3$。气象条件影响各城市臭氧浓度均有所升高。人为管控减排影响使得南京、无锡、常州、苏州、淮安、扬州、镇江、泰州臭氧浓度降低，降低范围在 0.20～12.56 $\mu g/m^3$，其他市臭氧浓度上升（图 3-2-3）。

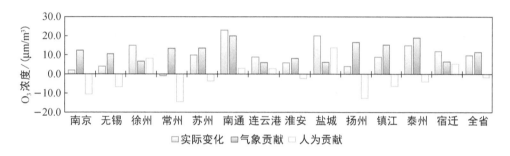

○ 图 3-2-3　2022 年同比 2021 年江苏省臭氧浓度实际变化、气象与人为贡献

第二节　臭氧和 $PM_{2.5}$ 污染特征和环流形势

已有研究表明，大气污染成因按影响程度大小分为主要内在原因、关键外在因素和重要影响因素。其中，前体物排放处于高位及高反应活性前体物的化学转化是大气污染形成的主要内在原因，环境因子及气候条件是关键外在因素，三维传输（垂直混合、水平传输、平流层输入）是重要影响因素。在排放源相对稳定的情况下，气象条件成为影响大气污染程度的关键因素，比如晴热少云、低湿高温、强太阳辐射和低风速等天气均有利于臭氧的生成及污染事件的发生。

对污染天气形势进行分型是研究大气污染问题的重要方法之一。为揭示江苏省近地面臭氧和细颗粒物（$PM_{2.5}$）的主要污染特征，甄别导致高浓度污染物形成的关键天气类型,基于常规大气污染预报的经验积累,根据天气学原理,我们对近 5 年的臭氧污染和 PM_{2.5} 污染事件开展天气分型分析,总结不同污染事件的环流背景和天气形势特征,探讨不同天气类型导致大气污染的气象机理,为江苏省及长三角地区城市大气污染协同控制和空气质量预报提供参考。

一、高浓度臭氧的污染特征

江苏省位于长江经济带下游,是长三角经济发达省份之一,工业集中、人口密集,污染物排放量相对较大,臭氧前体物浓度偏高,臭氧污染整体呈现明显上升趋势,臭氧已经成为影响江苏省优良天数比率、制约空气质量持续改善的主要污染物。本书重点关注 2013—2022 年江苏地区臭氧出现中度及以上污染的天数,并定义同时出现 3 个及以上城市达到中度或重度污染或者 2 个城市达到重度污染级别的过程为区域性污染日,而连续三天或以上出现中度或重度污染为持续性污染。

经统计,2013—2022 年有中度及以上污染天数共 282 天,在 4—10 月均有出现,其中以 6 月出现次数最多,5 月、8 月次之。而每年逐月发生的次数差异较大,这与气候背景、环流形势(包括副高强度、梅雨早晚/强弱)、气象条件(降水多寡、辐射强弱)等关系密切。总体来看,江苏地区高浓度臭氧污染特征体现在以下三方面:

1) 高强性:从高浓度臭氧污染等级来看,重度污染占到了 9.5%,中度污染占 90.5%,且重度污染多在 5—8 月出现,其中,在 6 月更易出现(如图 3-2-4)。出现重度污染日数最多的是 2014 年(7 次,共 14 个城市),其次是 2017 年(7 次,共 9 个城市)。

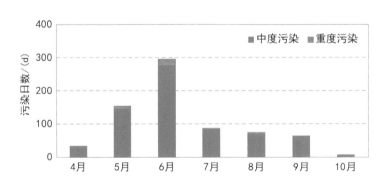

○ 图 3-2-4 2013—2022 年累计臭氧中度及以上污染日数月变化曲线

2) 持续性:如图 3-2-5 所示连续(3 天及以上)出现中度及以上臭氧污染的个例,2013—2022 年共出现 30 次(2013 年 3 次,2014 年 5 次,2015 年 3 次,2016 年 1 次,2017 年 6 次,2018 年 3 次,2019 年 4 次,2020 年 2 次,2021 年 2 次,2022 年 1 次);2013—2019 年来几乎每年都有持续性臭氧污染事件发生,其中持续时间最长的一次出现在 2017 年(2017 年 5 月 25 日—6 月 4 日),长达 11 天。

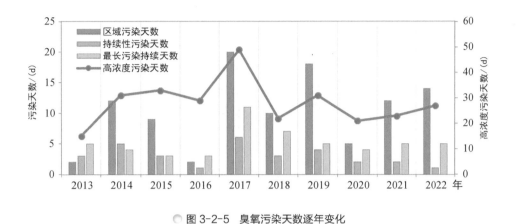

○ 图 3-2-5　臭氧污染天数逐年变化

3）区域性：区域性高污染（3个及以上城市达到中度或重度污染或者2个城市达到重度污染级别的过程）在近10年内共出现104天（2013年2天，2014年12天，2015年9天，2016年2天，2017年20天，2018年10天，2019年18天，2020年5天，2021年12天，2022年14天），区域性过程多集中在沿江苏南一带。从逐月分布看，区域性高臭氧污染多出现在5—9月，以5月和6月居多。2017年是近几年臭氧污染最严重的一年，无论是持续性还是区域性，都在近几年居首位，近7年持续时间最长的一次过程也出现在2017年（长达11天），同时也是一次全省性的高浓度臭氧污染事件。

二、臭氧污染环流形势分型

从污染发生的时段看，臭氧污染的时间演变特征明显，均集中在3—10月。3—5月，冷空气逐渐减弱，气温明显回升，影响江苏地区的天气类型逐渐由地面冷高压型向均压场型或者弱高压型转变，臭氧污染过程开始明显增加；6月，西太平洋副热带高压逐渐西伸北抬，江苏受西太平洋副高和东亚大槽共同影响，低层多受均压场影响，气温升高，臭氧污染过程加重；7—10月，在西太平洋副热带高压影响下，江苏通常晴热少云，太阳辐射强，低风速，臭氧污染频发。我们按照不同时段的主要污染天气类型，将天气形势划分为5类，分别为高压脊型、暖平流型、暖湿平流型、副高型和台风影响型。具体如下：

（1）高压脊型：该类型污染天气通常出现在春末夏初。其气象形势配置通常表现为：500 hpa位势高度场上，亚洲大陆北部受高空脊控制，江苏省位于高压脊前，受脊前西北下沉气流影响；850 hpa位势高度场以反气旋式环流为主，温度场上有明显暖中心；近地面受均压场下的静小风或弱高压后部的偏南风影响。此类天气形势下，通常地面天气晴朗少云，温度升高，太阳辐射强度高，有利于产生持续晴热高温天气，易形成臭氧污染（图3-2-6）。

此类型天气形势下，江苏省臭氧污染通常呈现污染范围广、程度重、持续时间长的特点，比如2022年6月14日—18日。

城市	2022-06					平均
	14日	15日	16日	17日	18日	
南京市	164	189	191	165	212	204
无锡市	194	247	211	199	228	239
徐州市	171	201	243	201	172	226
常州市	193	218	204	177	249	237
苏州市	174	207	238	236	205	237
南通市	210	225	261	247	155	255
连云港市	164	212	200	199	213	213
淮安市	182	186	171	200	217	210
盐城市	186	212	199	220	240	232
扬州市	165	200	191	193	253	232
镇江市	181	205	172	175	260	238
泰州市	154	183	176	182	194	190
宿迁市	187	193	226	216	197	222
平均	179	206	206	201	215	

图 3-2-6　2022 年 6 月 14—18 日江苏省 13 市臭氧污染浓度

（2）暖平流型：该类型污染天气主要出现在春季 4—5 月。其气象形势配置通常表现为：500 hpa 位势高度场上，江苏省受偏西气流控制，850 hpa 受暖平流影响，近地面受弱高压影响，以偏南风或东南风为主。通常地面天气晴朗少云，温度升高，风速较弱，增温小风有利于光化学反应形成臭氧污染（图 3-2-7）。

城市	2019-05				平均
	09日	10日	11日	12日	
南京市	204	200	222	217	221
无锡市	218	232	252	215	246
徐州市	180	195	139	174	191
常州市	212	232	258	231	250
苏州市	223	234	225	184	231
南通市	207	236	227	191	233
连云港市	177	186	163	186	186
淮安市	178	203	179	240	229
盐城市	174	198	210	214	213
扬州市	198	220	237	240	239
镇江市	222	238	248	250	249
泰州市	197	242	240	214	241
宿迁市	193	202	159	226	219
平均	199	217	212	214	

图 3-2-7　2019 年 5 月 9—12 日江苏省 13 市臭氧污染浓度

此类型天气形势下，江苏省臭氧污染通常呈现污染范围广、程度较重的特点，比如 2019 年 5 月 9 日—12 日。

（3）暖湿平流型：该类型主要出现在 6—7 月。天气配置表现为：500 hpa 位势高度场上，江苏上空以偏西气流为主，850 hpa 受西南暖湿西气流影响明显，江南地区通常进入梅雨季。此时苏北地区以少云天气为主，垂直与水平扩散条件较差，易造成本地臭氧污染堆积,形成臭氧污染(图 3-2-8)。

城市	2019-07					平均
	01日	02日	03日	04日	05日	
南京市	156	203	176	167	191	198
无锡市	96	119	147	169	198	186
徐州市	191	194	220	161	221	221
常州市	123	168	146	189	200	196
苏州市	90	71	148	140	156	153
南通市	78	112	118	114	139	131
连云港市	158	170	190	157	214	204
淮安市	168	155	164	156	255	220
盐城市	112	146	139	133	167	159
扬州市	155	203	160	173	214	210
镇江市	154	206	163	184	185	198
泰州市	187	182	141	146	238	218
宿迁市	191	195	204	158	214	210
平均	143	163	163	157	199	

○ 图 3-2-8　2019 年 7 月 1—5 日江苏省 13 市臭氧污染浓度

此类型天气形势下,江苏省臭氧污染通常呈现区域性污染的特点,比如 2019 年 7 月 1 日—5 日。

(4)副高控制型:主要出现在盛夏和秋初。副高从西太平洋海上西伸至我国大陆或以块/带状副高控制华东地区,是 6 月中下旬出梅后影响江苏最主要的天气系统,期间天气晴热,太阳辐射强烈,是一年中日照时间最长,温度最高的季节,湿度小,无雨,大气热力和动力条件好,光化学反应充分(湍流混合充分)造成臭氧平均浓度较高。天气配置表现为:500 hpa 位势高度场上,江苏受副热带高压控制,高温炎热,近地面通常风力较弱,以西南风、偏南风或东南风为主,最高温度约在 35℃以上,本地污染累积以及高空臭氧下传,易形成高浓度臭氧污染(图 3-2-9)。

城市	2022-08							平均
	09日	10日	11日	12日	13日	14日	15日	
南京市	133	134	140	136	137	117	141	140
无锡市	172	189	176	163	138	194	157	191
徐州市	143	115	165	147	137	155	128	159
常州市	141	166	146	115	110	170	128	168
苏州市	159	149	171	171	166	192	163	179
南通市	224	220	210	248	258	210	186	252
连云港市	137	74	150	148	151	134	143	150
淮安市	119	132	135	132	138	138	146	141
盐城市	156	153	128	172	149	214	151	189
扬州市	184	179	182	186	165	165	166	185
镇江市	165	203	182	148	170	131	153	190
泰州市	172	177	194	138	168	176	167	184
宿迁市	129	113	149	141	136	150	141	149
平均	156	154	164	157	156	165	152	

○ 图 3-2-9　2022 年 8 月 9—15 日江苏省 13 市臭氧污染浓度

此类型天气形势下,江苏省臭氧污染通常呈现典型城市易污染、持续时间较长的特点,比如 2022 年 8 月 9 日—15 日。

（5）台风影响型：主要出现在台风出现时段。受台风外围气流影响,通常近地面至 3～5 km 高度存在弱风场,一方面天气高温晴热导致近地面光化学反应生成臭氧增加,另一方面外围下沉气流将高空臭氧带到地面,导致地面臭氧浓度持续升高,比如 2022 年 9 月 6 日—7 日台风"轩岚诺"对江苏省的影响（图 3-2-10）。

城市	2022-09		平均
	06日	07日	
南京市	205	198	204
无锡市	205	232	229
徐州市	213	193	211
常州市	225	227	227
苏州市	221	230	229
南通市	241	255	254
连云港市	186	155	183
淮安市	184	166	182
盐城市	228	179	223
扬州市	226	180	221
镇江市	204	184	202
泰州市	212	178	209
宿迁市	196	199	199
平均	211	198	

图 3-2-10　2022 年 9 月 6 日—7 日台风"轩岚诺"影响下江苏省 13 市臭氧污染浓度

受台风路径、强度等特点的影响,台风给江苏带来的臭氧污染的范围和程度各不相同。

按照上述五类天气分型,统计了 2018—2023 年江苏省臭氧污染天气分型占比,其中暖湿平流型污染过程最多,占比为 33.2%；其次是暖平流型和副高控制型,占比分别为 27.8% 和 26.9%,高压脊型和台风影响型占比较低,分别为 6.5% 和 5.6%,如图 3-2-11 所示。按照污染过程发生次数统计,共计发生 106 次轻度及以上程度的污染过程,大多数过程以轻度污染为主（全省日均臭氧浓度超过 160 μg/m³）,计 246 天,占比为 95.1%；达到中度污染（全省日均臭氧浓度超过 215 μg/m³）的过程共计 10 次,计 12 天,占比为 4.9%。从污染发

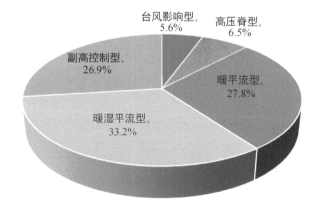

图 3-2-11　2018—2023 年臭氧污染类型占比

生的月份来看,6月份污染天数最多,占比为 30.1%;其次是 5 月份,占比 24.8%;受江淮梅雨期影响,7 月份污染天数明显减少;4 月份污染天数略高于 8 月份和 9 月份,占比分别为 13.0%、11.0% 和 8.5%,如图 3-2-12 所示。

从臭氧污染发生时的气象要素看,臭氧污染天气发生时的日均气温约在 20.3~29.3℃,近地面日均风速在 1.78~2.39 m/s,平均风

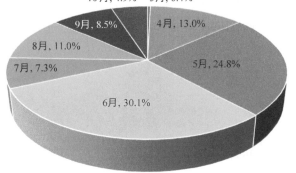

◎ 图 3-2-12 2018—2023 年臭氧污染月份占比

速为 2.05 m/s,相对湿度在 56.0%~74.5%。表 3-2-1 给出了 2018—2023 年五类臭氧污染天气分型的江苏地区气象要素以及对应的臭氧污染浓度。可以看出,江苏省臭氧污染发生时,不同类型影响期间的日均气温差别明显,副高控制型和台风影响型期间平均气温较高,分别为 29.3℃ 和 27.3℃,高压脊型影响下日均气温最低,为 20.3℃。臭氧污染发生时的日最高气温通常在 27.6~33.9℃,其中高压脊型和暖平流型影响下的日最高气温低于 30.0℃,暖湿平流型、副高控制型和台风影响型下的日最高气温高于 30.0℃。不同类型下平均风速的差别不明显,通常在 1.78~2.39 m/s,其中台风影响型期间的平均风速最低,高压脊型影响期间平均风速最高。相对湿度通常在 56.0%~74.5%,副高控制型影响下的大气相对湿度最高,为 74.5%,其次是台风影响型,为 73.0%,高压脊型影响下的相对湿度较低,仅 56.0%。从臭氧污染发生时的全省平均臭氧浓度看,暖湿平流型影响下的全省平均浓度最高,为 167.6 μg/m³,其次是暖平流型和高压脊型,分别为 166.6 μg/m³ 和 164.4 μg/m³。从污染过程中日最高臭氧浓度来看,最高的为台风影响型,浓度为 242.7 μg/m³,其次为暖湿平流型,浓度为 227.2 μg/m³,副高控制型下的日最高浓度为 224.2 μg/m³。

表 3-2-1 臭氧污染天气类型下的气象形势配置、气象要素及臭氧浓度

指标 \ 污染天气类型	高压脊型	暖平流型	暖湿平流型	副高控制型	台风影响型
日均气温/℃	20.3	21.3	25.2	29.3	27.3
日最高气温/℃	27.9	27.6	30.1	33.9	32.1
平均风速/(m/s)	2.39	2.05	2.03	2.01	1.78
相对湿度/%	56.0	64.8	68.3	74.5	73.0
全省平均臭氧浓度/(μg/m³)	164.4	166.6	167.6	156.8	164.2
城市日最高臭氧浓度/(μg/m³)	203.9	218.2	227.2	224.2	242.7

三、高浓度 $PM_{2.5}$ 的污染特征

重点关注 2013—2022 年江苏地区 $PM_{2.5}$ 出现重度污染的天数(图 3-2-13),当 $PM_{2.5}$ 日均浓度 >150 μg/m³,则记为一个 $PM_{2.5}$ 重污染日。一天中有不少于 3 个连片城市出现 $PM_{2.5}$ 日均浓度 >150 μg/m³,则记为一个区域 $PM_{2.5}$ 重污染日。

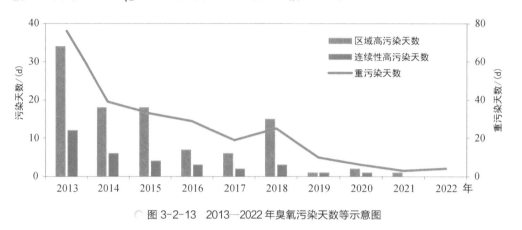

○ 图 3-2-13 2013—2022 年臭氧污染天数等示意图

2013—2022 年期间,江苏重污染日数有 244 天(2013 年 76 天,2014 年 39 天,2015 年 33 天,2016 年 29 天,2017 年 19 天,2018 年 25 天,2019 年 10 天,2020 年 6 天,2021 年 3 天,2020 年 4 天),重污染日逐年递减,冬季最多(177 天),其次是秋季(29 天)、春季(23 天),夏季(15 天)最少。

江苏省 13 个设区市中,徐州重污染日天数最多,为 141 天,其次是淮安(96 天)、宿迁(85 天)、泰州(73 天)、南京(68 天)。盐城、无锡、苏州重污染日天数较少,均低于 60 天。

区域性高污染(连片 3 个城市出现重度或以上污染过程)在近十年共出现 102 天(2013 年 34 天,2014 年 18 天,2015 年 18 天,2016 年 7 天,2017 年 6 天,2018 年 15 天,2019 年 1 天,2020 年 2 天,2021 年 1 天),区域性过程多集中在苏北城市,尤其是徐州、淮安和宿迁。

连续出现 3 天及以上的重污染日的污染过程,在 2013—2022 年近十年中共出现 32 次(2013 年 12 次,2014 年 6 次,2015 年 4 次,2016 年 3 次,2017 年 2 次,2018 年 3 次,2019 年 1 次,2020 年 1 次,2021 年和 2022 年均为 0 次),历史重污染日最长记录为 2013 年 12 月 18 日—26 日和 2018 年 1 月 15 日—22 日,均共计 8 天。

四、$PM_{2.5}$ 污染的环流特征

江苏省 $PM_{2.5}$ 污染过程均发生在每年秋冬季(11 月至次年 3 月之间),以传统意义的冬季为主。通过统计 2018—2023 年秋冬季(11 月至次年 3 月)江苏省 $PM_{2.5}$ 污染过程发生时的海平面气压场,结合 500 hPa、850 hPa、1 000 hPa 的高低层环流形势,归纳总结出江苏省区域性 $PM_{2.5}$ 污染的天气类型。将污染天气形势划分为以下 5 类:

（1）均压场型：该类型为秋冬季节常见污染天气形势，期间地面高低压系统不明显，气压梯度小，风速弱，通常小于2 m/s，有时风向紊乱，天气静稳，不利于污染扩散，污染物容易累积并二次转化，从而引发区域性污染过程。从高低空配置来看，高层500 hpa位势高度场上通常以平直西风气流为主，或短波槽后西北气流，中层850 hpa上存在明显的暖平流，地面高低压系统不明显，无明显的冷、暖气团，易形成持续均压场。白天通常以晴好天气为主，夜间辐射降温，容易形成贴地逆温。

此类型天气形势下，江苏省$PM_{2.5}$污染通常呈现全省大范围、持续时间长、污染程度持续加重的特点，比如2018年11月24日—12月3日的全省范围持续性中度—重度污染过程（图3-2-14）。

城市	2018-11							2018-12			平均
	24日	25日	26日	27日	28日	29日	30日	01日	02日	03日	
南京市	75	118	118	69	114	141	177	108	77	102	102
无锡市	70	101	101	93	129	148	135	93	60	88	95
徐州市	114	167	134	172	210	207	125	95	67	105	131
常州市	88	150	131	87	172	198	177	131	89	118	124
苏州市	68	106	103	130	150	139	92	90	56	79	94
南通市	85	99	82	150	136	167	130	50	46	132	100
连云港市	104	79	66	144	79	101	57	38	38	52	71
淮安市	112	94	81	102	137	133	145	75	58	64	94
盐城市	125	105	74	106	146	171	182	61	56	113	106
扬州市	109	136	105	88	156	159	212	79	61	96	110
镇江市	102	139	113	78	160	171	222	96	89	106	117
泰州市	98	104	107	88	116	144	204	78	65	118	104
宿迁市	91	115	100	129	166	104	95	66	48	67	92
平均	95	116	101	110	144	153	150	82	62	95	

图3-2-14　2018年11月24日—12月3日江苏省13市$PM_{2.5}$污染浓度

（2）高压后部或底部型：该两种污染天气形势均与冷高压（冷空气）南下有关。高压后部型天气形势下，冷高压中心通常从华东区域入海，高压中心入海后，江苏省处于冷高压后部。前期通常以东南风、偏南风为主，风力较小，后期主导风向不明确，东北风、东风、东南风、西风均可能出现，也可能处于气压梯度较弱的均压场中，水平扩散条件较差。同时值得注意的是弱冷高压后部可能存在风场辐合，辐合区附近可能会形成以本地累积为主的重污染天气过程。高压底部型天气形势下，冷高压通常从华北区域—山东半岛出海，江苏省位于冷高压底部，近地面前期受到东北或偏东气流影响，风力较弱，后期可能处于静稳天气形势。在偏东气流影响下，海上湿润气流增加，相对湿度增加，利于污染物吸湿增长。从高低空配置看，高层500 hpa位势高度场上通常为槽后西北气流，或平直西风气流为主，中层为暖湿气流或者中层冷、暖气团不明显。

此类型污染天气主要以本地污染累积为主，受风力较小、湿度增加影响，扩散条件较差，易于本地污染累积。此外，当冷空气强度弱时，上游污染输送清除能力弱，也可能形成本地污染叠加上游污染输送后持续累积的污染过程。此类型天气形势下，江苏省$PM_{2.5}$污染通常呈现全省大范围、持续时间可长可短（在2～6天不等）、污染程度整体以轻度污染为主、局部地区可达中度污染程度的特点,比如 2019 年 2 月 1 日—6 日以轻度污染为主的污染过程(图 3-2-15)。

城市	2019-02						平均
	01日	02日	03日	04日	05日	06日	
南京市	53	78	95	109	101	88	87
无锡市	62	65	81	118	61	73	77
徐州市	82	100	139	127	142	161	125
常州市	71	76	96	103	75	90	85
苏州市	75	67	88	105	36	75	74
南通市	70	64	102	90	62	75	77
连云港市	80	86	118	80	113	111	98
淮安市	73	93	119	93	127	106	102
盐城市	68	97	142	101	70	101	97
扬州市	68	87	111	122	103	98	98
镇江市	67	81	106	136	96	96	97
泰州市	64	90	110	106	119	93	97
宿迁市	75	92	132	128	141	122	115
平均	70	83	111	109	96	99	

图 3-2-15 2019 年 2 月 1—6 日江苏省 13 市 $PM_{2.5}$ 污染浓度

(3) 低压倒槽型:此类型污染天气形势下,通常前期江苏省受弱冷高压影响,西南或者西部大部分区域受低压控制,随着弱高压逐渐东移或者减弱,江苏省位于地面低压倒槽的上部,受到西南暖湿气流和海上高压后部的共同作用。从高低层配置来看,500 hpa 位势高度场上通常受平直西风气流,或者槽前西南气流影响;中层以暖湿平流为主,层结稳定不利于污染物扩散;低层位于低压场内,气压梯度弱,风力弱,以西南风或者东南风为主,江苏省及周边地区回暖特征明显,利于污染物累积。

此类型天气形势下,江苏省 $PM_{2.5}$ 污染通常呈现大面积的污染过程、持续时间可长可短、污染程度主要以轻度污染为主的特点,比如 2021 年 12 月 21 日—22 日的污染过程(图 3-2-16)。

城市	2021-12		平均
	21日	22日	
南京市	60	84	72
无锡市	51	89	70
徐州市	86	134	110
常州市	68	131	100
苏州市	73	98	86
南通市	71	83	77
连云港市	83	54	69
淮安市	85	112	99
盐城市	72	58	65
扬州市	75	126	101
镇江市	69	128	99
泰州市	75	115	95
宿迁市	94	124	109
平均	74	103	

图 3-2-16 2021 年 12 月 21 日—22 日江苏省 13 市 $PM_{2.5}$ 污染浓度

（4）冷锋前部型：此类型污染天气形势下，通常伴随着北方冷空气扩散南下，当冷空气路径偏西时，锋面呈东北—西南向经过江苏省，本地以西北风为主，风力较强，在主导风向影响下，上游的河北、河南、山东及安徽等内陆地区的累积污染物向江苏省输送，叠加本地污染累积，江苏省易出现短时高浓度污染过程。当冷空气路径偏东时，主导风向为偏北—东北风，同样受华北地区污染扩散输送影响。从高低空配置来看，高空 500 hpa 位势高度场上中纬度地区通常有高空槽，引导冷高压南下，近地面随着冷气团南下，江苏省受冷高压控制。近地面风向以西北风、偏北风或东北风为主，随着冷锋南下，风力逐渐增大，扩散条件转好。

此类型天气形势下，$PM_{2.5}$ 污染通常呈现出全省自北向南的短时重污染过程。前期本地污染和外源输送共同作用造成高浓度重污染，持续时间通常和冷空气强弱及移动速度有关。随着冷空气南下，累积污染逐渐清除，空气质量明显改善，比如 2022 年 12 月 27日—31 日以轻度污染为主的污染过程（图 3-2-17）。

城市	2022-12					平均
	27日	28日	29日	30日	31日	
南京市	72	122	84	61	64	81
无锡市	84	110	47	42	72	71
徐州市	93	116	136	160	154	132
常州市	92	127	59	57	90	85
苏州市	86	117	45	31	74	71
南通市	94	86	25	45	83	67
连云港市	122	26	69	116	135	94
淮安市	113	90	74	122	102	100
盐城市	102	70	26	80	102	76
扬州市	97	118	77	76	101	94
镇江市	88	121	88	72	91	92
泰州市	102	110	49	71	112	89
宿迁市	121	98	119	133	116	117
平均	97	101	69	82	100	

◎ 图 3-2-17　2022 年 12 月 27 日—31 日江苏省 13 市 $PM_{2.5}$ 污染浓度

（5）其他，如回流输送型：华北区域污染物受冷高压影响将污染物输送至东部海上，受高压环流影响，又会回流输送至江苏省。

此外，持续性污染的天气形势通常不是一成不变的，大多是由两种或两种以上污染天气类型转变，比如前期主要影响型为均压场型，后期转为冷锋前部型或者低压倒槽型。

按照上述天气分型，统计了近六年江苏省 $PM_{2.5}$ 污染天气分型占比，其中均压场型污染过程最多，占比为 34.2%；其次是冷锋前部型和高压后部或底部型，占比分别为 28.6% 和 22.9%，低压倒槽型占比较低，为 11.4%，如图 3-2-18 所示。按照污染过程发生次数统计，2018—2023 年发生的持续时间超过两天的全省性污染过程次数分别为 9、10、6、6、8、5 次，共计 44 次，其中 5 天以上的持续性污染天气共计 24 次。大多数污染过程以轻度污染为主，达到全省范围轻度污染（全省日均 $PM_{2.5}$ 浓度超过 75 μg/m³）的日数共计

第三篇　气象篇

119 天,占比为 76.8%;达到中度污染(全省日均 PM$_{2.5}$ 浓度超过 115 μg/m³)的日数共计 26 天,占比为 16.8%;达到重度污染(全省日均 PM$_{2.5}$ 浓度超过 150 μg/m³)的日数共计 10 天,占比为 6.5%。从污染发生的月份来看,1 月份污染天数最多,占比为 37.4%;其次是 12 月份,占比 31.6%;11 月份污染天数略低于 2 月份和 3 月份,占比分别为 8.4%、11.0% 和 11.6%,如图 3-2-19 所示。

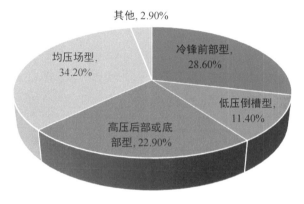

图 3-2-18　2018—2023 年 PM$_{2.5}$ 污染天气分型占比

气象条件是推动大气运动和变化的重要因素,在污染物的传输扩散、化学转化、干湿沉降等过程中扮演着重要角色。近地面水平风是影响颗粒物污染最重要的气象因子,它是大气污染扩散的主要动力因子。通常情况下,当风速较大时,污染物容易扩散和稀释,当风速较小时,大气维持稳定状态,颗粒物不易扩散,浓度升高,易聚集形成污染。此外,近地面气温、相对湿度、降水等气象要素与颗粒物浓度变化存在一定的关系,它们可以

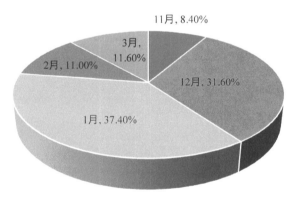

图 3-2-19　2018—2023 年 PM$_{2.5}$ 污染月份占比

影响污染物的垂直扩散和沉降等物理过程,还可以通过影响大气中颗粒物的凝聚、成核等化学过程,从而影响颗粒物浓度变化。

从 PM$_{2.5}$ 污染发生时的气象要素看,污染天气发生时的日均气温约在 4.8~8.3℃,日最高气温在 8.9~13.2℃,近地面日均风速在 1.61~1.86 m/s,平均风速为 1.72 m/s,相对湿度在 69.4%~76.9%。表 3-2-2 给出了 2018—2023 年五类 PM$_{2.5}$ 污染天气分型的江苏地区气象要素及其对应的臭氧污染浓度。利用地面气象观测资料分析各种天气分型

下的气象要素特征及其影响,可以看出,均压场型控制时的水平扩散条件最差,表现为平均风速仅为 1.61 m/s,相对湿度也是四类天气类型里最高的,平均为 76.9%,小风、高湿的气象条件容易造成较高的污染物累积,污染过程的平均污染浓度为 93.5 μg/m³,平均城市日最高臭氧浓度为 166.4 μg/m³,也是四类污染天气形势下的最高平均颗粒物浓度。高压后部或底部型影响下的平均风速为 1.86 m/s,远高于其他类型平均风速。全省平均 PM_{2.5} 浓度为 83.1 μg/m³,为四类污染天气类型中最低浓度。低压倒槽型天气形势下的平均气温为 8.3℃,平均日最高气温为 13.2℃,呈现回暖的天气特征。冷锋前部型天气形势下的江苏省平均风速为 1.67 m/s,仅高于均压场型,水平扩散条件也较差,同时上游的山东、河南、河北等大部分区域处于均压场控制下,促进了将上游累积污染物输送到江苏,加重本地污染累积水平。冷锋前部型对于江苏省是污染输送型天气,上游累积污染物随着冷锋移动向下游输送,造成高浓度污染,全省平均污染浓度为 86.4 μg/m³,城市日最高 PM_{2.5} 浓度为 157.2 μg/m³,均仅次于均压场型污染,如表 3-2-2 所示。

表 3-2-2　不同污染天气类型下的气象要素均值和 PM_{2.5} 浓度均值

污染天气类型	均压场型	高压后部或底部型	低压倒槽型	冷锋前部型
平均气温/(℃)	4.8	6.2	8.3	5.4
平均日最高气温/(℃)	8.9	12.1	13.2	9.6
平均风速/(m/s)	1.61	1.86	1.74	1.67
相对湿度/(%)	76.9	72.7	69.4	73.5
全省平均 PM_{2.5} 浓度/(μg/m³)	93.5	83.1	83.9	86.4
城市日最高 PM_{2.5} 浓度/(μg/m³)	166.4	151.8	135.4	157.2

第三节　臭氧和 PM_{2.5} 污染与气象要素关系

一、臭氧污染与气象要素关系

气象因素在臭氧形成、沉降、传输和稀释中扮演着重要角色。局地气象条件如风向、风速、温度和相对湿度等对臭氧及其前体物的时间变化具有重要影响,也是造成臭氧浓度年月日变化的主要原因。观测结果也表明臭氧浓度变化与地面气温、风速、太阳辐射的波动有一定的联系,太阳辐射强度对大气光化学反应具有重要影响,大部分站点缺少相应的太阳辐射数据,而大气温度的变化能较好地反映出太阳辐射强度的变化。下面利用近年数据对相关气象因素和臭氧浓度关系进行统计分析。

不同温度范围所对应的臭氧超标率和臭氧平均浓度如图 3-2-20(左)所示。臭氧超标率与气温呈指数上升趋势。当温度低于 25℃,臭氧超标率都不足 1%,尤其是在 20℃ 以下,极少出现超标;当温度高于 25℃ 时,臭氧超标率开始大幅上升,如当大气温度为 25～30℃,30～35℃,35℃ 以上时,臭氧超标率分别为 5.1%、13.9% 以及 18.5%。臭氧平均浓度的变化趋势随着温度的上升增加,当温度高于 25℃ 时,臭氧平均浓度高于 100.0 μg/m³,在 35℃ 以上区间达到最大值为 160.4 μg/m³。

以南京 2020 年 14 时的污染资料和气象要素资料统计不同月份臭氧浓度和气温的相关性[图 3-2-20(右)],可以看到,臭氧浓度与温度呈正相关性,Pearson 相关系数为 0.749,在 0.01 水平上显著相关;不同月份相关系数有差异,春季相关性最好,其次是秋季,其中最好的月份出现在 3 月和 5 月,相关系数约为 0.81;在气温相对较高的 5—7 月,气温对臭氧浓度的增加影响有所下降(相关系数为 0.6 左右),这可能与该时段多降水过程有关。

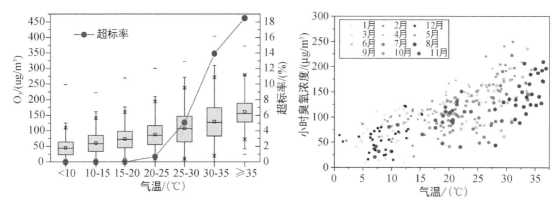

图 3-2-20 不同温度区间臭氧浓度和超标率变化(左)和不同月份对应的气温和臭氧浓度散点图(右)

大气中的水汽通过影响太阳紫外辐射在光化学反应中扮演重要的角色。同时,高相对湿度也是形成湿清除的重要指标,因此,高相对湿度将不利于臭氧浓度的积累。如图 3-2-21(左)所示,臭氧浓度随着相对湿度的变化呈现先上升后下降的趋势,反映出水汽对光化学反应程度的影响,当相对湿度进一步增大,超标率呈现下降的趋势;当相对湿度高于 50% 后,臭氧浓度快速下降,而当相对湿度超过 80% 时,基本无超标事件出现。臭氧的平均浓度也和超标率变化趋势较为一致,相对湿度低于 50% 时,平均浓度均大于 100.0 μg/m³,相对湿度在 30%～40% 区间时平均浓度最高,为 113 μg/m³,相对湿度高于 80% 时,臭氧平均浓度不足 50 μg/m³。曾有学者研究也指出,NO_x 和 CO 在相对湿度 60% 左右时存在光化学反应强度临界值,在 60% 之前随相对湿度的增加而增大,而 60% 之后随相对湿度的增加而减小。

以南京 2020 年 14 时的污染资料和气象要素资料统计不同温度区间下相对湿度与臭氧浓度的相关性[图 3-2-21(右)],可以看到,臭氧浓度与相对湿度存在一定的负相关性,

Pearson 相关系数为−0.42,在 0.01 水平上显著相关;不同温度区间相关性有差异,在 0.35～0.69,其中在 20<T≤25℃和 25<T≤30℃温度区间较为明显,随着温度上升相关性下降。

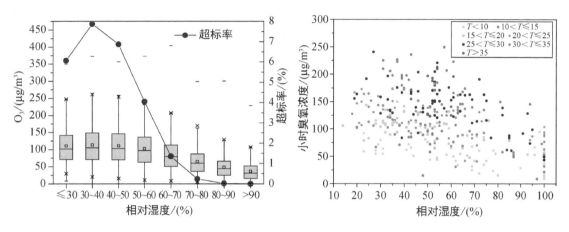

○ 图 3-2-21 不同相对湿度区间臭氧浓度和超标率变化(左)及不同温度区间内相对湿度和臭氧浓度的散点图(右)

风场对污染物的输送具有重要的影响,不同的风向决定了污染物输送的不同来向,而风速大小则能反映污染物的输送效率或者污染物的清除效率。较高的风速(相对小风来说),一方面可以抬高大气边界层高度,使得上层臭氧向下混合,从而增加臭氧浓度;另一方面,风速大,则水平扩散加强,又有利于臭氧稀释,减少臭氧浓度。当风速达到一定时,后者作用大于前者,臭氧浓度减少。

由于地域结构和周边环境不同,各地风场对当地臭氧浓度的影响差异也较大,对江苏 13 个城市分别进行分析,力求找到各地风向风速对臭氧超标的主要影响。

如图 3-2-22 所示,总体来看,江苏大部分城市在偏南风作用下,臭氧浓度易达到高值。当风速较小时,不同城市在各风向上均有高值出现,总体以偏南风居多,这与风速小、利于污染物聚集反应有关;当风速增大时,多数城市主要在西南风向下,对应较高的臭氧浓度值,宁镇扬一带在东/西南方位对应浓度高值,在东南方向风速较大时,由于输送影响,臭氧浓度仍较高;江苏沿海城市(如连云港、盐城和南通)高臭氧浓度主要集中在西南风向和偏南风向下,偏东气流下浓度总体较低。上游地区的风常携带排放的大量污染物,造成下游城市臭氧浓度增加,而海上气团对本地污染物起到稀释作用。

分析小时低云量和总云量对臭氧浓度的影响(图 3-2-23),可以看到臭氧浓度对低云量反应要比总云量敏感。低云量在 1～6 成对应较高的浓度值,在大于 6 成时,随着低云量增多,臭氧浓度逐渐下降,相应的超标率也逐渐下降;总云量在 1～9 成区间对应的浓度变化差异不大,达到 9 成时,臭氧浓度的生成效率明显下降,超标率也明显下降,云量为 10 成时,臭氧浓度低。相比较而言,臭氧浓度与低云量关系更为密切。臭氧平均浓度和超标率均

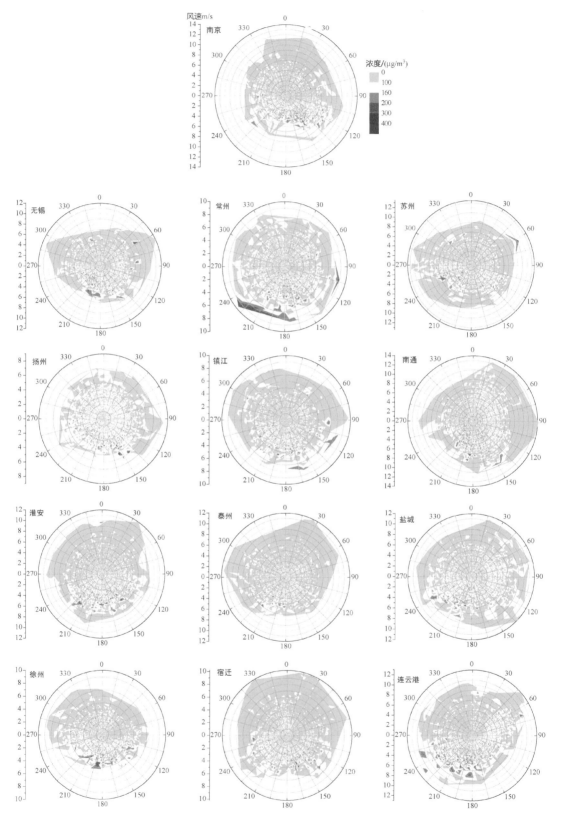

图 3-2-22　13 市风速风向与臭氧浓度风玫瑰图

随着日照数的增加而升高,日照为 0 时,超标现象明显减少。小时臭氧浓度与小时总辐射总体呈线性相关,相关系数为 0.93,两者均呈单峰型分布,总辐射在正午 12 时出现峰值,小时臭氧浓度延后 3 时左右出现峰值。

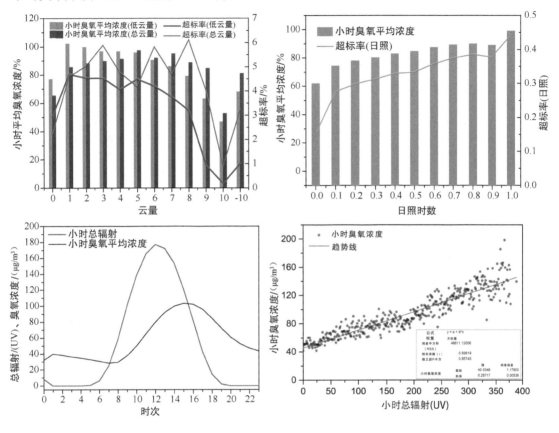

● 图 3-2-23　臭氧浓度与辐射云量、日照和总辐射的关系

通过以上分析可以得出,臭氧浓度与气象要素存在明显的关系,风向、风速、温度和相对湿度等气象要素对臭氧浓度变化具有重要影响。江苏地区臭氧浓度总体与气温正相关,与相对湿度负相关;气温超过 25℃ 出现臭氧超标现象的概率大幅增加,且超标率与气温呈指数上升趋势;相对湿度在 30%~40% 区间时超标率较高;高浓度臭氧多出现在风速低于 4 m/s 时。各城市高浓度臭氧出现的主导风向略有差异,苏南的城市主要在西南和偏南风向对应较高的臭氧浓度值,而苏北城市和沿海城市多在西南风向对应较高臭氧浓度值。臭氧浓度与低云量关系较为密切,随着日照时长增加而升高,与总辐射高度相关,且日最高值延后小时总辐射峰值 3 小时左右。

二、PM$_{2.5}$ 污染与气象要素关系

PM$_{2.5}$ 污染的形成、累积和持续与天气条件有着密切的关系,温度、风向风速、干湿

沉降、相对湿度、大气稳定度都或多或少与大气气溶胶的形成与累积有关。将大气污染过程与天气变化的各种结果建立定量的联系,是研究天气变化对大气污染影响的重点和难点。

根据历年针对我国 $PM_{2.5}$ 浓度的监测结果来看,浓度变化具有明显的季节性,冬季(12月—次年2月)浓度最高,春季(3—5月)、秋季(9—11月)浓度次之,夏季(6月—8月)浓度最低。从近5年四个季节来看(图3-2-24),$PM_{2.5}$ 浓度呈现冬季>春季>秋季>夏季的规律,且逐年呈下降趋势。

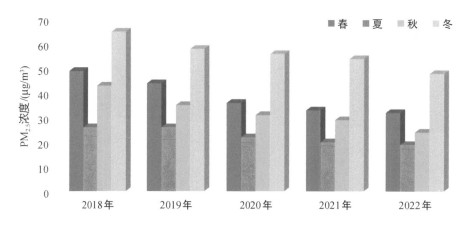

○ 图3-2-24　2018—2022年我省各季节 $PM_{2.5}$ 浓度均值

研究发现中国东部冬季对流层中下层存在显著大范围的"逆温盖"距平季节特征,不利于污染物的扩散与对流,易于形成有利于污染物累积的静稳天气气候背景,对流层呈"上暖—下冷"的逆温状态,且地面风速较小,易引发江苏省乃至中国东部大范围霾天气变异现象,例如在2016年12月至2017年1月出现跨年污染。

从我国冬季大范围冷空气过程分析可以看出,有些年份冬季冷空气活动频繁,风速较大,有利于污染物扩散,例如2017年冬季,大范围冷空气达34次;有些年份冷空气强度较弱,对于污染物扩散较为不利,我国冷空气达到江苏省之后,强度会逐渐减弱,往往以高压中心的形式控制我省,并逐渐东移入海,这样使得冷空气裹挟北方污染物达到我省之后造成污染滞留且不易消散,例如2013年冬季。

春季气温逐渐上升,大气扩散条件逐渐好转,春季 $PM_{2.5}$ 浓度明显低于冬季。在春季江苏省相对湿度上升,在夜间、凌晨至上午时段会出现 $PM_{2.5}$ 浓度不断"吸湿增长"累积的过程,直至中午太阳升起,相对湿度下降,大气扩散条件好转,$PM_{2.5}$ 浓度迅速下降。夏季随着温度再次升高,江苏省进入梅雨季节,降雨增多,$PM_{2.5}$ 浓度处于较低水平,仅有2013年6月出现 $PM_{2.5}$ 污染的情况。秋季随着气温下降,大气扩散条件逐渐转差,秋季常出现降水稀少,$PM_{2.5}$ 浓度回升。江苏省春秋季会受到北方沙尘南下的影响,一般春季发生的频率和强度高于秋季,沙尘根据影响强弱,分为沙尘暴、沙尘、扬沙、浮尘等类型,例如发生在 2021 年 3 月 28 日—31 日,近年影响较重的沙尘过程,使苏北 5 市达到严重污染,PM_{10} 小时峰值浓度达到 917 $\mu g/m^3$,$PM_{2.5}$ 浓度峰值在 175 $\mu g/m^3$;2023 年 4 月 11 日—15 日的沙尘,PM_{10} 小时峰值浓度达到 2 035 $\mu g/m^3$,$PM_{2.5}$ 浓度峰值在 182 $\mu g/m^3$。

以 2019 年大气环境监测数据和气象要素数据为基础,分析江苏省各气象要素与 $PM_{2.5}$ 浓度变化情况。首先分析了全省重点城市(南京、徐州、盐城、苏州)在不同季节风速风向与 $PM_{2.5}$ 浓度的关系。从图 3-2-25 明显可以看出冬季、春季污染时段 4 个重点城市风速相较夏季、秋季均偏小,风速分布在 3 m/s 左右,最大不超过 6 m/s,冬季、春季的非污染时段风速明显大于污染时段,分布面积明显大于污染时段。夏季大气扩散条件好时,最大风速超 9 m/s,有的城市,例如盐城,最大风速接近 15 m/s。冬季污染时段浓度高值在北风向,例如南京、苏州高浓度区域分布在偏北方向,徐州除了北风向还有东北和西南方向,盐城高浓度区域分布较少,主要以风力较小的本地累积为主。春季的污染高浓度分布以东北风为主,还有的是风力较小的本地累积为主,例如徐州和盐城等苏北城市;秋季的污染高浓度除了偏北风向,还有西南和西北风向,来源偏西向风的来源。

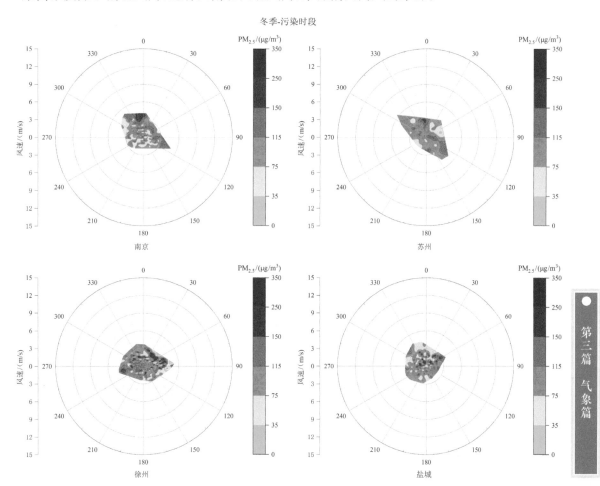

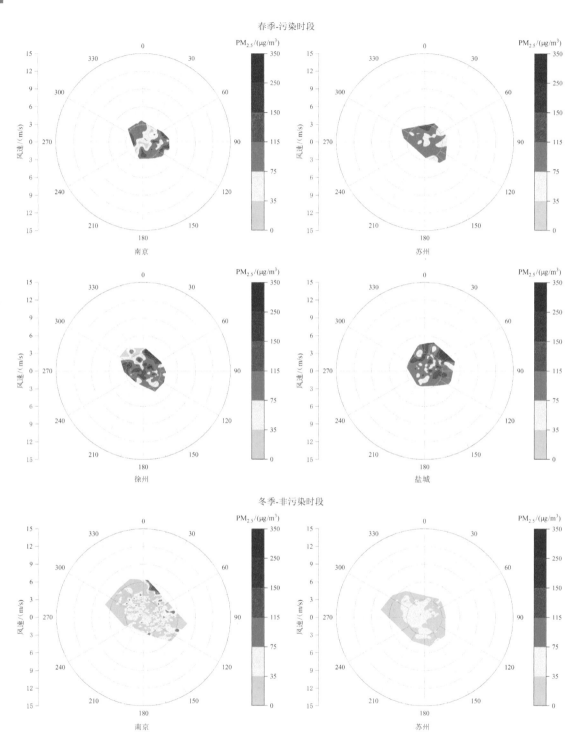

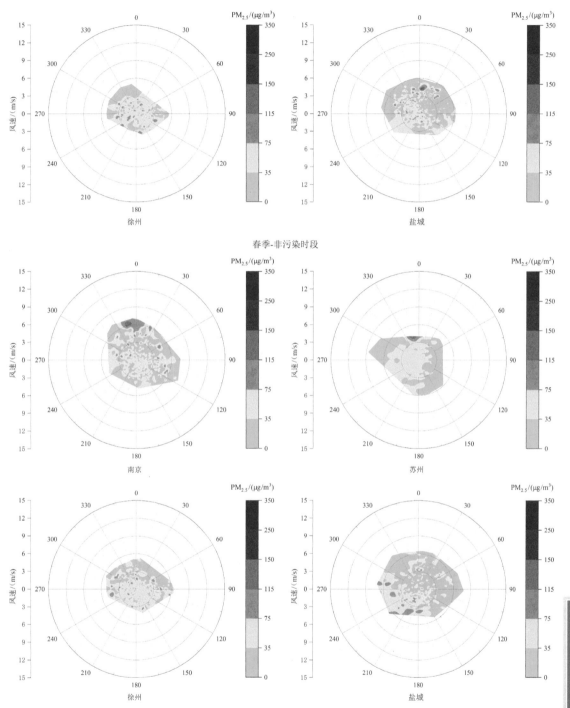

春季-非污染时段

徐州

盐城

南京

苏州

徐州

盐城

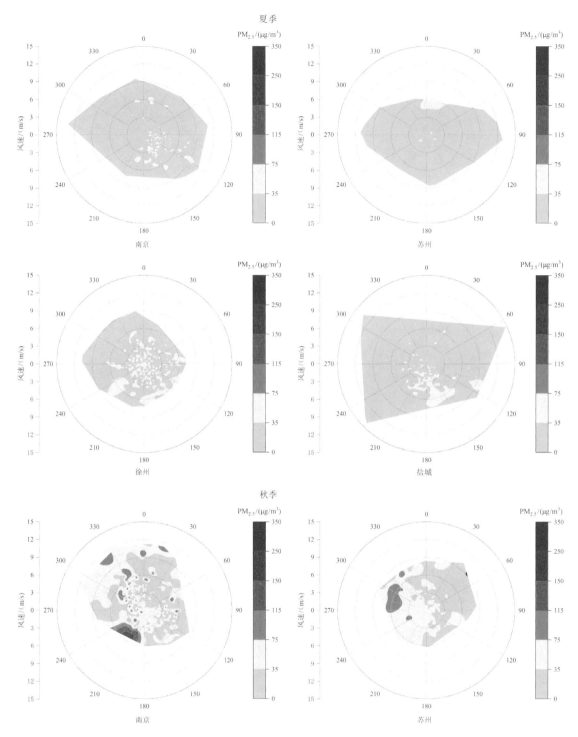

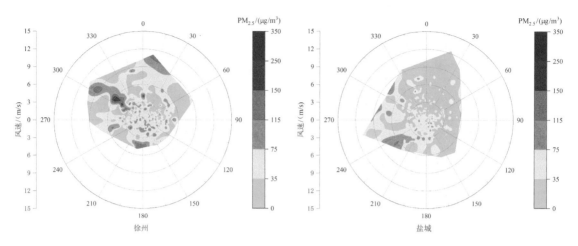

图 3-2-25　江苏省典型城市在不同季节污染时段与非污染时段的 $PM_{2.5}$ 风玫瑰图

　　分析日均温度与 $PM_{2.5}$ 浓度之间的相关性可知(图 3-2-26)，$PM_{2.5}$ 与温度之间呈明显的负相关关系，随着温度的升高，$PM_{2.5}$ 浓度逐渐下降。$PM_{2.5}$ 超标率随着气温的升高而降低，当温度低于 10℃时，$PM_{2.5}$ 超标率最高，达 31.7%；在 10~15℃、15~20℃ 两个温度范围内超标率较<10℃的大幅下降，超标率分别为 11.1%、4.1%；在 20℃以上的两个温度段，超标率不足 1.0%。$PM_{2.5}$ 平均浓度的变化趋势随着气温上升而逐渐下降，由 61.9 $\mu g/m^3$ 下降至 24.9 $\mu g/m^3$，而在<10℃区间的 $PM_{2.5}$ 最高值为 195 $\mu g/m^3$。

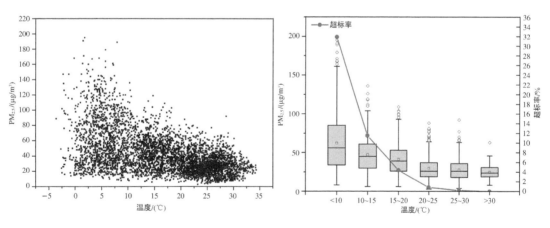

图 3-2-26　$PM_{2.5}$ 与温度相关性分析(左)以及超标率(右)分布情况

　　分析相对湿度与 $PM_{2.5}$ 浓度之间的相关性可知(图 3-2-27)，相对湿度与 $PM_{2.5}$ 浓度呈一定的正相关关系，相对湿度越大 $PM_{2.5}$ 浓度越高。$PM_{2.5}$ 超标率随着湿度的升高而升高，但湿度超过 90% 后会有所下降。当湿度低于 50%，$PM_{2.5}$ 超标率不超过 2%，在 50%~60%、60%~70%、70%~80%、80%~90% 四个湿度范围内，$PM_{2.5}$ 超标率明显逐

第三篇　气象篇

步上升,均超过 10%,最高在 80%～90% 区间,达到 13.3%。当相对湿度超过 90% 时,超标率有所下降,为 7.4%。分为几种情况,一是相对湿度较大后引起降水,降水强度较大,有利于对 $PM_{2.5}$ 的清除作用;二是相对湿度增大是由逆温、大雾等气象因素引起,这样会造成 $PM_{2.5}$ 浓度上升引起污染;还有一种可能性是湿度较大引起弱降水,但是清除作用不明显,使得 $PM_{2.5}$ 浓度上升。

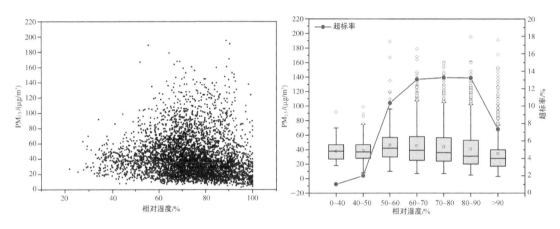

◯ 图 3-2-27　$PM_{2.5}$ 与相对湿度相关性分析(左)以及超标率(右)分布情况

分析降水量与 $PM_{2.5}$ 浓度之间的相关性可知(图 3-2-28),降水量与 $PM_{2.5}$ 浓度呈一定的负相关关系,未有降水量或降水量较少时 $PM_{2.5}$ 浓度较高,随着降水量增多浓度降低。降水较强时对于 $PM_{2.5}$ 有明显的湿清除作用,当日累积降水量超过 10 mm 时,$PM_{2.5}$ 浓度较低,超标率均不足 1%。随着降水量减少,对 $PM_{2.5}$ 的湿清除作用降低,超标率逐渐上升,当降水量≤1 mm 时,超标率迅速上升,达到 15.2%。

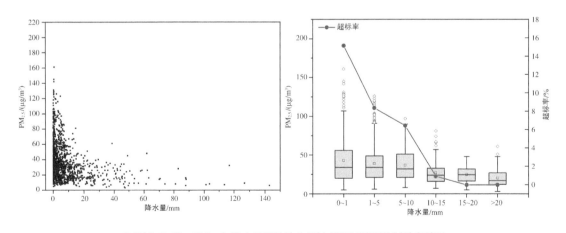

◯ 图 3-2-28　$PM_{2.5}$ 与降水量相关性分析(左)以及超标率(右)分布情况

分析日平均气压与 $PM_{2.5}$ 浓度之间的相关性可知(图 3-2-29),平均气压与 $PM_{2.5}$ 浓度呈明显正相关关系。通常情况下,大气压大于 1 013.25 hPa 被称为高压,小于 1 013.25 hPa

被称为低压。当气压高时，多为强冷空气影响，天气晴好，风力较大，大气扩散条件较好，$PM_{2.5}$ 浓度较低。冷空气影响时，有上游污染输送影响，污染过程随着冷空气推进而影响我省，由于冷空气强度强，风力较大，整体污染过程影响时间较短；但冷空气强度较弱时，冷空气推进较慢，污染物本地累积叠加上游污染输送，清除过程较慢，整体 $PM_{2.5}$ 浓度会长时间保持在较高水平。当气压逐渐降低，大气扩散条件会逐渐转差，天气趋于静稳，风力减小，污染物易于累积，$PM_{2.5}$ 浓度逐渐上升。当气压较低，处于低压控制时，天气多为暖湿天气，多有降水过程，大气扩散条件较好，$PM_{2.5}$ 浓度较低。因此在低压范围内 $PM_{2.5}$ 的超标率较低，不足 1%。在高压范围内超标率迅速上升，在 1 010～1 020 hPa、1 020～1 030 hPa、>1 030 hPa 位势高度场范围内的超标率分别为 11.7%、23.0%、19.1%。

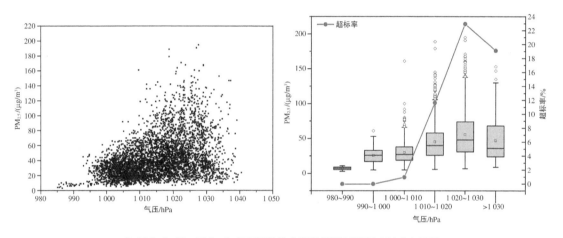

◖ 图 3-2-29　$PM_{2.5}$ 与气压相关性分析(左)以及超标率(右)分布情况

第四节　典型案例分析

一、$PM_{2.5}$ 污染过程

1. 不同强度降水对于 $PM_{2.5}$ 的影响

不同强度降水对于污染物的清除作用不同。其中降水强度越大，对污染物清除效率越高，根据统计，约 65% 的降雨对污染物浓度是有效清除，35% 的小雨会使得污染物浓度不降反升。降雨强度、持续时间等因素对 $PM_{2.5}$ 清除效率有不同程度的影响。对于臭氧浓度的影响也要看降雨时刻、持续时间等因素。

统计分析了江苏省 13 个设区市 2018—2022 年的降水过程，降水有效率介于 33.3%～100.0%，5 年以来无明显变化趋势，基本维持在 60% 上下波动，全省平均有效率约为

65%。其中 2020 年南京市和 2022 年泰州市的降水有效率最高,2020 年盐城市和 2021 年的连云港市降水有效率最低;从 5 年以来的年均值来看,泰州、苏州、常州的降水有效率较高,降水的清除作用较大,如表 3-2-3 所示。

表 3-2-3　2018—2022 年 13 市降水对于 PM$_{2.5}$ 浓度有效清除率

降水有效率(%) 城市	年份 2018 年	2019 年	2020 年	2021 年	2022 年
南京	40.0%	50.0%	100.0%	87.5%	57.1%
无锡	50.0%	53.8%	78.6%	58.3%	85.7%
徐州	81.3%	60.0%	71.4%	42.9%	62.5%
常州	68.4%	50.0%	83.3%	72.7%	87.5%
苏州	77.8%	53.8%	81.8%	62.5%	87.5%
南通	75.0%	76.9%	57.1%	60.0%	62.5%
连云港	36.4%	55.6%	71.4%	33.3%	42.9%
淮安	61.5%	63.6%	88.9%	60.0%	71.4%
盐城	78.6%	50.0%	33.3%	57.1%	71.4%
扬州	61.9%	63.2%	66.7%	66.7%	66.7%
镇江	57.9%	72.2%	54.5%	66.7%	70.0%
泰州	80.0%	58.3%	57.1%	75.0%	100.0%
宿迁	58.3%	63.6%	54.5%	50.0%	44.4%

2. 降水清除 PM$_{2.5}$ 不明显的案例

以 2021 年 3 月 15 日为例,我省的北部存在西路冷空气南下东移,南部是低压西伸北抬,我省处于过渡区域。受冷暖气团交汇影响,我省 9 时起自北向南有一次弱降水过程。从徐州 PM$_{2.5}$ 小时浓度与降水量对比分析来看,徐州降雨仅维持 3 个小时,累积降雨量 0.7 mm,PM$_{2.5}$ 浓度在降雨时段没有明显下降,反而由 82 μg/m^3 上升至 86 μg/m^3,一方面降雨量较小,持续的时间不长,另一方面受前期污染累积和中路冷空气南下的影响,污染输送叠加,污染浓度维持并逐渐上升。同时苏州 15 时开始有降水过程,但是雨量只有 0.1 mm,维持 2 个小时,PM$_{2.5}$ 浓度未有明显下降,直到 19 时开始 6 个小时的降水,雨量都不算很大,最大小时降雨量为 2.9 mm,20 时 PM$_{2.5}$ 浓度略有下降,但浓度一直维持在 56 μg/m^3,无进一步下降趋势,除了降雨量不够大,也与夜间大气扩散条件不佳有一定的关系,如图 3-2-30 所示。

3. 雨雪清除 PM$_{2.5}$ 浓度的案例

2019 年 1 月 29 日—31 日,全省出现一轮雨雪过程,其中南京、徐州 2 市 PM$_{2.5}$ 日均浓度达轻度污染水平,并且在降水后空气质量转为优良,现针对南京、徐州 2 市降水对污染清除作用进行分析。

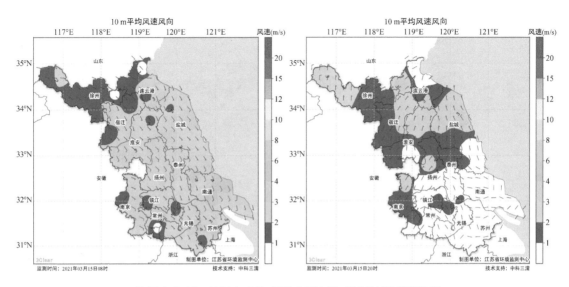

○ 图 3-2-30　2021 年 3 月 15 日 8 时(左)和 20 时(右)的地面风场

从污染落区图来看(图 3-2-32),南京 29 日 $PM_{2.5}$ 日均浓度达 77 μg/m³,30 日下降至 57 μg/m³,徐州从 30 日 81 μg/m³ 下降至 61 μg/m³,与降水发生时间对比来看,南京降水早于徐州出现,污染也更早得到缓解。从时间分布来看,此轮污染过程为静稳天气导致的污染过程,存在明显的日变化,此种污染过程在本地排放量不变的情况下,与气象条件相关性较大,$PM_{2.5}$ 浓度往往在夜间开始不断抬升,并于凌晨达到峰值,如图 3-2-31 所示。

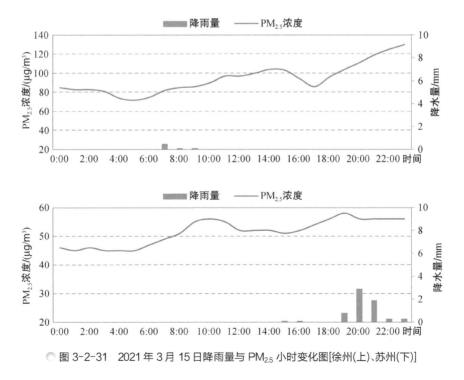

○ 图 3-2-31　2021 年 3 月 15 日降雨量与 $PM_{2.5}$ 小时变化图[徐州(上)、苏州(下)]

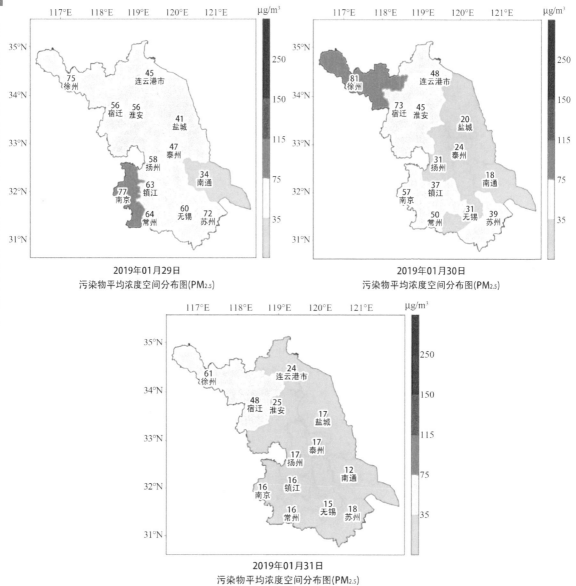

图 3-2-32　江苏省 13 市 2019 年 1 月 29 日—31 日 PM$_{2.5}$ 日均浓度落区图

此次污染过程 2 市累积出现 3 轮降水过程,分别为 1 月 29 日夜间南京短时零星小雨、1 月 30 日午后至 31 日上午徐州雨转雪过程和 1 月 30 日夜间至 31 日上午南京持续性中雨过程。

如图 3-2-33 所示,南京市于 1 月 29 日 21 时出现零星小雨,30 日凌晨期间风速较 29 日同期风速略有降低,但颗粒物小时峰值从 113 μg/m^3 降至 83 μg/m^3,表明 29 日夜间的降水对污染存在一定缓解作用,PM$_{2.5}$ 小时浓度虽仍为上升趋势,但上升速度有所减缓,起到了"缩时削峰"的作用。

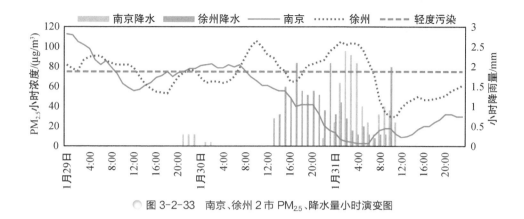

图 3-2-33 南京、徐州 2 市 PM$_{2.5}$、降水量小时演变图

徐州市于 1 月 30 日 13 时出现小到中雨,17 时转为降雪,且降雪强度较大。如图 3-2-34 所示,降雨期间,风速维持在 2 m/s 以上,徐州市 PM$_{2.5}$ 浓度迅速下降,降雪开始时,风速降至 1 m/s 以下,后波动上升,PM$_{2.5}$ 浓度也缓慢抬升,但抬升速度较降水前下降 3.2 μg/h, 表明此次降水对污染的缓解存在两个阶段,第一阶段降雨发生时,往往天气因素变化较为明显,清除作用较为明显,PM$_{2.5}$ 浓度持续下降,转为持续性降雪后,天气系统趋于稳定,降雪的清除作用体现在降低 PM$_{2.5}$ 浓度抬升速率方面。

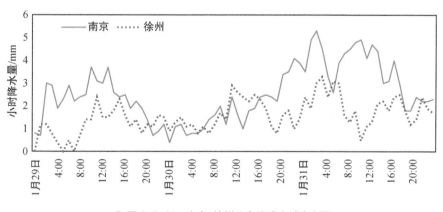

图 3-2-34 南京、徐州 2 市风速小时演变图

南京市于 1 月 30 日 22 时出现降水,降水强度达中雨量级,降水开始后 PM$_{2.5}$ 浓度迅速下降,随着降水的持续也并未有显著的 PM$_{2.5}$ 抬升过程,表明中雨及以上量级降水对污染清除作用显著。

结合本次案例不同城市不同降水过程来看,降水对颗粒物的污染的影响主要分为以下两种,当降水较少或是持续性的降雪天气时,与之对应的天气系统较为稳定,不利的扩散条件抵消了部分有利的湿清除条件,清除作用主要体现在降低 PM$_{2.5}$ 浓度峰值或减缓抬升速度方面;当出现中雨及以上量级的降雨时,与之对应的天气系统也往往较为强烈,湿清除作用明显,PM$_{2.5}$ 浓度出现明显下降趋势。

二、臭氧污染过程

1. 晴好高温天气造成臭氧高浓度污染的案例

2019 年 6 月 15 日—6 月 17 日,我省大部分地区出现以臭氧为首要污染物的区域性、持续性污染过程见图 3-2-35,尤其沿江和苏南地区有六市在 6 月 16 日—17 日几乎全部达到中度及以上污染水平,无锡、苏州达到臭氧重度污染,臭氧 1 小时最大强度高达 310.1 $\mu g/m^3$,出现在苏州(6 月 15 日 16:00),且同日本省西北部地区也出现中度—重度程度臭氧污染。至 6 月 17 日,苏南地区污染缓解,而江淮之间两站宿迁、淮安仍维持中度—重度污染水平。南京在 6 月 15—16 日达到了臭氧中度污染水平,6 月 15 日 AQI 为 181,臭氧 8 小时滑动平均最大值为 245.7 $\mu g/m^3$;6 月 16 日 AQI 为 156,臭氧 8 小时滑动平均最大值为 220.7 $\mu g/m^3$,均达到中度污染水平。

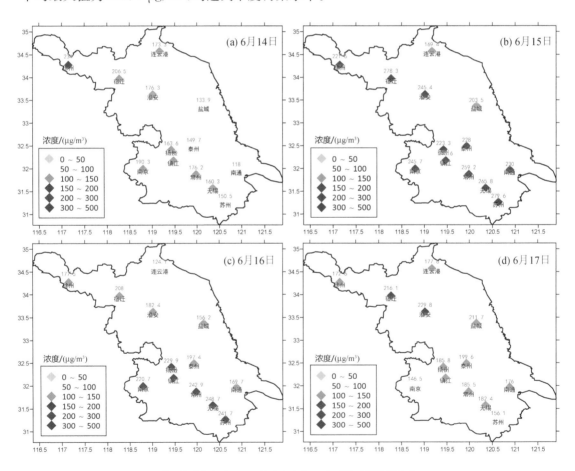

注:菱形色标为 AQI;数字为臭氧 8 小时滑动平均最大值

图 3-2-35 江苏省 2019 年 6 月 14 日—6 月 17 日空气质量 AQI 及臭氧 8 小时滑动平均最大值空间分布

我们以臭氧中度污染的南京站和东北部相对污染较轻的连云港站作为此次过程的代

表站,比较其六要素浓度时间序列曲线(图 3-2-36)。分析可见,两站的臭氧浓度与 NO_2、CO 呈明显的反相关,SO_2 和 NO_2 变化平稳且浓度较低。南京站 15 日—17 日的三个臭氧浓度小时峰值分别出现在 15 日 16 时(272 μg/m³)、16 日 17 时(240 μg/m³)、17 日 13 时(180 μg/m³),而同期连云港最高值为 15 日 13 时(211 μg/m³),南京站臭氧小时浓度均值约为连云港站的 1.27 倍。除了臭氧的浓度明显偏高外,南京站 CO 浓度的变化起伏也较大。颗粒物 $PM_{2.5}$、PM_{10} 浓度变化步调一致,南京站颗粒物浓度峰值出现早于臭氧浓度峰值 4~8 个小时,且从浓度均值来看 $PM_{2.5}$ 约为同期连云港站的 1.68 倍,PM_{10} 约为同期连云港站的 1.58 倍。此外,此次过程中我们注意到,6 月 15 日除了沿江苏南外,宿迁站 16—17 时也达到了臭氧浓度重度污染,同时还出现了夜间二次增强现象并且持续到 21—22 时。

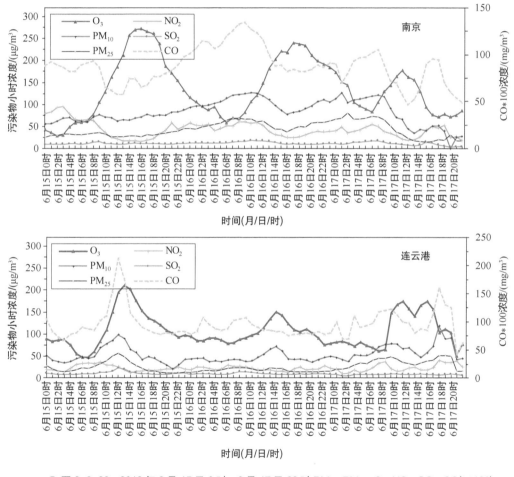

○ 图 3-2-36　2019 年 6 月 15 日 0 时—6 月 17 日 23 时 PM_{10}、$PM_{2.5}$、O_3、NO_2、SO_2、CO(×100) 浓度时间序列曲线(μg/m³)

我们由图 3-2-37 中 15 日—16 日江苏省 NO_2 的分布实况可以看到,15 日 NO_2 浓度大值仍然在 7 时前后出现,南京中北部和扬州南部部分地区 NO_2 的浓度水平要低于本省其他地区,6 月 16 日 NO_2 等前体物的浓度峰值出现时间稍滞后,常州一带于 10 时前后达 $60\sim80\ \mu g/m^3$,虽然 NO_2 总体强度比起其他几次个例过程偏低,但是同时间 NO_2 的大值区仍然对午后的高浓度臭氧出现区域有一定提前指示意义。

数据来源:中国环境监测总站

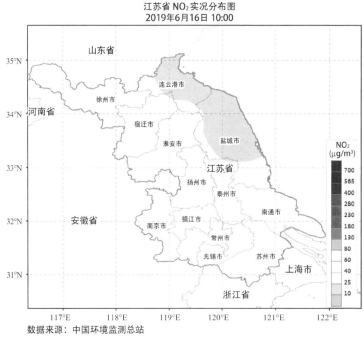

数据来源:中国环境监测总站

图 3-2-37　2019 年 6 月 15 日—16 日 7 时江苏省 NO_2 浓度分布($\mu g/m^3$)

图 3-2-38 为 2019 年 6 月 15 日—19 日期间南京江宁臭氧激光雷达反演的消光系数监测结果,从激光雷达消光系数图来看,15 日白天近地面消光系数整体偏低,且消光系数的变化趋势与近地面相对湿度的变化趋势基本一致,16 日 4—8 时近地面消光系数值稍有增大,对应图近地面颗粒物质量浓度也增高。

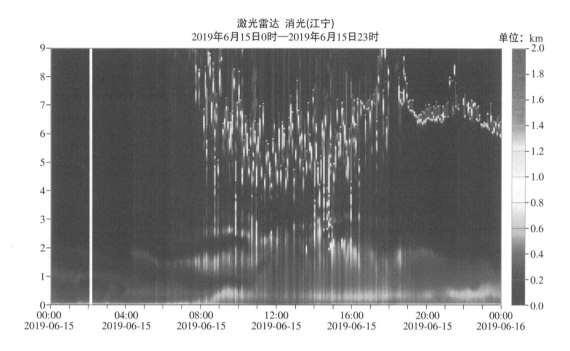

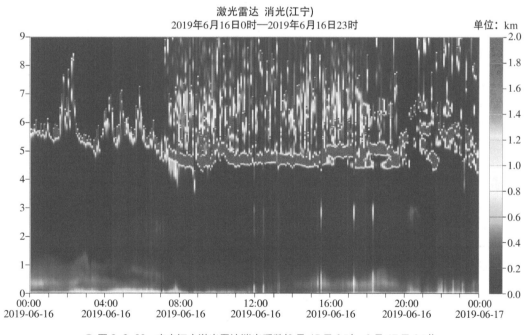

　　图 3-2-38　南京江宁激光雷达消光系数(6 月 15 日 0 时—6 月 17 日 0 时)

这次过程 14 日—15 日高空处于高压脊前且环流径向度大,西北风风力较大,16 日沿江和苏南地区受高压脊控制环流拉平,高层有一定水汽但全省以晴到少云天气为主,本省西北地区出现高温;到 17 日环流有所调整,逐渐转为纬向环流占主导,500 hPa 位势高压场上以西到西北气流为主,沿江和苏南地区水汽条件更好,云量增多。海平面气压场上处于均压场中,地面以偏南或偏东南气流为主。同时在 850 hPa 上可以看到大陆干暖气团西进,江苏地区 850 hPa 温度在 18~20℃。而到 18 日随着副高的西进北抬加强,中纬度的西风槽系统携水汽东移发展,淮河以南地区出现降水天气,江苏正式入梅,此次臭氧持续污染过程趋于结束。

结合近地面综合要素资料(图 3-2-39)来看,江苏地区最高气温在 31~35℃,其中南京 15 日地面最高气温为 34.7℃,徐州为 35.9℃,16 日云系增多,高温有所下降,南京最高

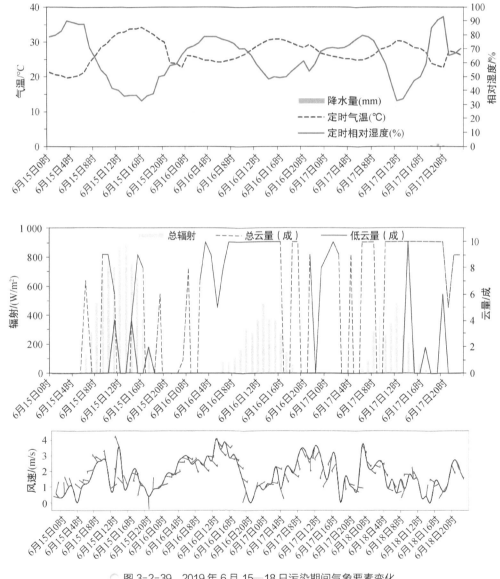

图 3-2-39 2019 年 6 月 15—18 日污染期间气象要素变化

气温为 31.1℃。15 日—16 日地面相对湿度在 30%～90%(16 日水汽条件转好,云系增多),15 日 09—15 时有连续 7 个小时小时内总辐射大于 600 W/m²,最大达到 885 W/m²(15 日 13 时),16 日云系增多,整体辐射强度偏低,最大小时总辐射仅为 482 W/m²。15 日平均风速仅为 1.375 m/s 且风向较为零乱,16 日日平均风速明显加大,为 2.275 m/s,以东到东南风为主。我们也注意到 15 日午后伴随垂直湍流运动的增强,边界层高度增大到 1 784.71 m,非常有利于将对流层上层高浓度的 O_3 输送至地面。

15 日全天近地面 1 km 风向高度基本一致,由于摩擦减少,风速随高度的增加不断增大,风向由偏东北风转偏西南风:15 日 18:00 以前以偏东北风为主而 18:00 以后盛行西南风,体现了近地面到较低层次(约 925 hPa)有切变线等辐合系统经过南京站,中低层的辐合也有利于地面气团的汇聚和堆积。6 月 16 日 6 时以后,地面到高空转为一致的偏东南风且风速有所增大,有辐合低值系统的过境,此后 16 日午后 12 时起从近地面到 1 000 m(约 925 hPa)转为一致的东南风,且风力也明显增大,由此我们推测有来自于上风区无锡、常州、镇江等地的输送。

2. 台风天气对于臭氧污染的影响

台风是夏季一种重要的天气系统,会因为台风位置、强弱等因素影响该地区的气象条件和光化学过程。研究表明,当我省处于台风外围时,易出现高温、低湿和弱风的天气,有利于臭氧的生成。副高和台风外围的下沉气流的共同影响会促使本地臭氧的污染过程的发生。同时台风过境会带来大风和降雨天气,针对颗粒物和臭氧都有湿沉降的作用,空气质量较好,因此台风对于空气质量既有正面影响也有负面的影响。

表 3-2-4 统计了 2020—2022 年以来过境影响或外围影响江苏省的台风天气,台风过境影响江苏省的台风一般都会带来大风和降雨,所以空气质量都是优良;台风外围影响江苏省,受到外围下沉气流影响,易出现天气晴好,高温小风等天气,台风像一个"黑洞"把周边地区的水汽都吸收了,造成臭氧污染的过程。

表 3-2-4　2020—2022 年对江苏省造成影响的台风列表

序号	台风名称	台风强度	影响程度	空气质量影响
1	桑达	热带风暴	外围影响	2022 年 8 月 2 日—5 日臭氧污染过程
2	轩岚诺	超强台风	外围影响	2022 年 9 月 6 日—7 日臭氧污染过程
3	梅花	强台风	过境	2022 年 9 月 15 日—16 日空气质量优良
4	烟花	强台风	过境	2021 年 7 月 25 日—29 日空气质量优良,30 日—31 日开始出现臭氧污染
5	灿都	强台风	外围影响	2021 年 9 月 14 日—16 日,徐州、连云港臭氧污染
6	黑格比	台风	过境	2020 年 8 月 4 日过境时空气质量优良,3 日盐城、泰州和 5 日无锡臭氧污染

以 2021 年 7 月下旬的台风"烟花"为例(图 3-2-40～图 3-2-44),烟花 25 日登陆前是

强台风级别,最大风力达到 12 级,25 日我省南通市日平均风速达到 9.5 m/s,沿海的连云港、盐城也有 6～7 m/s 的平均风速,28 日后风力逐渐减小。"烟花"还带来暴雨或大暴雨级别降水,因为"烟花"势力强大,登陆后仍然是热带风暴级别,并深入内陆,经过浙江、江苏、安徽、山东等省份,影响时间较长,我省连续出现强降水,28 日影响范围和影响级别最大,全省范围均有降雨,降水量介于 26～202 mm,全省平均为 107.2 mm,属于大暴雨级别。受大风和降雨影响,26 日—27 日全省日最高气温均低于 30℃。

城市＼日期	25日	26日	27日	28日	29日	30日	31日
南京	4.5	5.3	4.4	3.8	2.3	1.3	1.8
无锡	5.1	4.9	3.7	4.0	3.0	1.4	1.9
徐州	1.9	2.1	2.8	3.7	3.0	1.7	1.0
常州	4.8	5.0	3.5	3.8	3.2	1.4	1.4
苏州	5.3	3.6	3.7	4.3	3.0	1.6	1.4
南通	9.5	8.3	7.2	7.5	4.0	1.7	2.0
连云港	3.9	5.3	6.6	7.0	4.8	4.3	1.7
淮安	2.7	3.3	4.6	6.5	5.1	2.9	1.4
盐城	3.1	3.4	3.8	4.8	3.2	-	1.5
扬州	3.2	3.5	3.0	3.2	2.1	1.5	1.1
镇江	4.8	5.3	5.0	4.8	2.9	1.3	1.4
泰州	4.4	5.3	4.9	4.1	3.0	1.5	1.0
宿迁	1.9	1.9	2.7	4.9	3.8	2.5	1.5

图 3-2-40 2021 年 7 月台风"烟花"影响期间我省各设区市平均风速

城市＼日期	25日	26日	27日	28日	29日	30日	31日
南京	12.1	24.7	73.9	141.9	0.5	0	0
无锡	15.4	33	72.9	59.1	0	0	0
徐州	0	0	11.5	154.8	8.8	0	0
常州	24.9	32.5	40.8	67	0	0	0.6
苏州	52.4	69.3	82.1	46.5	0	0	0.5
南通	18.2	51.1	82.7	26	0	0	5.8
连云港	0.1	2.4	32.5	117.8	25	0.5	0
淮安	1.3	22.3	58.7	168.9	7.3	0	0
盐城	8.2	33.3	63.7	29.1	46.9	0	0
扬州	19.2	32.9	99.4	150.6	2.5	0	3.3
镇江	22.6	26.1	63.2	202	0.8	0	0
泰州	26.8	87.9	59.4	64.3	79.5	0	0
宿迁	0	3	28.3	165.3	5	0	0

图 3-2-41 2021 年 7 月台风"烟花"影响期间我省各设区市累计降水量

城市＼日期	25日	26日	27日	28日	29日	30日	31日
南京	29.3	26.1	26.2	30.6	29.9	34.7	35.0
无锡	27.3	27.0	27.2	31.7	33.0	33.8	33.8
徐州	33.8	29.0	28.3	25.5	24.8	31.7	35.3
常州	27.1	27.0	27.3	31.0	31.7	34.5	33.3
苏州	26.8	25.7	27.1	31.6	34.0	34.4	31.6
南通	27.4	27.0	26.5	30.0	33.8	33.8	32.8
连云港	30.8	27.3	26.2	26.6	26.4	29.9	33.9
淮安	30.7	27.9	26.2	27.8	26.0	30.4	34.1
盐城	30.3	26.8	26.5	28.1	29.5	-	33.8
扬州	28.7	26.2	26.2	30.7	29.2	34.1	35.5
镇江	28.6	26.7	28.4	30.9	29.1	33.2	34.4
泰州	28.3	26.6	26.4	29.9	30.8	33.7	34.1
宿迁	31.1	27.9	26.2	26.5	26.1	31.5	34.0

图 3-2-42 2021 年 7 月台风"烟花"影响期间我省各设区市日最高气温

城市 \ 日期	25日	26日	27日	28日	29日	30日	31日
南京市	54	48	51	61	74	167	185
无锡市	39	56	61	119	98	189	143
徐州市	101	51	35	56	56	134	152
常州市	46	53	56	134	88	170	164
苏州市	42	56	68	104	110	157	140
南通市	46	58	56	65	118	195	104
连云港市	95	46	56	44	59	123	147
淮安市	78	42	56	77	56	108	146
盐城市	67	47	66	55	86	118	161
扬州市	51	54	55	105	74	188	180
镇江市	53	57	63	113	71	148	191
泰州市	48	57	56	89	84	174	148
宿迁市	93	44	50	73	56	118	148

◎ 图 3-2-43　2021 年 7 月台风"烟花"影响期间我省各设区市臭氧浓度值

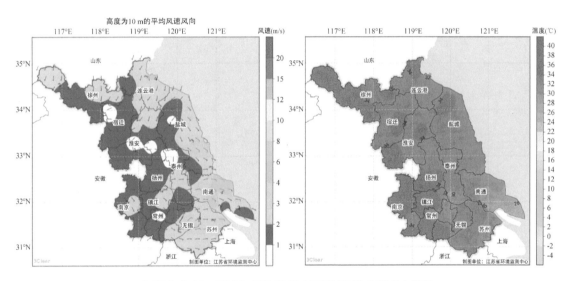

◎ 图 3-2-44　2021 年 7 月 31 日 14 时的风速和气温分布情况

受到台风"烟花"的影响,25 日—29 日,我省空气质量优良,臭氧浓度也处于较低水平。在"烟花"台风北上远离江苏省之后,我省的风力逐渐减弱,降雨结束,地面扩散条件趋于静稳,30℃以上的高温在 29 日后陆续出现,31 日全省范围出现 31.6～35.5℃的高温,沿海城市 14 时的风速在 3～4 m/s,内陆城市在 2 m/s 左右,风力较小气温较高,易出现臭氧污染,30 日—31 日我省主要的沿江城市出现臭氧轻度污染。

第四篇　成因篇

本篇主要围绕 $PM_{2.5}$ 和臭氧污染成因展开，系统介绍了江苏省 $PM_{2.5}$ 中颗粒物的化学组成及其在不同污染程度、温湿度条件下的化学组成情况；针对臭氧的前体物(VOCs)开展系统分析，初步获得我省 VOCs 时空分布特征、关键物种、主要来源及敏感性分析结果，以期增强读者对江苏省大气污染成因的认识。

第一章

PM₂.₅ 化学组成

第一节　PM₂.₅ 质量重构

　　从全省 PM₂.₅ 化学组成看，2020 年不同季节环境大气 PM₂.₅ 的主要组分为硫酸盐（SO_4^{2-}）、硝酸盐（NO_3^-）、铵盐（NH_4^+）、有机物（OM＝1.6×OC）和微量组分，其在总质量浓度中的百分含量分别为 12.7%、23.3%、11.2%、20.4% 和 9.3%，硝酸盐占比最高，有机物次之。总体来看，即使对于不同的季节，全省 PM₂.₅ 组分构成也较为一致，对 PM₂.₅ 贡献比较大的物种依旧是硫酸盐、硝酸盐、铵盐、有机物和微量元素。对比不同季节，春夏季二次转化反应活跃，硫酸盐和有机物占比较秋冬季占比增加，硝酸盐和铵盐因气温升高挥发性增强，二者占比较秋冬季下降，如图 4-1-1 所示。

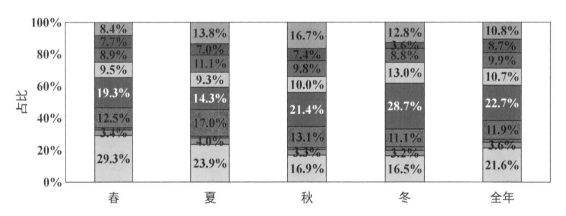

图 4-1-1　2020 年不同季节全省每月 PM₂.₅ 各组分占比

　　如图 4-1-2 所示，2020 年秋冬季（10—12 月）全省环境大气 PM₂.₅ 的主要组分为硫酸盐（SO_4^{2-}）、硝酸盐（NO_3^-）、铵盐（NH_4^+）、有机物（OM＝1.6×OC）和微量组分，质量浓度分别为 6.0、17.0、6.7、8.5 和 5.2 μg/m³，其在总质量浓度中的百分含量分别为 10.3%、

29.1％、11.5％、14.5％和9.0％,硝酸盐占比最高,有机物次之。与2019年同期相比,硫酸盐、硝酸盐和铵盐同比分别上升了1.0、8.6和2.2个百分比,有机物、地壳元素和微量组分分别下降了11.2、12.7和2.6个百分比,表明2020年静稳天气增多,有利于二次无机气溶胶的生成与累积,而生物质燃烧、燃煤、扬尘和机动车排放等污染源略有减少。

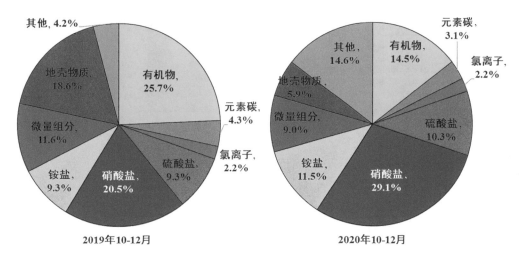

● 图4-1-2　2019、2020年10—12月全省每月$PM_{2.5}$各组分占比

第二节　不同污染程度下$PM_{2.5}$组分特征分析

基于2020年全省13设区市颗粒物组分网监测结果,并根据《环境空气质量标准》(GB 3095—2012)统计全省13设区市不同$PM_{2.5}$污染阶段其浓度水平及其化学组成,详见图4-1-3,其中优、良、轻度污染、中度污染和重度污染的样本量分别有934、516、77、34、23个。

从质量浓度来看,$PM_{2.5}$处于优、良、轻度污染、中度污染和重度污染时,$PM_{2.5}$的质量浓度分别为29.9、55.4、90.5、126.2、162.0 μg/m³。从各组分质量浓度结果来看,随着污染程度的增加,$PM_{2.5}$中各组分的浓度基本呈现逐渐增加的趋势,其中污染过程由优转为良时,有机物、元素碳、氯离子、硫酸盐、硝酸盐、铵盐、钾离子、钙离子、微量元素和地壳元素的升幅分别为66.3％、76.8％、112.6％、64.0％、157.0％、118.6％、73.9％、34.3％、60.6％、42.7％,大部分组分质量浓度在由优转良时升幅最大,其次是由良转为轻度污染,而有机物升幅居第二位的则发生在由轻度污染转为中度污染期间。

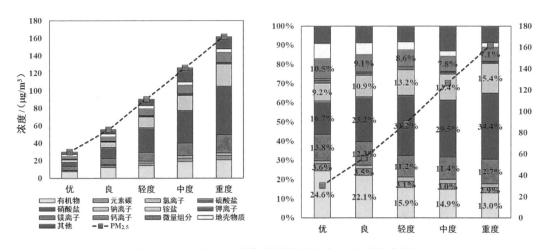

○ 图 4-1-3　不同 PM$_{2.5}$ 污染阶段颗粒物浓度水平及其化学组成

从颗粒物化学组成来看,PM$_{2.5}$ 处于优、良、轻度污染、中度污染和重度污染时,SNA[①] 的占比分别为 39.7%、46.3%、55.6%、54.4%、62.5%,随着污染等级的升高,SNA 的占比基本呈现逐渐增加的趋势,其中污染期间 SNA 占比超过 50%,二次无机组分对污染期间 PM$_{2.5}$ 的贡献最为显著。从具体组分看,污染期间硝酸盐和铵盐占比升幅最明显,与优、良天相比,其占比升幅接近一倍,硝酸盐由优级天的 16.7% 增加到重度污染的 34.4%,铵盐由 9.2% 增加到 15.4%,污染期间气象条件多以静稳、小风、高湿度等气象条件为主,NO$_x$ 与 NH$_3$ 的二次转化作用更为明显。PM$_{2.5}$ 中有机物占比在优、良、轻度污染、中度污染和重度污染时的占比分别是 24.6%、22.1%、15.9%、14.9%、13.0%,整体来看,随着污染等级的升高,有机物的占比逐渐降低,这可能是由于随着污染等级的升高,本地二次转化反应增强,但是环境空气中的氧化剂含量是一定的,而无机物反应速率快,有机物对氧化剂的争夺弱于无机物,此外污染期间多以高湿为主,SO$_2$、NO$_2$ 较有机物更易融于水,更容易发生化学反应。从其他组分看,硫酸盐随着污染等级的增加,其占比分别为 13.8%、12.3%、11.2%、11.4%、12.7%,元素碳的占比分别为 3.6%、3.5%、3.1%、3.0%、2.9%,二者随着污染等级的增加,变化幅度较小或基本不变;地壳物质的占比则分别为 8.0%、6.2%、4.2%、2.8%、2.4%,随着污染等级的增加,地壳物质的占比逐渐下降。整体来看,沙尘期间,污染多以优级天和良级天为主。

图 4-1-4 为苏北、苏中、苏南三个区域在不同污染程度天气下 PM$_{2.5}$ 组分浓度的变化情况。由下图可知,污染期间三个区域 PM$_{2.5}$ 组成变化有所差异。苏北地区 PM$_{2.5}$ 以二次无机组分为主,占比为 45.6%,其中,硝酸盐为二次无机组分主要成分,在二次无机组分中比例高达 50.0%。从组分比例变化情况来看,与优良天相比,污染时段 PM$_{2.5}$ 中硝酸盐、

---

① 硫酸盐(Sulfate)、硝酸盐(Nitrate)和铵盐(Ammonium salf)三者简称 SNA。

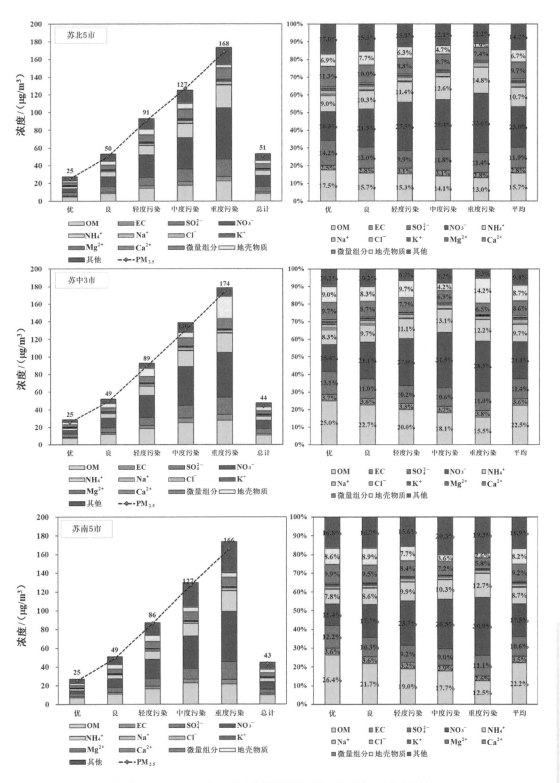

图 4-1-4　苏北、苏中、苏南地区不同污染程度下 PM$_{2.5}$ 组分变化特征

铵盐均有升高,而硫酸盐、OM、微量组分和地壳元素均随污染程度加重而降低。可见,硝酸盐和铵盐相对比例和绝对浓度的升高是苏北地区 $PM_{2.5}$ 重污染事件的典型特征。苏中地区 $PM_{2.5}$ 也以二次无机组分为主,占比为 42.2%,其中,硝酸盐为二次无机组分主要成分,在二次无机组分中比例高达 50.0%。从组分比例变化情况来看,与优良天相比,污染时段 $PM_{2.5}$ 中硝酸盐、铵盐浓度和占比均升高,而硫酸盐、OM、微量组分占比均随污染程度加重而降低。与苏北地区不同的是,重度污染天气硝酸盐和铵盐虽然浓度上升,但是占比下降,同时地壳元素占比达到 14.2%。可见,硝酸盐和铵盐相对比例和绝对浓度的升高是苏中地区 $PM_{2.5}$ 轻度、中度污染事件的典型特征,但是重度污染事件主要为沙尘输入型污染。苏南地区 $PM_{2.5}$ 中二次无机组分占比为 36.8%,低于苏北和苏中,其他占比高于苏北和苏中。其中,硝酸盐为二次无机组分主要成分,在二次无机组分中比例为 47.0%。从组分比例变化情况来看,与优良天相比,污染时段 $PM_{2.5}$ 中硝酸盐、铵盐浓度和占比均升高,而 OM、微量组分和地壳元素占比均随污染程度加重而降低。在重度污染条件下,硝酸盐的占比约是空气质量为优天的 3 倍,同时硫酸盐占比也高于其他污染天,可见苏南地区重污染天气与人为活动相关的二次污染物浓度升高有关。

第三节　温湿度对 $PM_{2.5}$ 化学组分的影响

基于 2020 年全省 13 设区市颗粒物组分网监测结果,并根据气象台推送的 13 个设区市的温度和相对湿度数据,分别将温度和相对湿度按照 5℃ 和 10% 的间隔进行划分,其中温度分割的类别是 $<-5℃$、$(-5℃，0℃]$、$(0℃，5℃]$、$(5℃，10℃]$、$(10℃，15℃]$、$(15℃，20℃]$、$(20℃，25℃]$、$(25℃，30℃]$、$>30℃$;相对湿度分割成 $(10\%，20\%]$、$(20\%，30\%]$、$(30\%，40\%]$、$(40\%，50\%]$、$(50\%，60\%]$、$(60\%，70\%]$、$(70\%，80\%]$、$(80\%，90\%]$、$(90\%，100\%]$,并统计全省 13 设区市不同温度和相对湿度条件下其浓度水平及其化学组成。

从质量浓度来看(图 4-1-5),温度处于 $<-5℃$、$(-5℃，0℃]$、$(0℃，5℃]$、$(5℃，10℃]$、$(10℃，15℃]$、$(15℃，20℃]$、$(20℃，25℃]$、$(25℃，30℃]$、$>30℃$ 时,$PM_{2.5}$ 的质量浓度分别为 34.1、65.6、66.3、51.6、42.1、35.1、31.8、29.8、28.6 μg/m³。整体来看,随着温度的升高,$PM_{2.5}$ 的浓度呈现先增加后降低的趋势,这主要是因为低于 5℃ 时我省往往处于强冷空气过境状态,平均风速最高,达 3.24 m/s,污染物的扩散作用较强;$(-5℃，0℃]$ 和 $(0℃，5℃]$ 时平均风速分别为 1.64 m/s 和 1.78 m/s,风速相对较低,静稳天气造成高 $PM_{2.5}$ 累积;此后随着温度的增加,颗粒物发生气相反应和分解反应均会增强,且温度增加,对流活跃,整体使得 $PM_{2.5}$ 的浓度呈现逐渐降低的趋势。

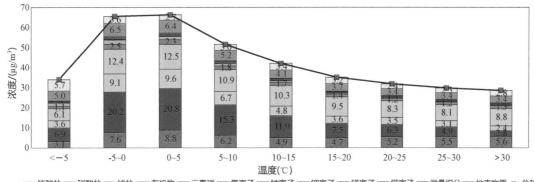

○ 图 4-1-5　不同温度下颗粒物质量浓度水平

从颗粒物化学组成来看(图 4-1-6),温度处于＜－5℃、(－5℃,0℃]、(0℃,5℃]、(5℃,10℃]、(10℃,15℃]、(15℃,20℃]、(20℃,25℃]、(25℃,30℃]、＞30℃时,硫酸盐的占比分别为 9.0%、11.7%、13.2%、11.9%、11.7%、13.3%、16.4%、18.4%和 19.6%,有机物的占比分别为 17.9%、18.9%、18.9%、21.1%、24.4%、27.1%、26.2%、27.0%、30.7%,硫酸盐和有机物随着温度的升高,其占比逐渐增加;硝酸盐随着温度的升高,其占比呈现先增加后减少的趋势,尤其温度处于 30℃以上时,硝酸盐的占比仅为 9.7%,较(0℃,5℃]时低 21.6 个百分点。

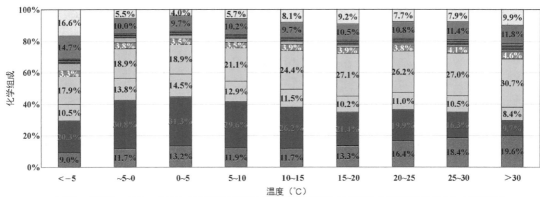

○ 图 4-1-6　不同温度下颗粒物化学组成

从质量浓度来看(图 4-1-7),相对湿度处于(10%,20%]、(20%,30%]、(30%,40%]、(40%,50%]、(50%,60%]、(60%,70%]、(70%,80%]、(80%,90%]、(90%,100%]时,$PM_{2.5}$ 的质量浓度分别为 39.6、40.0、44.0、44.2、42.4、43.1、42.0、40.9、38.0 μg/m³。整体来看,随着相对湿度的增加,$PM_{2.5}$ 的浓度呈现先增加后降低的趋势,这主要是由于随着

相对湿度的增加，PM$_{2.5}$中具有吸湿性的组分如硫酸盐、硝酸盐、铵盐等将会发生吸湿增长，而达到一定的湿度后，容易发生湿沉降，例如降雨时环境空气中的相对湿度往往会达到90%以上甚至100%，PM$_{2.5}$将会随着雨水冲刷下来。从各组分质量浓度结果来看，随着相对湿度的增加，硫酸盐、硝酸盐和铵盐的变化与PM$_{2.5}$的变化趋势基本一致，有机物和地壳物质随着相对湿度的增加，浓度基本呈现逐渐下降的趋势。

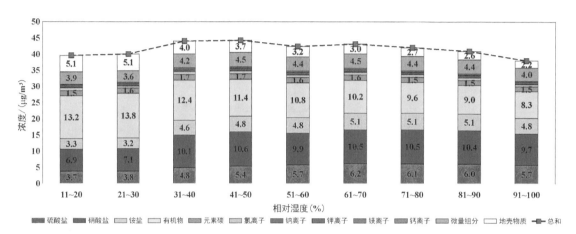

◯ 图4-1-7　不同相对湿度条件下颗粒物浓度水平

从颗粒物化学组成来看（图4-1-8），相对湿度处于(10%，20%]、(20%，30%]、(30%，40%]、(40%，50%]、(50%，60%]、(60%，70%]、(70%，80%]、(80%，90%]、(90%，100%]时，SNA的占比分别为35.0%、35.1%、44.4%、47.0%、48.1%、50.5%、51.8%、52.5%、53.3%。随着相对湿度的升高，SNA的占比基本呈现逐渐增加的趋势，其中相对湿度在(30，40%]时，SNA占比超过40%。从具体组分看，不同相对湿度条件下，硝酸盐、铵盐、硫酸盐占比呈现逐渐增加的趋势，(90%，100%]与(10，20%]相比，升幅分别达8.3、4.4和5.6个百分点，其中硝酸盐的升幅最为显著。

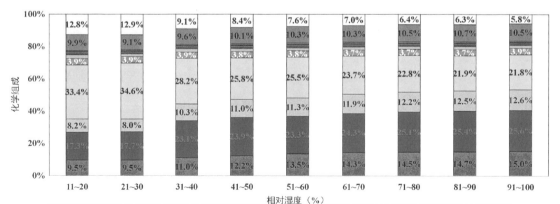

◯ 图4-1-8　不同相对湿度条件下颗粒物化学组成

全省 13 设区市 2020 年大气颗粒物组分网监测结果显示,不同相对湿度条件下 SNA 组分浓度占比、SNA 总浓度、硫氧化率(SOR)和氮氧化率(NOR)的变化呈现一定的变化特征,具体如图 4-1-9 所示。从图中可以看出,随着相对湿度的增大,二次无机盐 SNA 在 $PM_{2.5}$ 中的比例逐渐增加。在二次无机盐随相对湿度变化的过程中,硫酸盐、硝酸盐、铵盐在 $PM_{2.5}$ 中的比例均有逐渐增加的趋势,硝酸盐增长的幅度最大,硫酸盐次之,铵盐幅度较小,相对湿度在 80%～90% 时对应的硝酸盐、硫酸盐和铵盐的平均浓度是相对湿度在 30%～40% 时的 1.72、1.65 和 1.54 倍。从平均浓度来看,硝酸盐、硫酸盐和铵盐的生成对相对湿度敏感性接近,整体来说硝酸盐较为敏感。此外,通过比较 SO_2 和 NO_2 的氧化程度,发现 SOR 和 NOR 随着相对湿度的变化,NO_2 和 SO_2 的氧化程度也与相对湿度的大小呈现显著的正相关,即随着相对湿度的增高,NO_2 和 SO_2 的氧化程度显著上升,其中 SOR 和 NOR 最高可达到 0.2 和 0.8 以上。

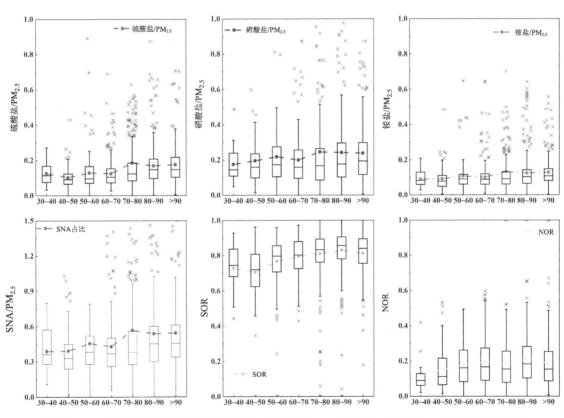

◎ 图 4-1-9　不同相对湿度条件下硫酸盐/$PM_{2.5}$、硝酸盐/$PM_{2.5}$、铵盐/$PM_{2.5}$、SNA/$PM_{2.5}$、SOR、NOR 箱式图

第四篇　成因篇

第四节 长时间颗粒物组分变化特征

基于 2013—2020 年江苏省大气多参数站监测结果来看,各年份 SNA 的占比分别为 55.8%、56.2%、60.7%、58.0%、52.2%、55.6%、57.1%、67.3%。整体来看,二次组分 $(SO_4^{2-}$、NO_3^-、$NH_4^+)$ 占比超过 50%,二次生成颗粒物将是我省下一步 $PM_{2.5}$ 管控的重点。$PM_{2.5}$ 中硫酸盐的占比分别为 22.5%、20.0%、21.6%、19.2%、16.7%、17.2%、16.8%、19.3%,整体上随着时间的推移呈现逐年下降的趋势;硝酸盐的占比分别为 19.3%、22.6%、23.9%、25.8%、22.7%、25.1%、26.8%、31.7%,硝酸盐则呈现逐年波动升高的趋势;有机物的占比分别为 24.0%、19.8%、12.3%、15.6%、16.1%、16.8%、20.5%、24.6%,整体呈现波动下降后上升的趋势,有机物主要来源于燃料的不完全燃烧和 VOCs 在环境空气中发生的二次转化反应,详见图 4-1-10。

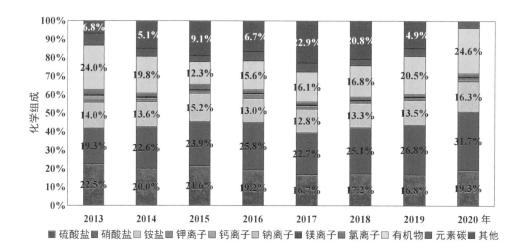

备注:其他浓度=$PM_{2.5}$-硫酸盐-硝酸盐-铵盐-钾离子-钙离子-钠离子-镁离子-氯离子-有机物-元素碳

图 4-1-10 2013—2020 年南京市 $PM_{2.5}$ 化学组成

基于近 8 年江苏省大气多参数站监测结果来看,2020 年南京市硝酸盐(主要来源于工业生产和机动车尾气排放的 NO_2 在环境空气中发生二次转化反应)对 $PM_{2.5}$ 的贡献达 31.7%,较硫酸盐(主要来源于燃煤等排放的 SO_2 在环境空气中发生二次转化反应)高 12.4%,与 2013 年相比提升了 12.4 个百分点[图 4-1-11(a)]。整体来看,当前 $PM_{2.5}$ 化学组成较 2013 年发生"根本性"转变,$PM_{2.5}$ 已经由 2013 年的硫酸盐主导扭转为当前的硝酸盐主导。基于全省 13 设区市颗粒物组分网监测结果来看,今年以来我省硝酸盐在 $PM_{2.5}$ 占比达 25.3%[图 4-1-11(b)],是我省 $PM_{2.5}$ 中贡献最高的组分,较硫酸盐高 15.3 个百分点;此外,冬季硝酸盐浓度和占比最高,且其在秋冬季 $PM_{2.5}$ 污染事件中硝酸盐的涨幅最为显著[图 4-1-11(c)]，硝酸盐污染问题已成为制约我省下一步 $PM_{2.5}$ 污染问题持续改善的关键。

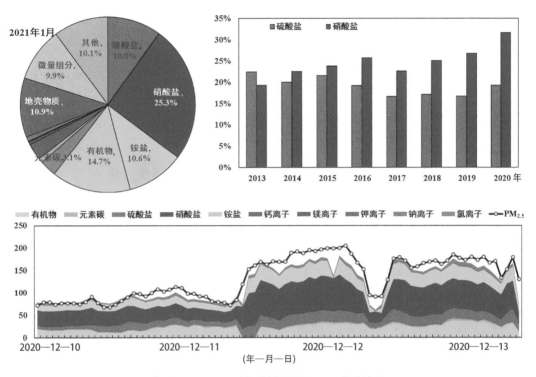

图 4-1-11 一次污染过程期间 $PM_{2.5}$ 组成情况

第
二
章

VOCs 污染特征

第一节　江苏省 VOCs 浓度变化特征

一、季节变化

本研究中全省 13 设区市统一分析 108 种物种,其中包括 29 种烷烃、13 种烯烃、乙炔、17 种芳香烃、36 种卤代烃、11 种 OVOCs 和二硫化碳。统计数据三次联合观测期间,江苏省全省平均 VOCs 浓度为 40.43 ppbv。针对不同季节的联合观测,统计出了不同监测时段的全省 VOCs 平均浓度水平(图 4-2-1 和图 4-2-2)。可以看出,冬季(2021 年 1 月)VOCs 平均浓度最高,达 56.36 ppbv,三次采样浓度范围在 39.28 ～ 68.77 ppbv,其中 1 月 10 日和 1 月 11 日浓度均在 60 ppbv 以上,冬季燃烧等污染源排放增强,加之温度低、大气层结稳定,污染物不易扩散,因此 VOCs 浓度整体较高。其次是春季(2020 年 4 月),VOCs 平均浓度为 39.53 ppbv,浓度范围在 21.60～65.95 ppbv,差距较大。其中 4 月 8 日浓度最高(徐

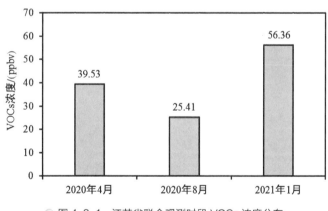

○ 图 4-2-1　江苏省联合观测时段 VOCs 浓度分布

州、宿迁和无锡 VOCs 浓度排名前三,分别高达 99.5 ppbv、86.9 ppbv 和 79.8 ppbv),4 月 9 日和 10 日浓度较低,均在 35 ppbv 以下。夏季(2020 年 8 月)VOCs 平均浓度最低,平均仅 25.41 ppbv,VOCs 浓度范围在 22.95～28.27 ppbv,整体较低,这是因为 8 月处于夏季,一方面光化学反应强烈,部分 VOCs 在反应过程中被消耗,另一方面夏季大风降雨频繁,扩散条件相对较好。

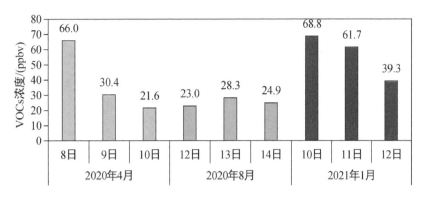

○ 图 4-2-2　江苏省联合观测时段 VOCs 浓度逐日变化

二、城市间差异

图 4-2-3 给出了江苏省各地市的 VOCs 浓度水平的分布,13 个城市 VOCs 浓度介于 25.4 ppbv(连云港)~52.0 ppbv(常州)。从江苏省 VOCs 浓度空间分布来看,全省 VOCs 高值区主要集中在苏南及苏中地区。VOCs 浓度排名前三的城市分别为常州、泰州和苏州,其 VOCs 浓度分别为 52.0 ppbv、49.8 ppbv 和 45.2 ppbv;而 VOCs 浓度排名后三的城市分别为连云港、南京和宿迁,其 VOCs 浓度分别为 25.4 ppbv、27.9 ppbv 和 34.0 ppbv。

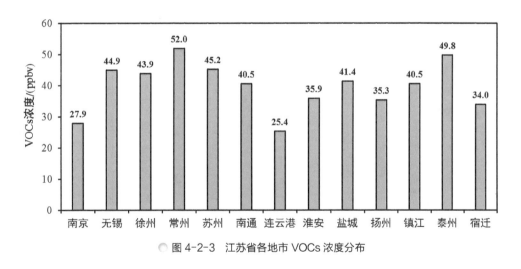

○ 图 4-2-3　江苏省各地市 VOCs 浓度分布

本项目共计布设 4 种类型的点位,分别是 VOCs 高值点位、臭氧高值点位、上风向点位和下风向点位:(1)从 13 个地市 VOCs 高值点的空间分布来看,其空间分布呈现出明显的"南高北低"的区域分布特征,位于苏南的苏州、无锡以及常州均为 VOCs 浓度高值点,其 VOCs 浓度均达到 40 ppbv 以上,而位于苏北的连云港 VOCs 浓度最低。(2)从臭氧高

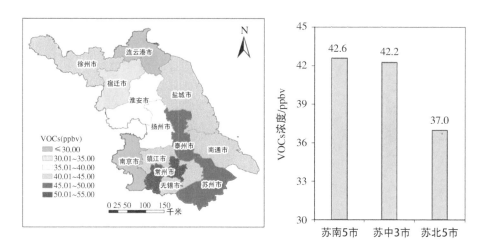

图 4-2-4　江苏省 VOCs 浓度空间分布

图 4-2-5　联合观测期间江苏省不同性质点位的 VOCs 浓度分布

值点空间分布来看,除徐州 VOCs 浓度相对较高外,其他城市同样呈现出"南高北低"的分布特征。(3)上风向点位中,常州、泰州、苏州及盐城 VOCs 浓度较高;下风向点位则是无锡、常州、南通、泰州以及徐州浓度显著高于其他城市。总体来看,除连云港和宿迁外,其他城市均呈现下风向点大于上风向点的特征,通常上风向点位扩散条件较下风向点位好,而下风向污染物积聚,VOCs 浓度相对较高,详见图 4-2-4 和图 4-2-5。

第二节　江苏省 VOCs 化学组成

一、时间变化

从全省 VOCs 化学组成来看,烷烃浓度占 VOCs 总浓度比重最大,其浓度为 16.83 ppbv,比例达 41.8%,其次是占比 16.6% 的 OVOCs(6.71 ppbv),芳香烃和卤代烃所占比例较为接近,分别是 12.5%(5.20 ppbv)和 12.9%(5.0 ppbv),烯烃(3.88 ppbv)和炔烃(2.50 ppbv)占比较低,占比分别为 9.6% 和 6.2%。

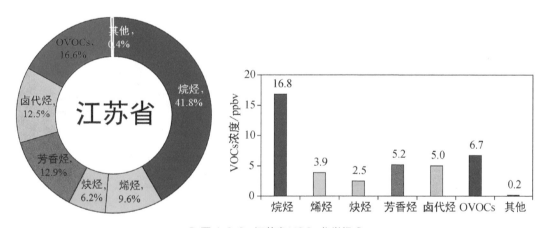

● 图 4-2-6　江苏省 VOCs 化学组成

从图 4-2-7 和图 4-2-8 不同季节化学组成的绝对浓度和相对贡献来看,占比最大的均是烷烃,其中冬季(2021 年 1 月)占比达 47.7%,其浓度也高达 26.8 ppbv,远高于 2020 年 4 月和 8 月,2020 年 4 月和 2020 年 8 月烷烃的占比较为接近,分别为 36.0% 和 37.7%,对应浓度分别为 13.7 ppbv 和 9.6 ppbv;OVOCs 对化学组成的贡献具有显著的季节差异,冬季其占比仅为春夏季的一半,造成这种现象的原因是:OVOCs 的来源复杂,一部分来自于天然源和人为源的直接排放,如植被排放、汽车尾气、生物质燃烧、餐饮源烟气、化石燃料燃烧以及溶剂使用、各种工业尾气等,另一部分则来自大气光化学

第四篇　成因篇

反应的二次转化过程,是光化学烟雾过程中重要的中间产物。夏季温度高、光辐射强,挥发强度和二次生成速率均高于冬季,因此夏季 OVOCs 对总浓度的贡献显著高于冬季(1 月份)。

○ 图 4-2-7　江苏省联合观测时段 VOCs 化学组成

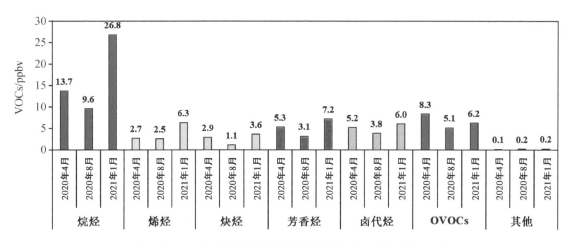

○ 图 4-2-8　江苏省联合观测不同季节(月份)VOCs 化学组成浓度分布

　　具体到不同采样批次(图 4-2-9),可以看出 2021 年 1 月 10 日 VOCs 浓度最高,达 68.8 ppbv,其次为 2020 年 4 月 8 日,VOCs 浓度为 66.0 ppbv,2020 年 4 月 10 日浓度最低,为 21.6 ppv;2020 年 8 月 VOCs 浓度普遍较低,浓度分布在 23.0～28.3 ppbv。从相对贡献来看,各采样日 VOCs 组成均以烷烃为主,OVOCs 和卤代烃次之。具体来看,2021 年 1 月烷烃浓度占比显著高于 2020 年 4 月和 2020 年 8 月,其占比在 45.8%～49.9%范围内波动,而 2020 年 4 月和 2020 年 8 月烷烃浓度占比波动范围在 33.5%～48.0%。2020 年 4 月 OVOCs 占比浓度最高,其占比波动范围位于 10.3%～27.8%,其次为 2020 年 8 月,2021 年 1 月 OVOCs 占比最少。各采样日卤代烃、烯烃和炔烃占比相近,范围分别是 10.3%～15.9%、6.2%～11.2%、4.3%～7.5%,有机硫浓度占比最少,均为

1.0%以下。

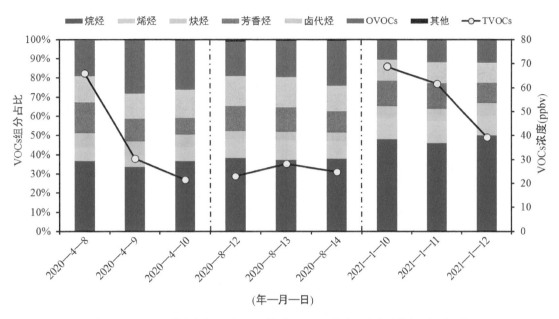

图 4-2-9　江苏省联合观测不同采样时段 VOCs 化学组成绝对浓度和相对贡献

二、城市间差异

进一步分析全省各地市 VOCs 的化学组成可以看出,烷烃在 13 个城市 VOCs 浓度中均占有最大的比重,比例介于 34.2%(盐城)～50.7%(扬州),OVOCs 在 13 个城市中的占比差异较大,常州、盐城、镇江等市 OVOCs 占比均在 20% 以上,徐州占比最低,仅为 8.9%;13 个城市的芳香烃对总浓度的贡献介于 8.1%(连云港)～15.6%(无锡),其中连云港和扬州占比较低(均低于 10%);卤代烃对江苏省各市 VOCs 浓度贡献较为接近,范围在 10.1%(徐州)～15.0%(无锡);烯烃和炔烃占比分别介于 7.9%(常州)～12.8%(徐州)和 3.9%(无锡)～8.9%(宿迁),如图 4-2-10 所示。

为直观呈现全省化学组成特征,总结其共性和差异,本书进一步采用 GIS 工具对每一类型化学组分浓度进行空间分布展示。从图 4-2-11 中可以看到,江苏省烷烃高值区主要集中在泰州、常州和徐州等城市,地域上苏中至苏南地区烷烃浓度较高,浓度均达到 21.0 ppbv 以上;烯烃浓度的分布规律与烷烃较为类似,在徐州、泰州和常州要显著高于其他城市;炔烃浓度高值区在江苏省的分布与烷烃和烯烃不同,主要集中在江苏省北部和东部地区,其中徐州、宿迁、盐城和苏州炔烃浓度最高;炔烃(乙炔)主要来自不完全燃烧,与城市能源结构有较大关联。芳香烃在苏南地区浓度较高,此外徐州的芳香烃浓度也相对较高,芳香烃主要包括甲苯、二甲苯等,在工业上广泛用作溶剂,同时也是汽修、建筑涂料等的重

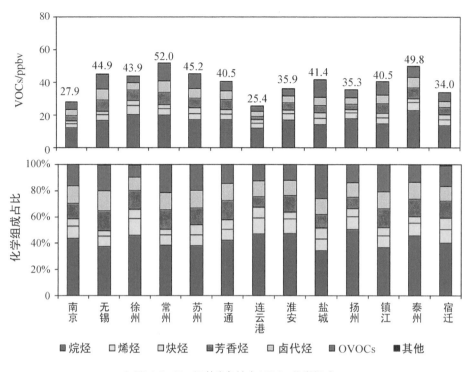

图 4-2-10　江苏省各地市 VOCs 化学组成

要成分,其浓度与城市工业结构关联较为密切;江苏省的南部和东部地区的卤代烃有着较高的浓度,尤其在苏州、无锡、常州和泰州等城市浓度均在 6 ppbv 以上,与氯代烃有关的工业渗透到日常生活的方方面面,包括农药、医药、化学纤维,塑料,橡胶还有专用日用化学品等,另外在电子产品中也会用到二氯甲烷等作为电路板清洗剂。OVOCs 在苏南地区的浓度较高,此外盐城的 OVOCs 浓度也在 9 ppbv 以上。

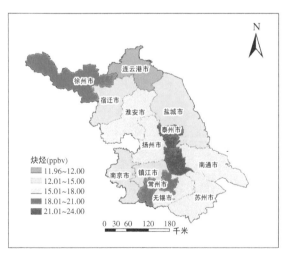

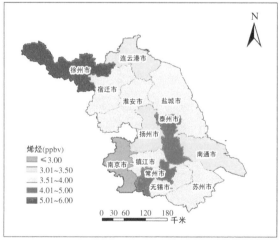

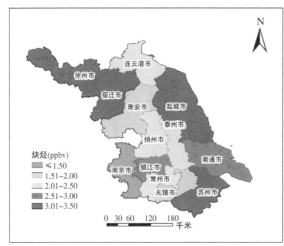

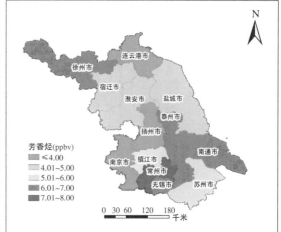

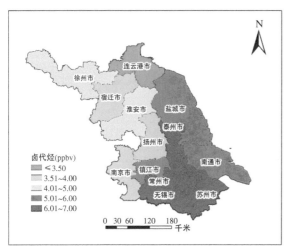

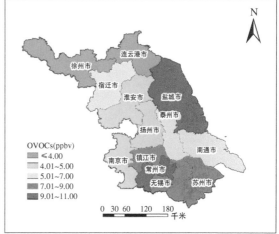

图 4-2-11　江苏省 VOCs 化学组成空间分布

　　三次联合观测全省各地市 VOCs 化学组成如图 4-2-12 所示。从相对贡献来看,各城市的化学组成既有共性特征,也有地域性特点。不同时段观测各城市的主要组分均为烷烃,其中 2021 年 1 月全省烷烃占比普遍高于 2020 年 4 月和 2020 年 8 月,占比范围为 37.1%(无锡)～57.2%(扬州),扬州烷烃浓度占比为观测期间最大,达 57.2%(40.6 ppbv);其次为 OVOCs,2020 年 4 月和 8 月全省 OVOCs 浓度占比显著高于 2021 年 1 月,其占比范围在 11.5%(徐州)～43.7%(盐城)波动;卤代烃和芳香烃次之,其占比在 7.2%～18.0% 和 3.5%～23.5% 范围内波动,其中卤代烃占比高值出现在 2020 年 8 月扬州(4.2 ppbv),占比最低值出现在 2021 年 1 月(4.6 ppbv),而芳香烃占比最高值出现在 2020 年 4 月镇江(11.4 ppbv),占比最低值出现在 2020 年 4 月连云港(0.5 ppbv);烯烃和炔烃浓度占比较为接近,分别在 5.5%(连云港,2020 年 4 月)～16.5%(徐州,2021 年 4 月)和 2.9%(连云港,2020 年 8 月)～13.1%(苏州,2020 年 4 月)范围内波动;其浓度分别在 0.8～10.5 ppbv 和 0.8～6.0 ppbv。

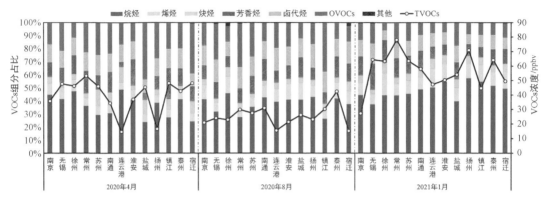

图 4-2-12　联合观测各时段中江苏省各设市 VOCs 化学组成变化

就不同类型观测点位 VOCs 浓度而言（图 4-2-13），各观测点位 VOCs 平均浓度范围分布在 21.8 ppbv（南京，上风向点）～64.8 ppbv（常州，上风向点）。从 VOCs 组分占比情况来看，O_3 高值区全省烷烃浓度占比范围为 34.5%（盐城）～54.7%（扬州）；全省 OVOCs 浓度占比范围为 7.3%（徐州）～28.2%（盐城）；对 VOCs 浓度高值区而言，全省烷烃浓度占比在 35.1%（常州）～53.0%（连云港）之间波动，而 OVOCs 浓度占比于 9.9%（淮安）～22.6%（盐城）之间波动。

就上风向和下风向点位化学组成来看，全省上风向点烷烃浓度占比范围在 31.5%（镇江）～48.9%（淮安），而全省下风向点烷烃浓度占比范围为 31.9%（宿迁）～51.6%（淮安），全省上风向点 OVOCs 浓度占比分布在 9.3%（徐州）～25.7%（盐城），而下风向点浓度占比范围为 9.2%（徐州）～26.0%（盐城）；淮安和盐城不论是上风向还是下风向点位，烷烃、OVOCs 浓度占比均为最高，可能受到本地机动车排放或工业排放影响。

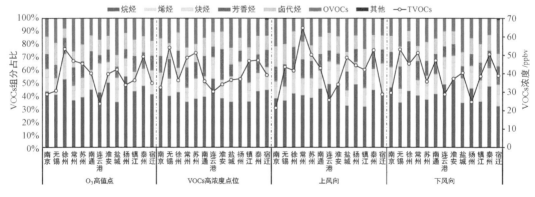

图 4-2-13　江苏省各设市不同观测点 VOCs 化学组成占比情况

三、VOCs 浓度关键组分

为更加直观地体现各 VOCs 物种对江苏省 VOCs 总浓度的影响,本书将全省各地市 VOCs 浓度前十物种进行权重赋值(贡献最高物种赋值为 10,其余依次递减)并加权求和,加权总和越大对全省 VOCs 影响程度越大,出现次数越高,影响范围越广。基于平均值、加权求和、加权计数三种方式共同识别影响江苏省 VOCs 浓度的关键物种,从图 4-2-14 可以看到,丙烷、乙烷、丙酮、乙烯、乙炔和甲苯是对江苏省 VOCs 浓度影响程度较大且各城市均有分布的关键物种。除丙酮外,其余物种均主要来源于机动车尾气、工业生产和燃烧源,其中乙烯在石油化工行业有较多排放,甲苯在溶剂涂料使用过程中有排放,丙酮则主要来自工业排放以及二次生成。

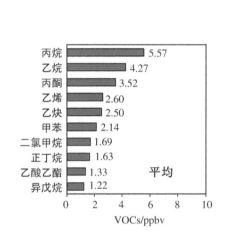

物种	加权求和	加权计数
丙烷	127	13
乙烷	114	13
丙酮	97	13
乙烯	85	13
乙炔	78	13
甲苯	64	13
正丁烷	45	12
二氯甲烷	43	12
乙酸乙酯	24	7
异丁烷	15	7
异戊烷	14	7
间/对-二甲苯	4	3
苯	2	1
正戊烷	1	1
氯甲烷	1	1
异丙醇	1	1

◯ 图 4-2-14 江苏省 VOCs 关键物种

图 4-2-15 给出了江苏省各地市的 VOCs 浓度前十组分,可以看到,江苏省 13 个城市 VOCs 关键组分中均有丙烷、乙烷、丙酮、乙炔和甲苯,多数城市的正丁烷、二氯甲烷和乙酸乙酯等物种浓度较高。

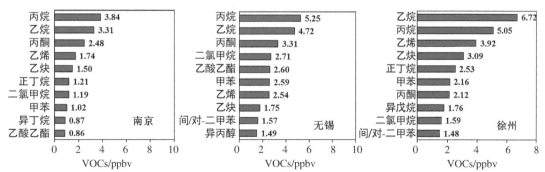

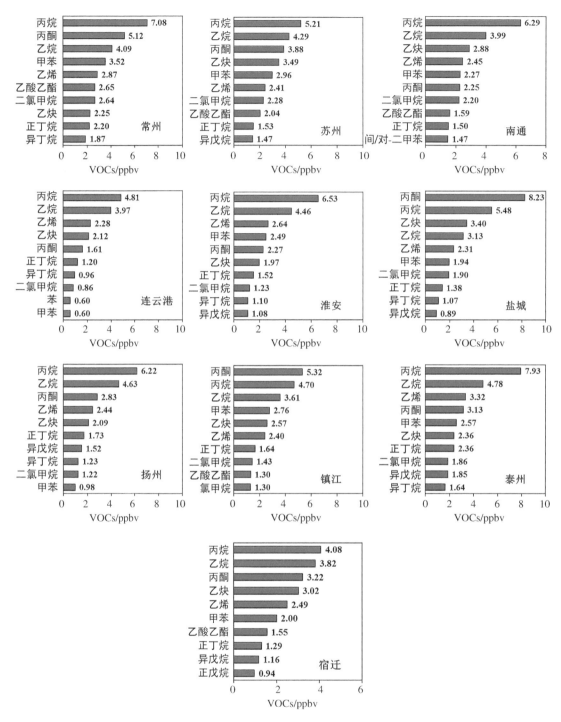

图 4-2-15　江苏省各地市 VOCs 浓度关键组分

进一步对指示燃烧源排放的乙炔,汽油挥发和机动车的特征污染物异戊烷,工业排放的苯乙烯,指示天然排放的异戊二烯,指示溶剂涂料排放的间/对-二甲苯的空间分布特征进行分析,详见图 4-2-16。

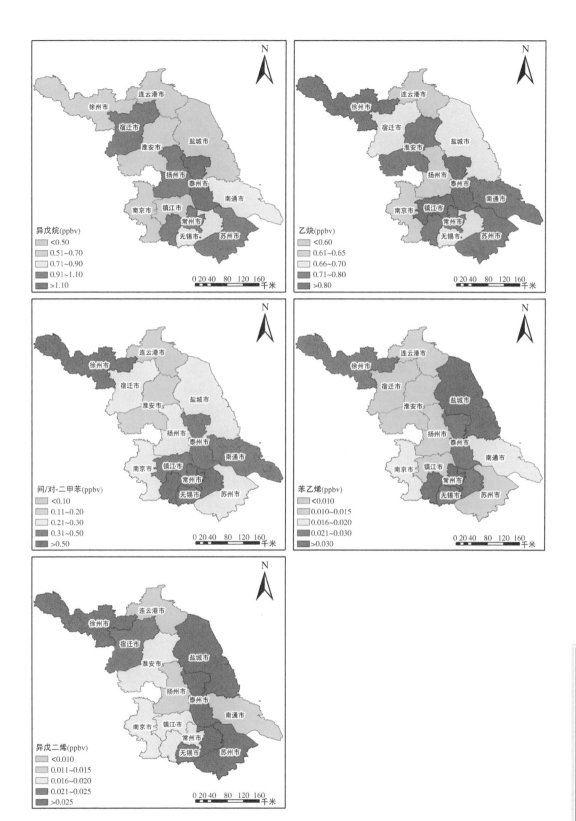

图 4-2-16 江苏省联合观测期间重点示踪物种空间分布示意图

可以看出,江苏省异戊烷高值区主要集中在泰州、扬州、常州、苏州、宿迁等城市,地域上苏中至苏南地区异戊烷浓度较高;乙炔浓度高值区则分布在江苏北部和东南部区域,其中徐州、泰州和镇江等城市受燃烧源的影响较大;间/对-二甲苯在苏南地区和徐州地区浓度较高;苯乙烯高值在盐城和常州最为明显,浓度均在 0.03 ppbv 以上,在苏南和苏中地区的泰州、无锡和徐州等城市浓度也较高;异戊二烯高值区主要集中在徐州、盐城、泰州、无锡、苏州等城市,表明这些地区天然源排放较为突出。

第三节　VOCs 对臭氧生成的影响

不同 VOCs 物种在转化成臭氧时具有不同的大气反应机理和反应速率,因此显示出不同的反应活性(Reactivity),即生成臭氧的潜势,当前常用 VOCs 的增量反应性来衡量 VOCs 臭氧生成潜势。

某 VOCs 物种实际生成臭氧的量取决于该物种的氧化机理、其他 VOCs 物种浓度和 NO_x 浓度等因素,·OH 自由基反应活性方法没有考虑到生成 RO_2 自由基的后续反应,也忽略了大气中其他反应过程如光解反应、NO_3 自由基和臭氧与 VOCs 的反应。最直接量化 VOCs 反应性的方法是在区域空气污染模式中改变 VOCs 的排放量来观测臭氧生成的实际变化。VOCs 增量反应性(Incremental Reactivity, IR)概念定义为在给定气团的 VOCs 中,加入或去除单位被测 VOC 所产生的臭氧浓度的变化。增量反应性既考虑了 VOCs 的机理反应性(即特定 VOC 产生臭氧的分子数),也考虑了动力学反应性(即 VOCs 生成 RO_2 自由基的快慢、混合物的相互作用等)。模式研究发现,IR 与给定气团的性质、VOCs/NO_x 的比值有关。改变 VOCs/NO_x 的比值,使 IR 达到最大值,得到最大增量反应活性(Maximum Incremental Reactivity,MIR)。变化 VOCs/NO_x 的比值,使臭氧峰值最大,则得到最大臭氧反应活性(Maximum Ozone Reactivity,MOR)。现在的研究中多采用最大增量反应活性衡量 VOCs 的反应活性和它们对臭氧生成的贡献能力。臭氧生成潜势(Ozone Formation Potentials,OFP)便是基于 MIR 来量化 CO 和 VOCs 对臭氧生成贡献的指标,定义为多种痕量组分的大气浓度与其 MIR 的乘积的加和:

$$OFP_i = MIR_i \times [VOC]_i$$

其中,$[VOC]_i$ 是观测到的 VOCs 物种 i 的浓度。OFP 仅说明该地区大气 VOCs 具有的臭氧生成的最大能力,实际对臭氧生成的贡献量还受当地 NO_x 浓度水平、·OH 自由基浓度和其他污染气象条件等制约。但是可根据不同痕量组分对 OFP 的贡献率的大小识别关键活性组分作为控制近地面臭氧浓度的优先考虑物种。

一、概况及时间分布

图 4-2-17 给出了江苏省 VOCs 各类组分的臭氧生成潜势浓度水平及相对贡献。联合观测期间江苏省 VOCs 的臭氧生成潜势均值为 233.0 μg/m³,贡献最大的组分为芳香烃,其 OFP 值达到 109.0 μg/m³,占比达 46.8%,其次为烯烃(62.1 μg/m³),占比达到 26.6%。烷烃(36.9 μg/m³,15.8%)和 OVOCs(19.6 μg/m³,8.4%)再次,炔烃、卤代烃和有机硫 OFP 值和占比均较小,分别为 2.8 μg/m³(1.2%)、2.5 μg/m³(1.1%)和 0.1 μg/m³(0.1%)。

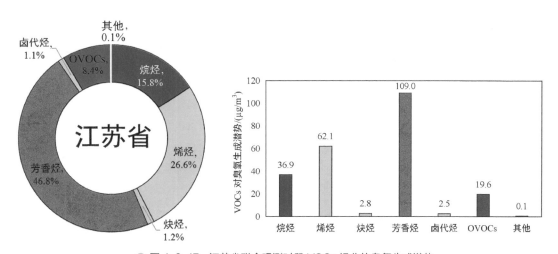

● 图 4-2-17　江苏省联合观测时段 VOCs 组分的臭氧生成潜势

从图 4-2-18 可以看出,江苏省联合观测不同时段对臭氧生成贡献最大的组分均为芳香烃,占比介于 42.2%～51.9% 之间;其次是烯烃,2020 年 8 月与 2021 年 1 月占比接近,分别为 29.0% 和 29.2%,2020 年 4 月占比仅为 19.8%;联合观测时段的烷烃和 OVOCs

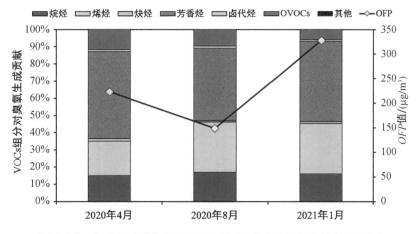

● 图 4-2-18　江苏省联合观测时段 OFP 值及各化学组成对 OFP 贡献分布

的贡献占比都比较低,分别介于 14.9%～17.0% 和 5.9%～10.9%。重点关注臭氧较为严重的 8 月,2020 年 8 月 16 日至 24 日前后,全省发生大范围、长时间的臭氧连续污染时间,从监测结果来看,芳香烃和烯烃是对臭氧影响最大的组分,需重点关注。

从具体采样时间看,2020 年 4 月 8 日 OFP 最高,达 417.7 μg/m³,2020 年 4 月 10 日 OFP 值最低,为 96.7 μg/m³。从相对贡献来看,不同采样日较为相近,均以芳香烃为主,烯烃和烷烃次之,OVOCs 贡献再次,卤代烃、炔烃和有机硫 OFP 贡献最少。具体来看,全省联合观测期间中芳香烃对 OFP 贡献最高,其占比介于 38.1%(2020 年 4 月 10 日)～55.3%(2020 年 4 月 8 日);烯烃和烷烃 OFP 占比波动范围分别在 18.6%～30.8%、14.2%～18.7%,烯烃和烷烃对 OFP 相对贡献均在 2021 年 1 月 12 日最高,分别为 30.8% 和 18.7%,且均在 2020 年 4 月 8 日最低,分别为 18.6% 和 14.2%;炔烃和卤代烃对 OFP 相对贡献接近,其贡献占比范围为 0.8%～1.6%;有机硫对 OFP 相对贡献最少,均在 0.1% 以下。

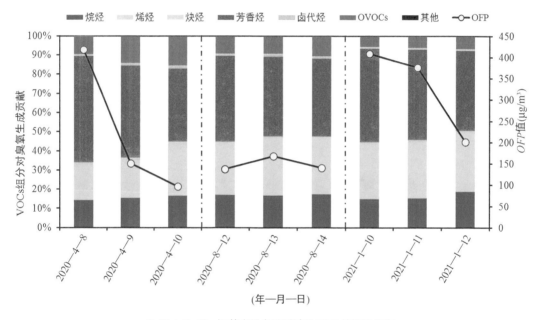

图 4-2-19　江苏省联合观测时段 OFP 值逐日分布

二、空间差异

图 4-2-20 给出了江苏省各地市 OFP 分布,各地市 OFP 值介于 119.7 μg/m³(连云港)～310.3 μg/m³(常州)之间,其中常州、徐州、泰州和无锡 OFP 值较高。

从相对贡献来看,江苏省各地市的芳香烃对 OFP 贡献占 31.7%(连云港)～56.1%(无锡),各地市烯烃对臭氧生成贡献介于 19.8%(无锡)～37.2%(连云港)之间,烷烃和 OVOCs 对 OFP 贡献占比小于其浓度对总体的贡献,比例分别在 13.3%(无锡)～22.2%

（扬州）和 4.9%（徐州）～11.2%（苏州）之间。

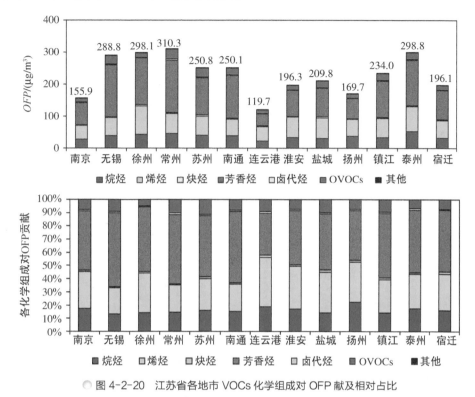

图 4-2-20 江苏省各地市 VOCs 化学组成对 OFP 献及相对占比

分区域来看,苏南、苏中和苏北 OFP 均值分别为 251.51 μg/m³、243.23 μg/m³ 和 209.14 μg/m³,且均以芳香烃对 OFP 贡献为主。芳香烃对 OFP 贡献介于 43.0%（苏北）～50.0%（苏南）;其次为烯烃,其贡献比例分别在 23.1%（苏南）～31.4%（苏北）;烷烃 和 OVOCs 对 OFP 贡献比例分别介于 14.8%（苏南）～17.7（苏中）和 7.4%（苏中）～9.8 （苏南）;炔烃、卤代烃和有机硫对 OFP 贡献较少,占比均为 2.0% 以下。

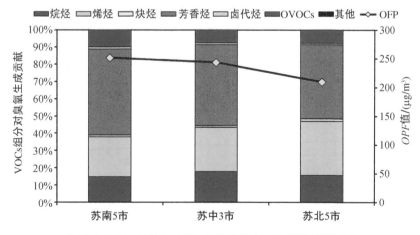

图 4-2-21 江苏省 VOCs 化学组成对 OFP 贡献的空间分布

从全省不同时段联合观测的对于 OFP 相对贡献来看,各城市的化学组成对臭氧生成贡献均以芳香烃和烯烃为主。因夏季臭氧污染形势较为严峻,因此重点针对 8 月份进行详细分析。可以看出,8 月份臭氧生成潜势最高的城市是泰州,其次是南通和盐城。从不同类别组分对臭氧生成的贡献来看,各城市臭氧生成均以芳香烃为主要组分,其贡献范围为 30.9%(连云港)~51.3%(南通),南通、宿迁、盐城和无锡芳香烃占比相对较高;各城市烯烃对臭氧生成贡献也较高,占比在 20.3%(无锡)~38.1%(淮安),其中淮安和徐州烯烃占比较高;烷烃和 OVOCs 对臭氧生成相对贡献分别为 13.5%(常州)~21.3%(扬州)和 4.8%(盐城)~16.7%(连云港);卤代烃对 OFP 的贡献占比较低,介于 0.8%(徐州)~3.1%(连云港);炔烃和有机硫对 OFP 贡献最低,其贡献占比分别在 1.5% 和 0.5% 以下。

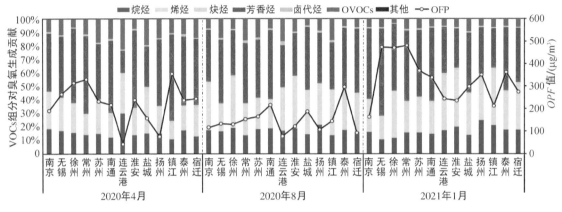

图 4-2-22　联合观测各时段中江苏省各设市 VOCs 化学组成变化

不同类型点位因 VOCs 浓度及化学组成存在差异,因此其臭氧生成潜势绝对值以及相对贡献也有所差异。从各观测点位不同类别组分对 OFP 贡献情况来看,O_3 高值点芳香烃对 OFP 相对贡献高,介于 26.9%(连云港)~52.7%(常州),烯烃对 OFP 贡献比例为

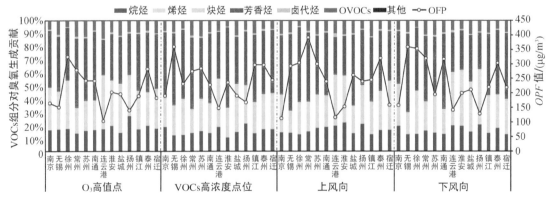

图 4-2-23　江苏省各设市不同观测点 VOCs 化学组成占比情况

19.3%（常州）～38.8%（连云港）；VOCs高值点所对应的芳香烃对OFP相对贡献占比较其余点位较高，介于35.5%（连云港）～61.5%（淮安）之间，对应的烯烃对OFP贡献比例为17.9%（常州）～61.5%（连云港）；对上、下风向点来说，其芳香烃对OFP贡献范围分别为28.6%（连云港）～58.4%（无锡）、27.8%（扬州）～59.9%（无锡），而烯烃对OFP贡献范围为16.7%（无锡）～37.7%（连云港）、16.5%（无锡）～41.8%（淮安）。

三、关键组分

为了更加直观地体现各VOCs物种对江苏省臭氧生成的影响，将全省各地市对OFP贡献排名前十物种进行权重赋值。基于平均值、加权求和、加权计数三种方式共同识别影响江苏省臭氧生成的关键物种，从图4-2-24可以看出，间/对-二甲苯、甲苯、乙烯、丙烯、邻-二甲苯、异戊烷和丙烷是对江苏省臭氧生成影响程度较大且范围较广的关键物种，其中间/对-二甲苯、甲苯和邻-二甲苯主要来自溶剂涂料的使用，乙烯、丙烯、异戊烷和丙烷等均来源于机动车尾气排放；此外，乙烯和丙烯在石油化工行业也有大量排放。

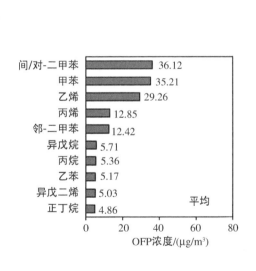

物种	加权求和	加权计数
间/对-二甲苯	121	13
甲苯	119	13
乙烯	111	13
丙烯	85	13
邻-二甲苯	80	13
异戊烷	39	12
丙烷	32	11
乙苯	27	7
异戊二烯	25	6
正丁烷	17	7
1,2,4-三甲基苯	15	5
1-丁烯	9	4
2-丁酮	8	2
丙酮	7	2
乙酸乙酯	7	3
正戊烷	5	2
丙烯醛	4	1
异丁烷	3	2
甲基丙烯酸甲酯	1	1

图中左侧条形图数据：间/对-二甲苯 36.12；甲苯 35.21；乙烯 29.26；丙烯 12.85；邻-二甲苯 12.42；异戊烷 5.71；丙烷 5.36；乙苯 5.17；异戊二烯 5.03；正丁烷 4.86（平均，OFP浓度/(μg/m³)）

◯ 图4-2-24　江苏省对臭氧生成的关键物种

图4-2-25给出了江苏省各地市的对OFP贡献排名前十组分，可以看到，江苏省13个城市OFP值排名前三的组分均为间/对-二甲苯、甲苯和乙烯，仅顺序有所不同，其中无锡、徐州和南通间/对-二甲苯OFP值较高，常州和苏州甲苯OFP值较高。此外，13城市关键组分中还均有丙烯和邻-二甲苯，大部分城市的异戊烷和丙烷也有较高OFP值。

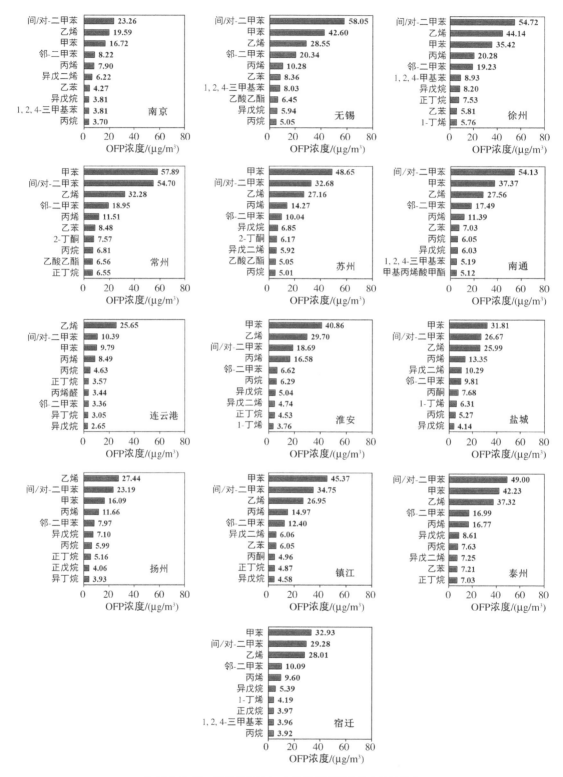

图 4-2-25　江苏省各地市对 OFP 贡献排名前十关键组分

第四节　VOCs 对二次有机气溶胶生成的影响

环境大气中的 VOCs 在氧化剂作用下生成其他半挥发性的氧化产物,继而进入到气溶胶中,按照质量守恒的基本原则,气溶胶中可等量换算的挥发性有机物的物质的量与反应过程中对应消耗掉的挥发性有机物的物质的量之比被称为挥发性有机物的气溶胶产率。Grosjean 假设 VOCs 生成二次有机气溶胶(Secondarg Organic Aerosol,SOA)的产率是固定不变的,并根据烟雾箱实验的结果提出了气溶胶生成系数(Fractional Aerosol Coefficient,FAC)的概念,即消耗单位质量的 VOCs 可以生成 SOA 的量,用来反映 SOA 生成与 VOCs 初始浓度之间的关系,并对多种 VOCs 的气溶胶生成系数进行了测定。环境大气的总 SOA 生成潜势(Aerosol Formation Potentials,AFPs)就是各种污染组分的大气浓度与其气溶胶生成系数乘积的加和:

$$AFP = \sum AFP_i = \sum [VOC]_i \times FAC_i$$

VOCs 各化学组分对 AFP 的贡献与 OFP 有很大的不同,仅由芳香烃和烷烃作用于 SOA 生成,且以芳香烃为绝对主导。根据芳香烃中的含碳数,可将不同碳数的芳香烃表示为 C6、C7、C8、C9、C10,其中 C6 芳香烃为苯,C7 芳香烃为甲苯,C8 芳香烃有乙苯、间/对-二甲苯、邻-二甲苯、苯乙烯,C9 芳香烃包含异丙苯、正丙苯、2-乙基甲苯、3-乙基甲苯、4-乙基甲苯、1,2,4-三甲苯、1,2,3-三甲苯、1,2,5-三甲苯,C10 芳香烃包含 1,3-二乙基苯、1,4-二乙基苯。

一、概况及时间变化

SOA 是由自然源和人为源排放出的 VOCs 或 SVOCs(半挥发性有机物)经大气氧化和气/粒分配等过程生成的悬浮于空气中的固体或液体微粒,是城市大气细粒子的重要组成部分,平均占 $PM_{2.5}$ 有机组分质量的 $20\%\sim50\%$,其中 VOCs 等生成的二次有机气溶胶对颗粒物污染具有重要影响。

VOCs 各化学组分对 AFP 的贡献与对 OFP 的贡献有很大的不同,主要由芳香烃和高碳烷烃作用于 SOA 生成,且以芳香烃为绝对主导。Grosjean 在烟雾箱实验中所得的蒸气压数据显示,在大气条件下,大多数 VOCs 都不能形成气溶胶,这与它们的活性并没有关系,这些 VOCs 物种主要包括:六个碳以下的烷烃,六个碳以下的烯烃、一些低分子量羰基以及卤代烃化合物等,这些物种的化学反应生成的产物相对于 SOA 前体物的气相浓度具有过高的蒸气压,以至于不能在大气中形成气溶胶。王倩等对上海市夏秋季大气中 VOCs 对 SOA 生成的贡献和来源进行了研究,其用相同的办法对 56 个 VOCs 物种的 SOA 生成潜势进行了统计,表明对 SOA 具有生成潜势的 VOCs 物种共有 25 个,其中烷烃有 10 个,芳香烃有 15 个。图 4-2-26 为江苏省联合观测期间 VOCs 化学组分对 AFPs 的贡献情况,江苏省 VOCs 的平均 AFP 值为 7.8 μg/m³,其中对 SOA 生成有影响的仅有芳香烃和烷烃,其贡献分别为 96.2% 和 3.8%。不同碳数芳香烃对 AFP 的贡献由大到小分别为 C8(3.16 μg/m³, 40.4%)>C7(2.63 μg/m³, 33.6%)>C6(0.95 μg/m³, 12.1%)>C9 (0.68 μg/m³, 8.7%)>C10(0.11 μg/m³, 1.4%)。

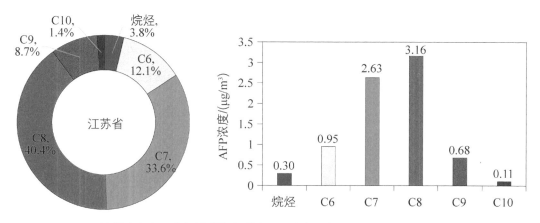

图 4-2-26　联合观测期间江苏省 AFP 化学组分(左)及其平均浓度水平

从 2020 年 4 月和 8 月以及 2021 年 1 月不同化学组分 AFP 贡献来看,2021 年 1 月 AFP 值最高,为 11.0 μg/m³,2020 年 8 月最低,为 4.5 μg/m³。其中,C7 和 C8 芳香烃差异较大,2020 年 4 月和 2021 年 1 月均以 C8 芳香烃占比最为显著,分别占 40.0% 和 42.7%,而 2020 年 8 月则是 C7 芳香烃贡献最大,为 39.7%。烷烃及其他碳数芳香烃对 AFP 贡献差异不大。从逐日变化来看,2020 年 4 月 8 日 AFP 值最高,高达 15.9 μg/m³,其次为 2021 年 1 月 10 日(14.2 μg/m³)和 1 月 11 日(12.7 μg/m³),其余时段 AFP 值在 2.8~6.4 μg/m³ 之间。以上分析表明人为源芳香烃是江苏省 SOA 最主要的来源,芳香烃中 C7 和 C8 芳香烃对 AFP 贡献较高,如图 4-2-27 和 4-2-28 所示。

二、空间差异

江苏省各地市 AFP 分布如图 4-2-29 所示,各地市 AFP 值介于 3.1 μg/m³(连云港)~11.4 μg/m³(常州)之间。从烷烃和不同碳数芳香烃对 AFP 贡献来看,C7 和 C8 芳香烃对各地市 AFP 贡献均较高,占比分别在 22.4%(连云港)~48.1%(淮安)和 26.4%(淮安)~

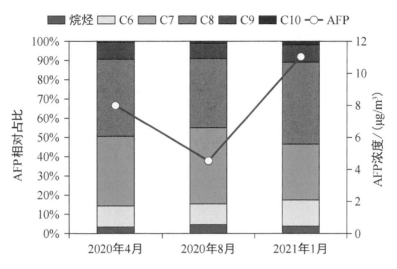

◯ 图 4-2-27　联合观测时段江苏省 AFP 浓度水平及其相对占比的月变化情况

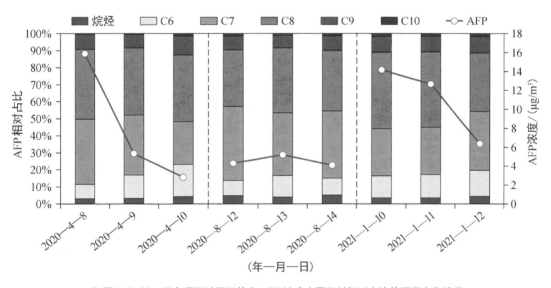

◯ 图 4-2-28　联合观测时段江苏省 AFP 浓度水平及其相对占比的逐日变化情况

47.8%（南通），连云港的 C6 和 C9 芳香烃均在 13 个设区市中最为突出，占比分别为 23.4% 和 13.6%。从苏南 5 市、苏中 3 市和苏北 5 市空间分布来看，VOCs 化学组分对 AFP 贡献呈现由南向北递减的趋势，苏南 5 市 AFP 值最高（9.0 μg/m³），其次是苏中 3 市（8.1 μg/m³），苏北 5 市远低于其余两个地区，仅为 6.5 μg/m³；其中贡献较高的 C7 和 C8 芳香烃占比分别为苏南 5 市（35.3%）＞苏北 5 市（34.6%）＞苏中 3 市（29.4%）与苏中 3 市（45.7%）＞苏南 5 市（40.7%）＞苏北 5 市（36.2%）。

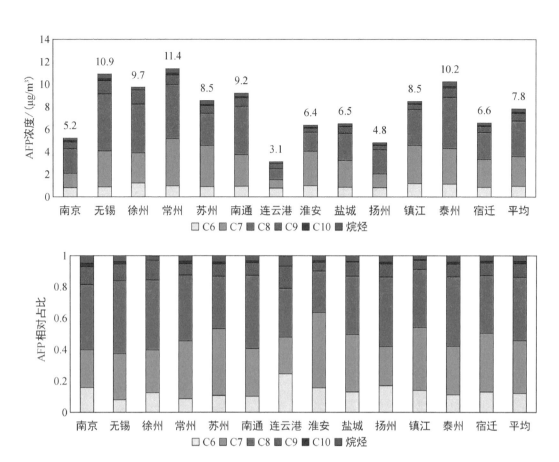

图 4-2-29　江苏省各地级市 AFP 浓度和 AFP 相对占比

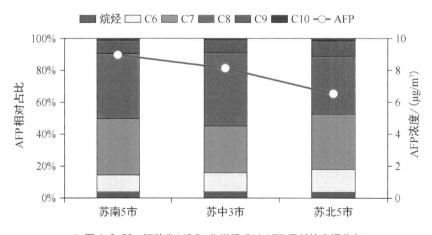

图 4-2-30　江苏省 VOCs 化学组成对 AFP 贡献的空间分布

三、关键组分

为了更加直观地体现各 VOCs 物种对江苏省 AFP 贡献的影响,将全省各地市 AFP 排名前十物种进行权重赋值(贡献最高物种赋值为 10,其余依次递减)并加权求和,加权总和越大对全省 AFP 贡献影响程度越大,出现次数越高,影响范围越广。基于平均值、加权求和、加权计数三种方式共同识别了影响江苏省 AFP 的关键物种,从图 4-2-31 可以看到,甲苯、间/对-二甲苯、苯、乙苯和邻-二甲苯是对江苏省 AFP 贡献影响程度较大且范围较广的关键物种,主要均来自溶剂使用源,须重点关注。

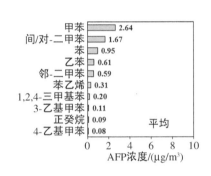

物种	加权求和	加权计数
甲苯	129	13
间/对-二甲苯	115	13
苯	104	13
乙苯	90	13
邻-二甲苯	80	13
苯乙烯	65	13
1,2,4-三甲基苯	53	13
3-乙基甲苯	31	13
正癸烷	24	10
4-乙基甲苯	7	6
2-乙基甲苯	6	4
1,4-二乙基苯	4	1
甲基环己烷	3	2
1,3,5-三甲基苯	3	2
异丙苯	1	1

图 4-2-31　江苏省联合观测时段 VOCs 化学组成对 AFP 贡献排名前十组分

进一步看江苏省各地市 VOCs 化学组成对 AFP 贡献差异,可以看出除常州排名前三的物种为甲苯、间/对-二甲苯和乙苯外,其余城市排名前三物种均为甲苯、间/对-二甲苯和苯,只是顺序稍有不同。因此从颗粒物防控的角度考虑对作为前体物的 VOCs 组分的控制,芳香烃是需要重点关注的对象,其中尤其以甲苯、间/对-二甲苯和苯为主。综合来看,在夏季关注 VOCs 对臭氧生成影响的同时,冬季 VOCs 对颗粒物生成的贡献也需要重点关注。由于 VOCs 既是臭氧的前体物,也是二次有机气溶胶生成的前体物,因而针对 VOCs 的管控能同时作用于光化学污染和颗粒物污染的控制,但控制的侧重点会有时间尺度和物种类别的差异。夏季芳香烃、烯烃以及 OVOCs 的控制是重点,而秋冬季节针对芳香烃(C6、C7、C8 组分)的控制显得尤为重要,详见图 4-2-32。

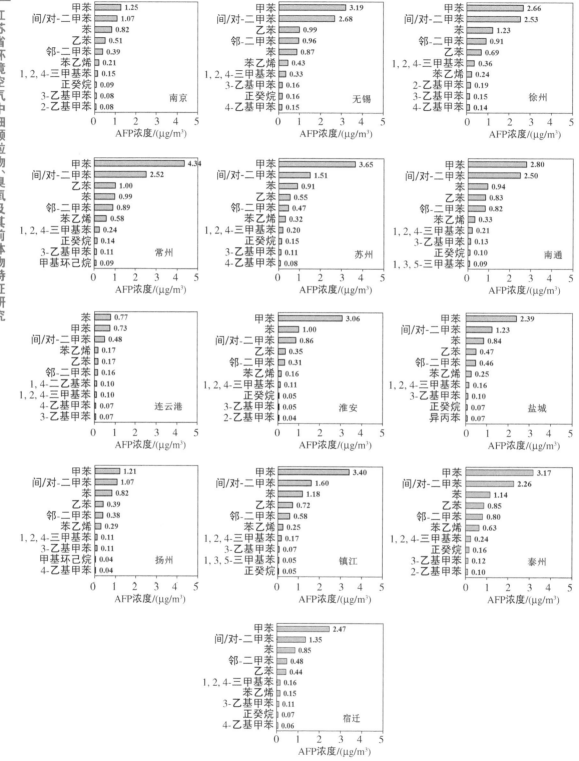

图 4-2-32　江苏省各地市 VOCs 化学组成对 AFP 贡献排名前十组分

第五节　优先控制物种筛选

一、四维评估体系的构建

由于挥发性有机物来源、组成及其反应活性的复杂性，对其进行的控制不同于传统的氮氧化物、硫化物的管控。基于污染物浓度水平的总量控制方法已无法满足目前对于空气质量改善的要求。因此，十分有必要建立一套基于VOCs各方面环境效应的综合评估体系。

我国现行的VOCs排放管理体系主要包括法律法规、标准、技术政策、排污收费等。从总体上看，我国对于VOCs管理在法律法规、技术政策等方面已经构建了相对完整的体系，但是具体的管理措施与细则相对缺失。一系列法规及标准的实施一定程度上减缓了VOCs的大量排放，但对于实现我国改善空气质量的总体目标却收效甚微。现有对于VOCs环境影响评估的研究主要集中于其对臭氧生成或SOA生成的单一效应评估。研究表明，基于不同环境效应的考虑，评估得到的重点行业及关键物种存在较大差异，其结果与仅基于VOCs排放量的控制方案也明显不同。因此，本项目旨在综合考虑多方面因素，对VOCs减排控制的重点进行合理评估，建立基于VOCs环境浓度、臭氧生成潜势、二次有机气溶胶生成潜势及其毒害影响的多效应评估体系。

综合环境影响评估是考虑以上三方面环境影响的重要程度以及基于总量控制的目标，分别赋予不同的权重计算得出（式1），依此确定各源类减排控制需要关注的重点源类及物种的方法。

$$\text{综合环境影响}=0.3\times\text{相对质量浓度}+0.4\times\text{相对臭氧生成潜势}+0.2\times \text{相对颗粒物生成潜势}+0.1\times\text{相对毒害效应} \quad (\text{式}1)$$

各类VOCs环境效应的权重采取专家打分的形式获得，由于目前总量控制目标的贯彻和落实，考虑其合理性和延续性，予以30%的权重。VOCs是臭氧生成的关键前体物，其环境效应极为重要，且已有大量的研究对VOCs的臭氧生成潜势进行了定量评估，具有充分的数据支持，因此对臭氧生成的影响赋予40%的权重。VOCs作为二次有机气溶胶的前体物，同样对环境有重要影响，但由于能够生成SOA的VOCs组分较少，且颗粒物污染问题已经在全国范围内得到有效改善，因而相比臭氧，宜降低其权重，赋值为20%。对于VOCs的毒性效应的评估则缺少相应的定量研究，没有足够的毒性数据支持，且VOCs的人类健康效应受到多种毒理学因素的影响，因此对毒害效应赋予了10%的权重。基于上述方法，本研究进一步筛选和识别了影响江苏省及各地市近地面臭氧、SOA生成和毒性的关键物种。

二、江苏省优先控制组分的筛选

图 4-2-33 和图 4-2-34 展示了江苏省不同组分类别对质量浓度、OFP、AFP、毒性效应和综合评估的占比情况,就臭氧生成贡献而言,芳香烃和烯烃是需优先控制的物种,其次是 OVOCs 和烷烃;就颗粒物生成而言,是由芳香烃主导,贡献率高达 96.2%,显然芳香烃是实施颗粒物控制政策中的关键前体物;就毒性而言,芳香烃和卤代烃的贡献最为显著,是需要关注的重点。综合考虑国家对于 VOCs 的总量控制目标及对臭氧、颗粒物生成及其毒性效应,芳香烃是综合评分最高、优先级最高的需要控制的 VOCs 物种,其次烷烃和烯烃的优先控制级别相当,卤代烃和 OVOCs 控制级别较低。

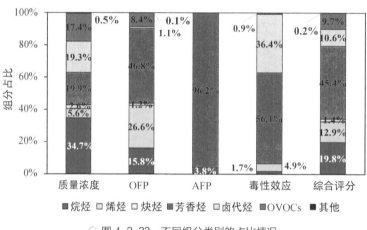

○ 图 4-2-33 不同组分类别的占比情况

VOCs 中质量浓度最高的物种类别是烷烃(39.29 μg/m³,占总体的 34.7%),但其对臭氧生成的贡献仅占 15.8%,对二次有机气溶胶生成贡献为 3.8%,对毒性效应的贡献值更低,仅 1.7%,因此整体评估下来烷烃的综合评分占 19.8%。

芳香烃是质量浓度排名第二的组分(22.56 μg/m³,占总体的 19.9%),且无论是对臭氧和颗粒物生成,还是对毒性效应的贡献,芳香烃均是贡献很大的物种,特别是对颗粒物生成的贡献,高达 96.2%,因而其综合评分占比最高(45.4%),即综合环境效应值最大,是需要优先控制的组分。

卤代烃的质量浓度占比较高(21.84 μg/m³,占总体的 19.3%),但其环境效应主要体现在毒性上,对臭氧和颗粒物生成均无显著作用,因而其在综合评分中占比相对较小(10.6%)。

OVOCs 的质量浓度占比相对较高(19.65 μg/m³,占总体的 17.4%),但其对臭氧生成的贡献仅占 8.4%,其毒害效应也较低,仅为 0.9%,综合评分占比为 9.7%。

烯烃的质量浓度占比仅为 5.6%,但由于烯烃具有较高的增量反应活性,对臭氧生成贡献大(26.6%),且其也具有一定的毒性(4.9%)。因此,烯烃在综合评分中占比为 12.9%。

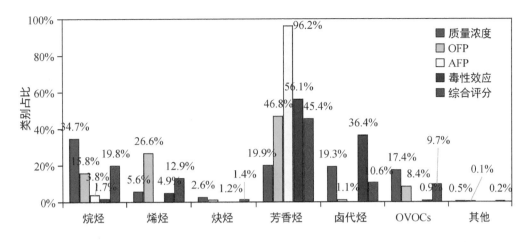

○ 图 4-2-34 不同 VOCs 组分类别对总体的贡献情况

综合评价指标既考虑了 VOCs 的总量控制目标,也考虑到 VOCs 的环境效应(对臭氧生成的影响、对颗粒物生成的影响以及毒害效应),通过综合评价指标筛选出的前十个优控物种见图 4-2-35。前十物种的综合环境影响占总 VOCs 物种的 59.8%,包括 2 种烯烃(乙烯和丙烯)、5 种芳香烃(甲苯、间/对-二甲苯、苯、邻-二甲苯和乙苯)以及二氯甲烷、丙酮和丙烷。其中甲苯的综合环境影响最大(15.74%),其次为间/对-二甲苯(11.88%)和乙烯(6.60%)。

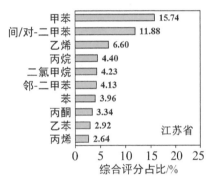

○ 图 4-2-35 江苏省综合环境效应排名前十物种

甲苯的综合环境影响最大,其主要用于医药、香料和染料中间体原料及彩色电影油溶性成色剂,还用作制造间苯二甲酸的原料,与邻、对位的异构体相比,需要量较少。因此,常将其通过异构化转变成其他异构体。城市地区乙烯主要来自燃烧排放(燃煤、机动车尾气、生物质燃烧)以及与石油化工有关的工业排放。乙烯是世界上产量最大的化学产品之一,乙烯工业是石油化工产业的核心,乙烯产品占石化产品的 75% 以上。对二甲苯用于生产对苯二甲酸,进而生产对苯二甲酸乙二醇酯、丁二醇酯等聚酯树脂,也用作涂料、染料和农药等的原料。丙酮和二氯甲烷均为工业上常用的溶剂。其中丙酮在工业上用途广泛,既是重要的有机合成原料,用于生产环氧树脂、聚碳酸酯、有机玻璃、医药、农药等,亦是良好溶剂,用于涂料、黏结剂、钢瓶乙炔等,也常用作稀释剂、清洗剂、萃取剂。苯是石油化工的基本原料,其产量和生产的技术水平是一个国家石油化工发展水平的标志之一。苯经过取代反应、加成反应、氧化反应等生成的一系列化合物可以作为制取塑料、橡胶、纤维、染料、去污剂、杀虫剂等的原料。丙烷是液化石油气(LPG)的示踪物种,但 LPG 是一种相对清洁的能源,对不同 VOCs 物种的控制既需要考虑其环境效应,还需要考虑其社会和经济效应。

因此综合来看,江苏省对甲苯、间/对-二甲苯、邻-二甲苯和苯的控制须着重针对溶剂涂料类排放源的使用。关于对乙烯的控制需重点关注与燃烧有关的排放过程,如燃煤、机动车尾气和生物质燃烧,与石化有关的工业过程要加强密闭防止泄漏。而丙酮、二氯甲烷在工业上作为常用的溶剂,其对环境的影响也不容忽视。

三、各地市关键组分的差异

图4-2-36是江苏省各地市环境综合效应排名前十物种,除无锡、连云港和盐城外,其余设区市排名前三物种均为间/对-二甲苯、甲苯和乙烯,只是顺序稍有不同,无锡排名前三的物种为间/对-二甲苯、甲苯和二氯甲烷,连云港排名前三的物种为乙烯、甲苯和丙烷,盐城排名前三的物种中与其他设区市不一样的物种为丙酮。总体来看,各地市须优先控制的物种主要为间/对-二甲苯、甲苯、苯和邻-二甲苯等芳香烃类物种,以及乙烯、丙烯、丙烷和丙酮等物种。

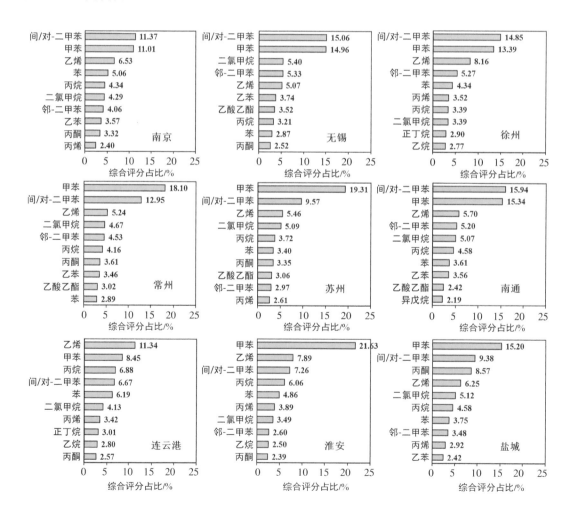

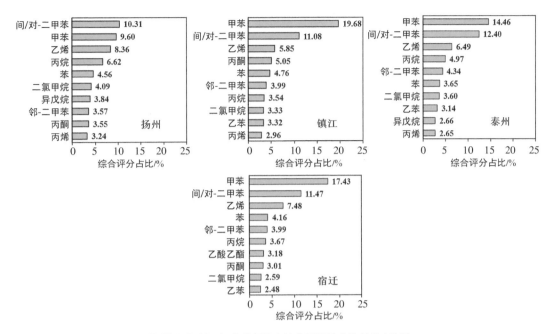

○ 图 4-2-36　江苏省各地市综合环境效应排名前十物种

第六节　江苏省环境空气 VOCs 来源解析

VOCs 的来源研究是 VOCs 污染防控的基础,也是是一项复杂的工作,主要是因为 VOCs 的来源种类繁多,而且很大一部分是无组织源或面源,源的排放特征也比较多变。另外,由于 VOCs 的活性强,而且含氧有机物(例如羰基化合物)具有二次来源,这些都给 VOCs 的来源研究工作带来很大挑战。本专题基于观测数据,采用示踪物法、比值法和受体模型对江苏省大气 VOCs 的来源进行识别和解析。

一、示踪物法

VOCs 中一些特征组分可以用于指示 VOCs 的来源。如异戊二烯常作为天然源植物排放的示踪物种,尽管机动车尾气和化工行业也会排放少量异戊二烯,但生物排放是夏季异戊二烯最重要的来源。机动车尾气是城市大气中最重要的燃烧过程,其排放的 VOCs 中含大量的烯烃、乙炔、异戊烷、甲基叔丁基醚(MTBE)等。由于丙烯代表性好、监测数据较为准确可靠,因而这里选择丙烯作为机动车尾气的示踪物。汽油挥发也是城市 VOCs 的一个重要来源,其同样含有 C4~C6 烷烃、MTBE、甲苯等,与汽油车尾气不同的是,汽油顶空蒸发不包含乙炔等燃烧示踪物,异戊烷是汽油挥发的关键示踪物。除汽油车外,江苏省公交车和出租车均已采用天然气(NG)代替汽油作为燃料,其排放和泄漏对大气中

VOCs的贡献不容忽视。丙烷、正丁烷、异丁烷是LPG的主要组分,因而丙烷可作为LPG泄漏的特征示踪物种。间/对-二甲苯主要来源于装涂、印刷等行业所使用的工业溶剂的挥发。苯乙烯和环己烷是工业过程的重要产物和中间产物,因而一般苯乙烯被视为工业排放的示踪物。

选择间/对-二甲苯、甲苯、乙烯和丙烯等四个物种,基于南京、常州、苏州、南通、扬州和泰州在线数据分析四个VOCs物种的日变化,如图4-2-37所示,常州的间/对-二甲苯浓度在7:00和20:00存在高值,泰州的间/对-二甲苯在15:00存在异常上升,受到溶剂涂料排放的影响;常州的甲苯浓度在7:00—9:00相对较高,受早高峰影响较大,泰州甲苯在早晚高峰时间段亦有浓度高值,此外在12:00、19:00和21:00可能存在溶剂涂料源的排放,浓度上升;乙烯浓度在各城市变化大体一致,其中泰州的乙烯浓度在6:00—8:00大幅高于其他城市,受机动车尾气排放影响更大;丙烯在常州0:00—9:00和20:00—23:00浓度高于其他城市,除了7:00左右更多受到早高峰影响,其他时间受到石油化工行业排放影响较大。

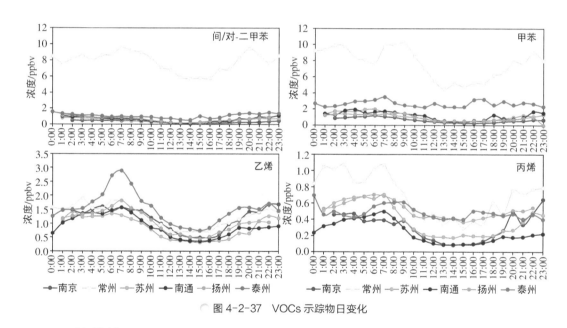

图4-2-37　VOCs示踪物日变化

二、比值法

挥发性有机物物种间的比值能够反映其来源组成的信息。两种·OH活性基本相当的同源VOCs物种对,其环境浓度的比值应与其主要排放源中的比值保持一致。物种比值法可排除气象因素及物理因素如干湿沉降等的干扰,通过两种特征的VOCs物种对的算术均值或几何均值的比值(或线性拟合的斜率)可初步判断该区域大气中VOCs的可能来源及相对重要性。特征物种的遴选遵循的主要原则有:一是环境浓度较高,测量更为精确;二是涵盖重要的 VOCs 类别,比如烯烃、芳香烃、烷烃等;三是来源相对简单明确;四是化学活性相近。

甲苯与苯的比值(T/B)是一种常用的识别芳香烃来源的指标。在城市地区,苯的主要来源是燃烧过程,如机动车尾气排放、生物质燃烧、燃煤过程等;甲苯除了来自机动车排放外,涂料和溶剂的使用也是重要来源。在工业区的环境空气中测到的 T/B 在 4.8~5.8,而溶剂使用中 T/B 是 11.5,在隧道实验中 T/B 是 1.52,在其他燃烧过程中 T/B 在 0.2~0.6。表 4-2-1 将本研究观测结果与其他文献进行了对比,从表中可以看出,对于溶剂使用源,本研究所摘取的表面涂装的 T/B 比值(27.3)高于文献中的 11.5,这也就意味着随着工业发展,涂料中苯的含量逐步减少。但需要说明的是,本研究溶剂使用源仅特指表面涂装,其他溶剂使用源如包装印刷、电子行业等不包含在内,这些行业 T/B 比值相对较低。

表 4-2-1　基于本研究源谱数据库的 T/B 汇总及与其他研究的对比

组分	污染源类别	T/B (文献来源)	T/B (本研究)	
1	溶剂使用	11.5	27.3	
			汽修	21.4
			船舶制造	33.5
			集装箱制造	18.2
			家具制造	43.4
			其他表面涂装	19.9
2	工业排放	4.8~5.8	6.83	
			基础化学品	2.4
			精细化学品	9.6
			橡胶制品	6.6
			医药制造	8.7
3	隧道实验	1.52	1.24	
4	其他燃烧过程	0.2~0.6	/	

根据本研究源谱结果划分了甲苯与苯的比值(T/B)判定区间,联合观测期间江苏省13个城市离线监测甲苯/苯的散点如图 4-2-38 所示。可以看出,联合观测期间江苏省13个城市 T/B 比值大多集中在 1.24 附近,说明江苏省 13 地市大气中甲苯和苯主要受到机动车尾气的影响,其中常州除机动车尾气外,受燃烧源影响较大,镇江、苏州、无锡、南通及宿迁等城市还受到工业排放($2.4<T/B<8.7$)和溶剂使用($T/B=18.2$)的影响。

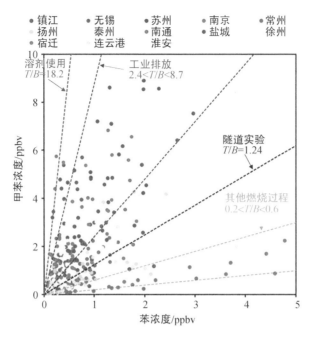

图 4-2-38　联合观测期间江苏省各地市甲苯/苯散点图

　　除了甲苯与苯的比值,在不同排放源中,苯、甲苯、乙苯三者的体积分数比存在差异,通过归纳环境样品中苯、甲苯、乙苯的体积分数比的值可以判断苯系物的可能来源。本研究统计了江苏省 13 个设区市 B(苯)、T(甲苯)、E(乙苯)体积分数的比值,并利用文献获得的不同污染源谱得到 $B:T:E$ 体积分数比的三角形源识别区进行对比分析。从图 4-2-39 可以看出,联合观测期间江苏省 13 个设区市 $B:T:E$ 比值多数落在机动车排放源区域内

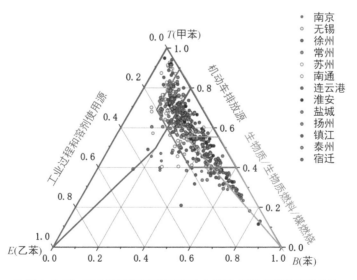

图 4-2-39　联合观测期间江苏省各地市的苯、甲苯、乙苯体积分数比

(红色线框圈出区域),特点是甲苯占比相对较大,其次是苯,表明机动车尾气排放源(包括汽油车尾气、柴油车尾气、汽油挥发等)对江苏省环境空气 VOCs 的影响作用显著;部分 $B:T:E$ 比值处于机动车排放源与工业过程和溶剂使用源(红色线框与蓝色线框交叉部分)以及机动车排放源与生物质/生物质燃料/煤燃烧源(红色线框与绿色线框交叉部分)交叉区域。

三、基于 PMF 受体模型

受体模式是通过对污染源和受体点大气实测 VOCs 化学组分进行回归分析,估算各排放源对大气中污染物的贡献率。它对排放源的贡献进行解释而不是预测,因此结果比较客观和准确。目前常用的受体模型为正矩阵因子分析(Positive Matrix Factorization, PMF)。

为有效评估江苏省各类排放源对 VOCs 的贡献,本节基于江苏省南京、无锡、徐州、常州、苏州、南通、连云港、淮安、盐城、扬州、镇江、泰州、宿迁,共计 13 个城市 2020 年 4 月 8 日—10 日、8 月 12 日—14 日及 2021 年 1 月 10 日—12 日手工采样 VOCs 数据,利用 PMF 模型开展来源解析工作。

将 PMF 解析出的各个因子与各排放源进行对应,是 PMF 解析的关键环节。VOCs 的排放源众多,但是不同来源所排放的 VOCs 化学组成存在差异,这是利用受体模型对 VOCs 进行来源解析的前提。本项目进行 PMF 因子识别的依据主要包括:(1)江苏省重点工业源、溶剂使用源和隧道实验、汽油挥发采样获得的相关源谱;(2)文献调研的各类排放源示踪物。

(1)PMF 运算步骤

PMF 模型不需要输入源谱信息,尤其适用于本地化源谱信息库不是特别完整的地区进行 VOCs 来源解析。该模型所需要输入数据较少,仅须测量浓度和不确定性,但在模型运算过程中仍有许多环节需要有经验的研究人员进行判断,保证结果的合理性。PMF 解析的流程主要包括以下环节:

a)测量浓度数据的整理及检查;

b)测量误差的计算;

c)模式运行(拟合物种的选择、解析因子个数的确定、因子解释);

d)检验旋转空间;

e)不确定分析;

f)确定最终解析结果。

(2)拟合物种的筛选

在 PMF 模型中,将物种分别设置"strong""weak""bad"用来区别各 VOCs 物种在参与最优解求解过程的重要性,例如,设置为 strong 则表示运算中该列数据权重较大,设置为 weak 权重降低,设置为 bad 则不参与运算。

在选择参与 PMF 拟合的 VOC 物种及设置其属性(strong、weak、bad)主要考虑以下几方面因素:

VOCs 组分测量准确性: 样本中物种浓度信噪比(S/N)大于 2 为合格数据,可直接用于模型,对 S/N 在 0.2～2 的物种通过扩大其不确定度(UNC)降低计算权重,S/N 小于 0.2的不在模型中使用。

VOCs 组分浓度: 物种浓度较大的优先考虑设置为 strong,浓度特别低的物种,测量误差相对较大,可酌情设置为 weak 或 bad。

VOCs 物种示踪意义: 具有源示踪意义的物种,即使其浓度较低,也可酌情设置为 strong。

VOCs 物种活性: VOCs 从排放源到受体点要经过一定距离的传输,在传输过程中一些性质比较活泼的有机物容易受光照辐射等各种因素的影响而反应消耗,导致 PMF 解析运行结果有偏差。所以在选取参与拟合 VOCs 物种时,优先考虑反应活性较低的组分,但有些组分虽然活性强,但其源示踪作用显著,再进行 PMF 解析仍会将其作为拟合物种。

综合考虑以上原则,本研究最终筛选了 33 个拟合物种来解析各类排放源对全省环境大气 VOCs 浓度的相对贡献,主要包括:12 种烷烃、5 种烯烃、乙炔、8 种芳香烃、5 种卤代烃及 2 种 OVOCs。

表 4-2-2　PMF 解析中参与拟合的组分

组分	烷烃	烯炔烃	芳香烃	卤代烃及 OVOCs
1	乙烷	乙烯	苯	氯甲烷
2	丙烷	丙烯	甲苯	二氯甲烷
3	异丁烷	顺-2-丁烯	邻-二甲苯	1,2-二氯甲烷
4	正丁烷	1-丁烯	间/对-二甲苯	1,2-二氯丙烷
5	异戊烷	异戊二烯	乙苯	三氯乙烯
6	正戊烷	乙炔	1,2,4-三甲基苯	乙酸乙酯
7	2,2-二甲基丁烷		1,3,5-三甲基苯	甲基叔丁基醚
8	2,3-二甲基戊烷		苯乙烯	
9	正己烷			
10	2-甲基戊烷			
11	3-甲基戊烷			
12	2-甲基己烷			

（2）因子数目的确定

在模型运算过程中，首先分析源数据，根据 PMF 分析要求，通过 S/N 了解数据质量，设定其参与回归计算的权重类别。然后剔除异常值，因为异常值的存在易扭曲解析结果甚至导致错误。在此基础上进行试算，由于参与分析的物种和源的个数都不确定，故试算步骤必不可少。本书根据对本地 VOCs 排放源的初步了解以及数据的数学和物理意义，将因子数从由少到多逐一调试和优化模型。如源个数太少，计算结果不容易稳定，如源个数太多，解析误差太大，且容易出现无法解释的源。一般确定 PMF 因子数目的原则有：

a）当增加一个因子数目时，模型所得 Q 值变化不显著；

b）在该因子数目下，所有的因子都有实际物理意义，都对应大气中的某一排放源或化学过程（如二次生成）；

c）在该因子数目下，不同随机种子（Seed）下得到的结果一致，即所得的结果不是区域最小值（Local Minimum）。一般认为，当在某一因子数目下出现了多种解析结果，则表明在此因子数目下的结果不合适，或者太大，或者太小。

（3）模型运算结果控制指标

a）Q（robust）和 Q（true）：Q 即为目标函数，Q（robust）的计算中不包含残差大于临界值的点，而 Q（true）则包含所有数据点，Q（true）不能超过 Q（robust）的 1.5 倍，否则说明异常值严重破坏了受体模型共同的假设——数据满足正态分布。Q（robust）的结果必须收敛，也就是说，随机从不同样品开始计算得到的 Q（robust）值差异不能太大，否则就不是稳定解，其解的置信度将会降低。

b）残差（Residual）：如果模式解析出来的结果显示，某物种普遍有较大的残差，或者经过检验不符合正态分布，那么该物种的模拟效果就很差，要么去掉该物种，要么重新模拟。

c）r^2 及标准偏差（SE）：反映该物种拟合结果的可靠性，r^2 较低的物种可调为弱相关。

（4）PMF 因子识别

将 PMF 解析出的各个因子与各排放源进行对应，是 PMF 解析的关键环节。VOCs 的排放源众多，但是不同来源所排放的 VOCs 化学组成存在差异，这是利用受体模型对 VOCs 进行来源解析的前提。

经过初算和多次优化调试，本书在对 VOCs 源成分谱和源排放特征有充分认知的基础上，对 PMF 模型获得的因子谱图进行解读。江苏省大气 VOCs 共解析出 5 大类源，分别为油气挥发、溶剂使用、工业排放、机动车尾气和植物源，见图 4-2-40。下面将逐一对各个因子的特征进行介绍，并确定各个因子所对应的排放源：

因子 1 中优势组分为异戊烷和正戊烷，异戊烷是油气挥发的典型示踪物种，因子 1 与油气挥发源谱十分吻合。

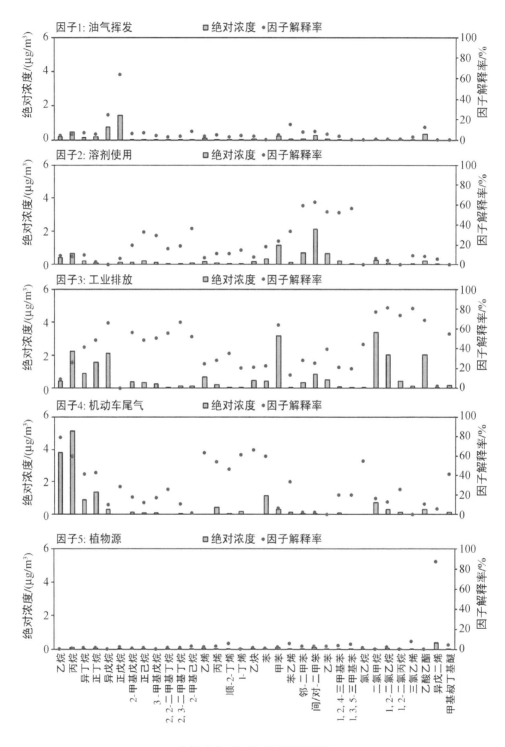

图 4-2-40 PMF 解析因子图

因子2中主要组分为甲苯、乙苯、间/对-二甲苯、邻-二甲苯和三甲苯等芳香烃。已有研究表明涂料和溶剂使用过程中会排放大量的芳香烃,因而将因子2识别为溶剂涂料使用相关的排放源。

因子3主要物种有丙烷、异戊烷、异丁烷、异戊烷,在工业上常用作发泡剂,高碳烷烃也常见于工业排放,此外还有工业源中常见的卤代烃(如二氯甲烷等)及乙酸乙酯,因此因子3可识别为工业排放源。

因子4中既有C2～C5烷烃,也有乙烯、丙烯和乙炔、苯和甲苯。异戊烷是汽油挥发的示踪物种,正戊烷、异丁烷等同时存在于汽油挥发和机动车尾气中,而因子4中还含有汽油燃烧的产物乙烯、丙烯、乙炔等。北大机动车台架试验中不同类型车辆(轻型汽油车、重型柴油车、摩托车)的尾气排放源谱,以及广州珠江隧道测得的源谱均反应出乙烯、乙炔、异戊烷、苯和甲苯是主要的尾气排放物种,因而因子4具有明显的机动车尾气排放特征。

因子5的异戊二烯是绝对优势物种,大气中异戊二烯主要来自植物源排放,可将因子5识别为天然源。

(5)江苏省VOCs来源

图4-2-41为江苏省手工监测期间全省的VOCs来源结构,可以看出对全省VOCs浓度贡献最大的为工业排放源,占比为40.1%,其次为机动车尾气(33.0%)排放,溶剂使用和油气挥发源占比相对较小,分别占15.9%和8.4%,对江苏省VOCs浓度贡献最小的源为植物源(2.6%)。

从不同季节的PMF解析结果来看(图4-2-42),江苏省春季分担率最高的源是工业排放源(48.9%),其次是占比为22.8%的溶剂使用,机动车尾气、油气挥发和植物源占比依次是16.9%、9.8%和1.5%;夏季仍是工业排放源占比最大(53.0%),其次是机动车尾气排放,贡献了20.0%,夏季由于气温高,油气挥发源和植物源均是三个季节中占比最高的,分别为10.0%和6.3%;冬季对VOCs浓度贡献最大的是机动车尾气排放(44.8%),其次是工业排放(32.0%)和溶剂使用源(14.7%),油气挥发和植物源占比较低。

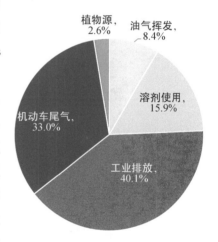

● 图4-2-41 江苏省离线监测期间 VOCs源解析结果

从各城市VOCs浓度来看,南通、苏州、泰州VOCs浓度较高,质量浓度分别为84.7 μg/m³、82.5 μg/m³、83.7 μg/m³;无锡和宿迁次之,质量浓度分别为67.4 μg/m³、67.1 μg/m³;南京、徐州、常州、连云港、淮安、盐城、镇江VOCs浓度较低,浓度范围在43.3～69.8 μg/m³;扬州VOCs浓度最低,为39.4 μg/m³。

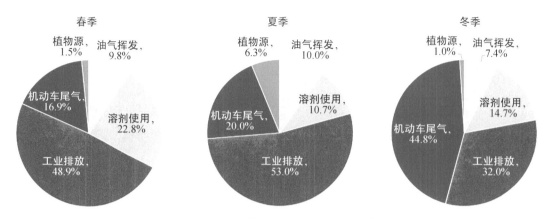

春季 夏季 冬季

图 4-2-42 江苏省各季节 VOCs 源解析结果

图 4-2-43 为江苏省各市手工监测期间各 VOCs 来源结构及浓度，从图可以看出各市均以机动车尾气和工业排放源为主，以工业排放源来看，常州工业排放源占比最高，占该市 VOCs 浓度的 53.7%，其次为苏州 46.1%，连云港占比最低，为 25.7%；机动车尾气排放源以连云港最高（57.4%），其次为徐州、扬州和淮安，其机动车尾气排放源对 VOCs 的贡献分别为 47.3%、46.7% 和 45.9%。溶剂使用源和油气挥发源对各市 VOCs 贡献较低，占比在 7.5%（扬州）～23.0%（无锡）和 3.9%（连云港）～14.7%（宿迁）。植物源对 VOCs 的贡献最低，占比在 5% 及以下。

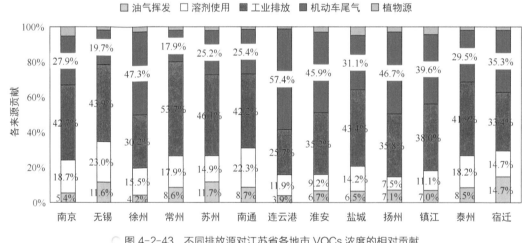

图 4-2-43 不同排放源对江苏省各地市 VOCs 浓度的相对贡献

（4）江苏省 OFP 来源

图 4-2-45 为江苏省手工监测期间全省的 OFP 源解析结果，对全省 OFP 贡献最大的仍为工业排放，占比为 32.3%，低于工业排放在 VOCs 中的占比（40.1%），其次是溶剂使用（28.2%），而其对浓度贡献占比仅为 15.9%，这与溶剂使用排放的 VOCs 大多是高活性芳香烃如邻-二甲苯、间/对-二甲苯、甲苯等有关。机动车尾气贡献率为 25.7%，油气挥发和植物源占比较小，分别为 7.2% 和 6.6%。

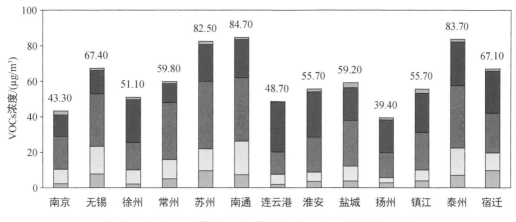

图 4-2-44 不同排放源对江苏省各地市 VOCs 浓度的绝对贡献

从不同季节的 OFP 解析结果来看,江苏省春季分担率最高的源是溶剂使用(38.8%),其次是占比为 36.8% 的工业排放,机动车尾气、油气挥发和植物源占比依次是 12.6%、8.1% 和 3.7%;与各来源对 VOCs 浓度的贡献一样,夏季仍是工业排放源占比最大(42.6%),其次是溶剂使用,占比为 18.5%,夏季由于气温高,油气挥发源和植物源均是三个季节中占比最高的,分别为 8.4% 和 15.4%;冬季对 OFP 浓度贡献最大的是机动车尾气排放(36.5%),其次是溶剂使用(27.3%)和工业排放(26.9%),油气挥发和植物源占比较低。

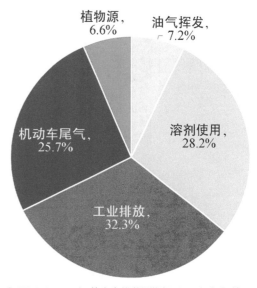

图 4-2-45 江苏省离线监测期间 OFP 源解析结果

从各城市 OFP 值来看,南通、泰州、苏州 OFP 值较高,分别为 214.5 μg/m³、205.0 μg/m³、194.7 μg/m³;无锡和宿迁次之,OFP 值分别为 172.4 μg/m³ 和 161.0 μg/m³;盐城、常州、镇江、淮安、徐州、南京、连云港等地 OFP 值较低,浓度范围在 111.8 μg/m³～147.8 μg/m³;扬州 OFP 最低,为 88.6 μg/m³。

从图 4-2-47 可以看出,各市均以机动车尾气、工业排放和溶剂使用源为主,以工业排放源来看,常州工业排放源占比最高,占该市 OFP 的 41.7%,其次为苏州市 36.7%,连云港市占比最低,为 23.8%;机动车尾气排放源以连云港市最高(47.4%),其次为扬州、淮安和徐州,其机动车尾气排放源对 OFP 的贡献分别为 39.4%、37.7% 和 36.6%;溶剂使用源在无锡和南通市占比较高,分别为 38.7% 和 37.9%。油气挥发源和植物源对 OFP 的贡献较低,占比范围分别为 3.6%～12.8% 和 2.8%～12.5%。

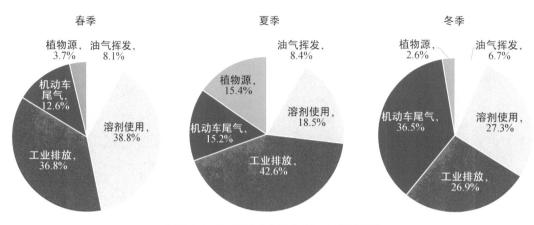

图 4-2-46　江苏省各季节 OFP 源解析结果

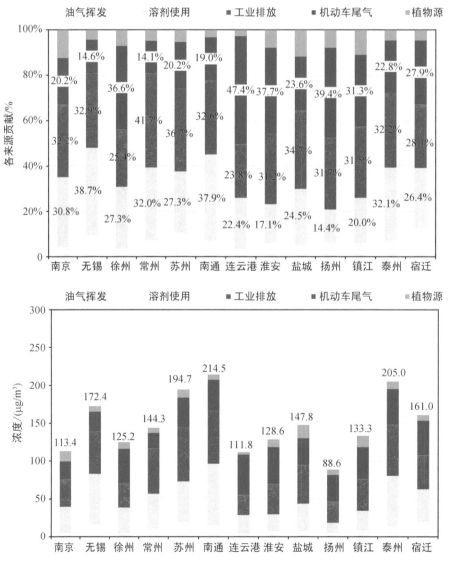

图 4-2-47　不同排放源对江苏省各地市 OFP 的绝对贡献和相对贡献

第七节 江苏省臭氧敏感性分析及减排情景模拟

基于江苏省13地市2021年4—5月的VOCs在线观测数据和常规观测数据,利用OBM模型计算了各城市臭氧超标日的前体物的相对增量反应活性(RIR),并模拟了各城市臭氧超标日的EKMA曲线,定量分析了江苏省13地市城市臭氧与前体物之间的非线性关系,判断了各城市臭氧超标日的臭氧生成处于VOCs还是NO_x控制区,最后对臭氧污染减排情景进行模拟,给臭氧前体物的减排提供科学的管控建议。

一、OBM 模型原理及算法

OBM(Observation-based model)模型是一个简单的盒子模型。使用盒子模型的前提假设是污染源排放的污染物在盒子内部瞬时混合均匀。盒子模式把模拟区域设想为一个简单的盒子,其底部为地面,面积一般为几百平方公里,盒子顶通常为混合层顶,并且在盒子东、西、南、北方向存在假想的盒子侧面。盒子内部存在各类污染物的源排放,内部的污染物与外部的交换一般通过风传输及混合层的变化实现(即盒子高度的变化)。

盒子模式只能模拟污染物浓度的时间变化,而不能模拟空间变化,所以不能用于模拟、预测污染物最大浓度出现的区域,但它可用来研究源排放、外来输入对当地污染物浓度的相对贡献。当我们对某个地区的污染源排放情况了解得不多,对研究范围内某些具体的部分不十分关心,而希望掌握研究地区污染物浓度的整体变化情况时,可以选用盒子模式进行模拟。

用盒子模式考虑所示的区域,盒子底的面积是$\Delta x \Delta y$,盒子高是混合层的高度H(在一天中随着大气混合状态的发展变化而变化)。假设污染物i的源排放强度是Q_i(kg/h),在大气中的去除速率是S_i(kg/h),大气化学反应生成速率是R_i(kg/m³/h),盒子内部的浓度是C_i,盒子外面的背景浓度是C_i^0,风速为u,风向稳定。

根据质量守恒的原则,同时假设盒子高度H不变,可以建立下面的方程:

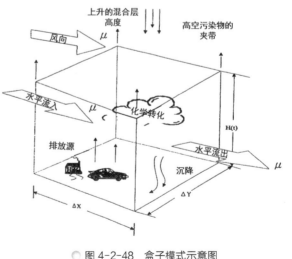

○ 图 4-2-48 盒子模式示意图

$$\frac{d}{dt}(C_i \Delta x \Delta y H) = Q_i + R_i \Delta x \Delta y H - S_i + uH \Delta y (C_i^0 - C_i)$$

方程两边同时除以 $\Delta x \Delta y H$，得到：

$$\frac{dC_i}{dt} = \frac{Q_i}{H} + R_i - \frac{S_i}{H} + \frac{u}{\Delta x}(C_i^0 - C_i)$$

式中，Q_i 和 S_i 分别是污染物 i 单位面积的排放速率和去除速率($\mathrm{kg/m^2/h}$)。如果去除是由干沉降引起的，且污染物 i 的干沉降速率是 $v_{d,i}$，则 $S_i = v_{d,i}C_i$，于是：

$$\frac{dC_i}{dt} = \frac{Q_i}{H} + R_i - \frac{v_{d,i}C_i}{H} + \frac{u}{\Delta x}(C_i^0 - C_i)$$

由于混合层的高度 $H(t)$ 在一天中随着大气混合状态的发展变化而变化。混合层高度降低，使得盒子内部的部分空气到达盒子外部，对混合层内部的污染物浓度没有直接影响，但由于盒子体积的减小，会使得源、汇等过程的作用增大。混合层高度升高，盒子上边界以外的空气进入盒子内部，由于混合层上、下的污染物浓度往往不同，会对盒子内部浓度产生影响。一般而言，混合层以上的浓度低于下面的浓度，混合层升高大多会对盒子内部的污染物产生稀释的作用。

若考虑混合层升高对盒子模式污染物浓度的影响，假设在某个时刻，盒子的高度为 H，物种 i 的浓度为 C_i，高空的浓度为 C_i^a；经过 Δt 后，盒子的高度增加到 $H + \Delta H$，物种 i 的浓度变为 $C_i + \Delta C_i$。

根据物种 i 的质量守恒，有：

$$(C_i + \Delta C_i)(H + \Delta H) = C_i H + C_i^a \Delta H$$

忽略二阶项 $\Delta C_i \Delta H$ 后，简化为：

$$H \Delta C_i = (C_i - C_i^a) \Delta H$$

除以 Δt 后，并将 $\Delta t \rightarrow 0$，则：

$$\frac{d}{dt}(C_i) = \frac{C_i^a - C_i}{H(t)} \frac{dH}{dt}$$

综上，盒子模式的基本方程为：

$$\frac{dC_i}{dt} = \frac{Q_i}{H} + R_i - \frac{v_{d,i}C_i}{H} + \frac{u}{\Delta x}(C_i^0 - C_i) + \frac{C_i^a - C_i}{H(t)} \frac{dH}{dt}$$

在盒子模式的基本方程中：

$$\frac{dC_i}{dt} = \frac{Q_i}{H} + R_i - \frac{v_{d,i}C_i}{H} + \frac{u}{\Delta x}(C_i^0 - C_i) + \frac{C_i^a - C_i}{H(t)} \frac{dH}{dt}$$

等式左边为物种浓度随时间发生的变化；等式右边第二项为化学反应过程的变化，通过碳键机理（CBM－IV）计算；等式右边第三项为物种i的干沉降过程；等式右边第五项为混合层抬升对物种的稀释作用。

以上四项对于实测物种来说都为已知量，因此定义$\dfrac{Q_i}{H}+\dfrac{u}{\Delta x}(C_i^0-C_i)$为物种$i$的源效应，记为$S_i$，其物理意义是物种$i$的局地变化与传输通量的加和，则：

$$S_i=\frac{\mathrm{d}C_i}{\mathrm{d}t}-\left(R_i-\frac{v_{d,i}C_i}{H}+\frac{C_i^a-C_i}{H(t)}\frac{\mathrm{d}H}{\mathrm{d}t}\right)$$

因此，OBM 模型的第一步就是假设盒子模型内污染物充分混合，在部分物种（如 O_3、CO、NO_x、VOCs）实测逐时浓度数据的约束下，模拟大气污染过程，计算未观测物种（如自由基）的浓度随时间发生的变化，反推 NO_x 和 VOCs 的源效应；第二步，假设源效应的削减，重新计算物种浓度随时间发生的变化，看臭氧生成潜势结果有何差异，计算不同臭氧前体物的相对增量反应活性，是指在给定气团下，加入或去除单位特定前体物（VOCs 或 NO_x）所产生的臭氧生成速率或者浓度的变化与基准状况下的比值。定量（10%）减少的前体物（NO_x 或 VOCs），并计算 $P(O_3)$ 的相对变化量，从而得到相对增量反应活性，如下式所示，进而分析臭氧的生成机制及其对 NO_x 和 VOCs 的敏感性。

$$RIR(X)=\frac{\left[P(O_3)_x-P(O_3)_{x-\mathrm{d}x}\right]/P(O_3)_x}{\dfrac{\mathrm{d}x}{x}}$$

二、相对增量反应活性（RIR）

基于江苏省 13 地市的 VOCs 数据以及同步的常规数据和气象数据，本节通过 OBM 模型计算各组分的相对增量反应活性（RIR），从而筛选出对臭氧生成的关键 VOCs 组分。在本项目中，对各类前体物的源效应进行 10% 的削减，计算了对臭氧生成有重要贡献的前体物包括人为源 VOCs（AHC）、天然源 VOCs（NHC）、氮氧化物（NO_x）以及一氧化碳（CO）的 RIR，结果反映了 2021 年 4—5 月各市臭氧光化学生成控制因素的总体特征，计算结果如图 4-2-49 所示。

具体控制区的判断依据如下表所示：

表 4-2-3　基于 RIR 的控制区判断依据

$RIR(NO_x)<0$	强 VOCs 控制区
$0<RIR(NO_x)/RIR(AHC)<0.5$	VOCs 控制区
$0.5<RIR(NO_x)/RIR(AHC)<0.5$	协同控制区
$RIR(NO_x)/RIR(AHC)>2$	NO_x 控制区

从图中可以看出，南京、苏州、常州、南通、无锡、泰州、扬州、镇江及连云港人为源 VOCs（AHC）的 *RIR* 均最高，其中南京、南通和镇江天然源（NHC）次之，且 NO_x 的 *RIR* 均小于 0，表明削减人为源 VOCs 会导致臭氧浓度快速下降，削减 NO_x 反而会导致臭氧生成潜势升高，说明南京、苏州、常州、南通、无锡、泰州、扬州、镇江及连云港 2021 年 4 月—5 月臭氧超标日属于臭氧生成的"强 VOCs 控制区"，即控制 VOCs 的浓度会使臭氧浓度有效下降；宿迁和徐州则是天然源 VOCs（NHC）的 *RIR* 最高，其次是人为源 VOCs（AHC），且 NO_x 的 *RIR* 均小于 0，表明宿迁和徐州处于臭氧生成的强 VOCs 控制区；盐城和淮安 NO_x 的 *RIR* 接近于 0，同时人为源 VOCs（AHC）和天然源 VOCs（NHC）的 *RIR* 均较低，表明盐城和淮安处于臭氧生成的协同控制区。

总的来说，江苏省南京、苏州、常州、南通、无锡、泰州、扬州、镇江、宿迁、徐州及连云港的臭氧生成处于强 VOCs 控制区，控制人为源 VOCs（AHC）对降低臭氧浓度最为有效，同时南京、南通、宿迁和徐州天然源 VOCs（NHC）的 *RIR* 明显高于其他城市，表明南京、南通、宿迁和徐州存在相对较高的天然源对臭氧的贡献，处于强 VOCs 控制区。盐城和淮安处于臭氧生成的协同控制区，须协同管控人为源 VOCs（AHC）及 NO_x。

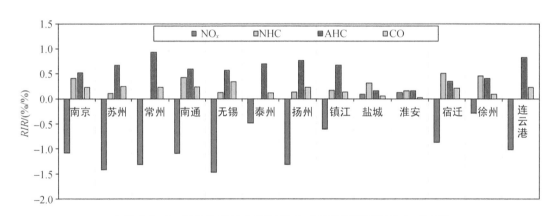

图 4-2-49　江苏省 13 地市 2021 年 4—5 月臭氧超标天 VOCs 的 *RIR*

表 4-2-4　江苏省 13 地市 2021 年 4—5 月臭氧超标天控制区类型

城市	控制区类型	城市	控制区类型
南京	强 VOC 控制区	镇江	强 VOC 控制区
苏州	强 VOC 控制区	盐城	协同控制区
常州	强 VOC 控制区	淮安	协同控制区
南通	强 VOC 控制区	宿迁	强 VOC 控制区
无锡	强 VOC 控制区	徐州	强 VOC 控制区
泰州	强 VOC 控制区	连云港	强 VOC 控制区
扬州	强 VOC 控制区		

三、EKMA 曲线

近地面大气中的臭氧是典型的二次污染物，主要来自光化学反应的生成。控制近地面臭氧的关键须明确本地臭氧生成的主控因子，亦称臭氧生成的敏感性，即臭氧生成与其前体物 VOCs 和 NO$_x$ 之间的非线性关系。臭氧敏感性一般可由 VOCs 控制区、NO$_x$ 控制区和协同控制区进行描述，而目前相对成熟且运用较为广泛的一种判定方法为臭氧等浓度曲线法（Empirical Kinetics Modeling Approach，EKMA）。

江苏省各市 2021 年 4—5 月臭氧超标天 EKMA 曲线如图 4-2-50 所示，以右上角顶点作为目标城市所在点，南京、苏州、常州、南通、无锡、泰州、扬州、镇江、宿迁、徐州和连云港 4—5 月的臭氧生成均处于脊线上方，表明南京、苏州、常州、南通、无锡、扬州、镇江、宿迁、徐州和连云港 4—5 月处于臭氧生成的强 VOCs 控制区，即削减 VOCs 排放可以更有效地降低臭氧浓度；盐城和淮安 4—5 月的臭氧生成处于脊线附近，表示臭氧浓度同时受 VOCs 和 NO$_x$ 影响，处于协同控制区，即削减 VOCs 或 NO$_x$ 均能控制臭氧，前体物以一定比例进行削减，效果更好。

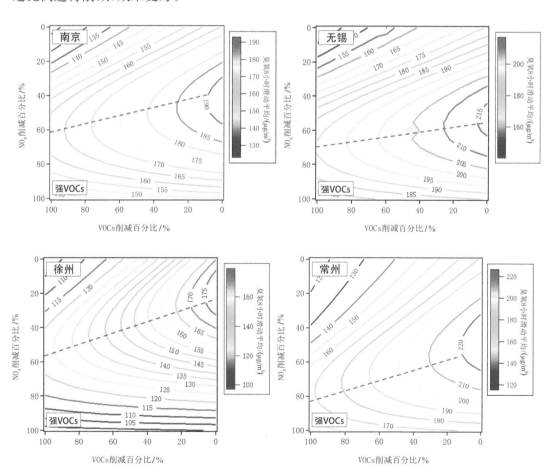

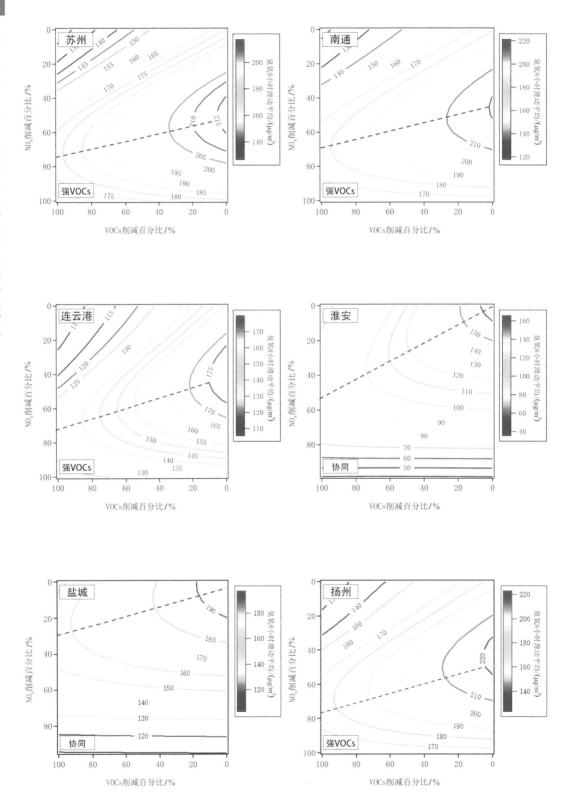

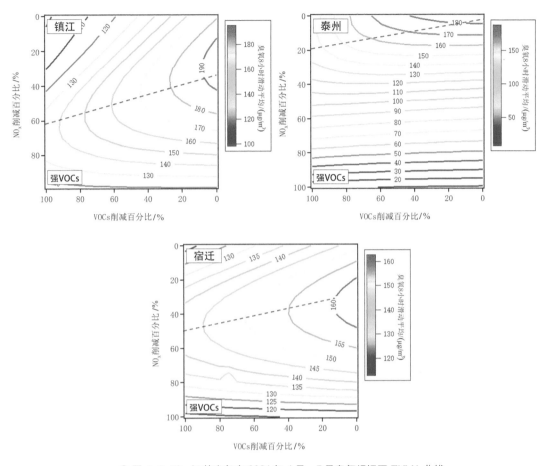

四、减排情景分析

从 EKMA 曲线的分析可知,江苏省 13 市主要处于臭氧生成的 VOCs 控制区和过渡区。为了进一步分析臭氧与前体物之间的关系,本章进一步设置了 5 种减排情景对臭氧超标日进行模拟,即:只削减 NO_x;只削减 AVOCs(即人为源 VOCs,以下简称 VOCs);VOCs 和 NO_x 减排比例分别为 1∶1,1∶3 和 3∶1。2021 年 4—5 月江苏省 13 市模拟结果如图所示,图中横坐标为 NO_x 和 VOCs(人为源 VOCs)削减百分比之和,纵坐标为不同削减比例下的臭氧日最大 8 小时滑动平均值,红色虚线为臭氧日最大 8 小时滑动平均值下降 10% 所对应的浓度。

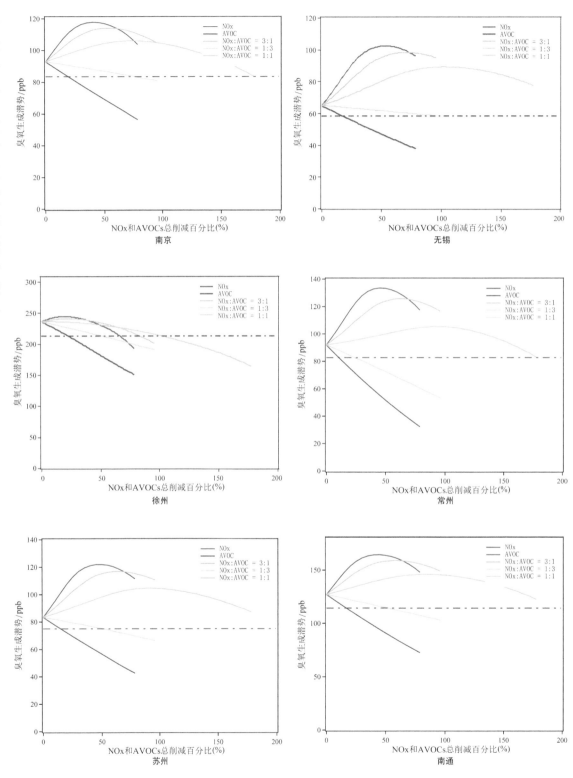

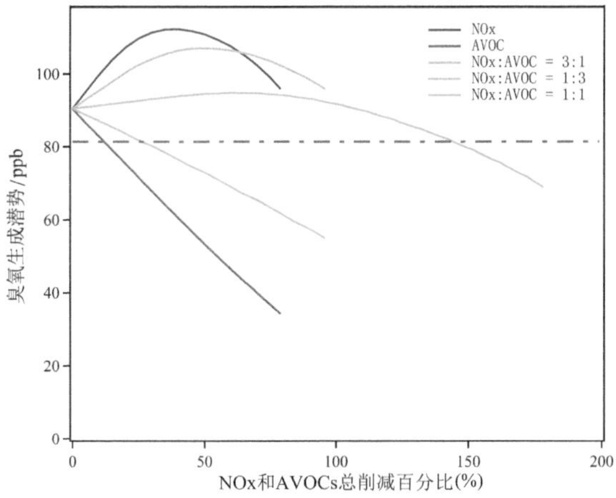

连云港

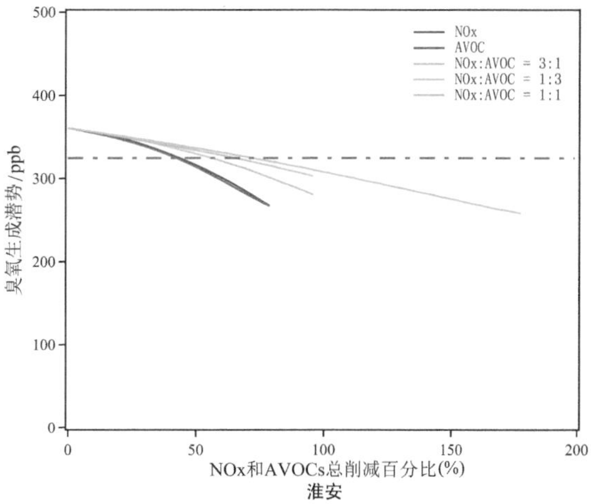

淮安

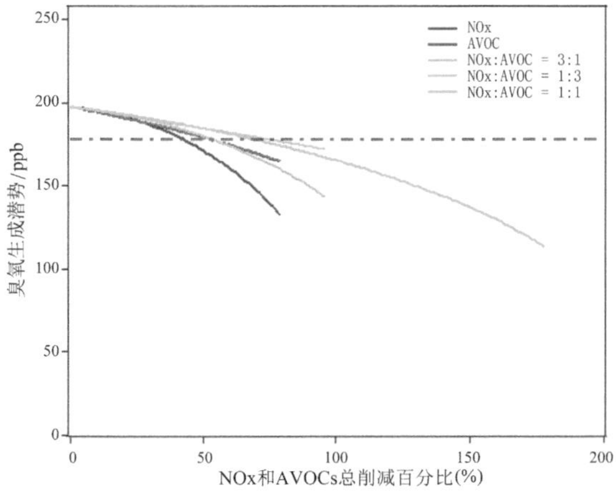

盐城

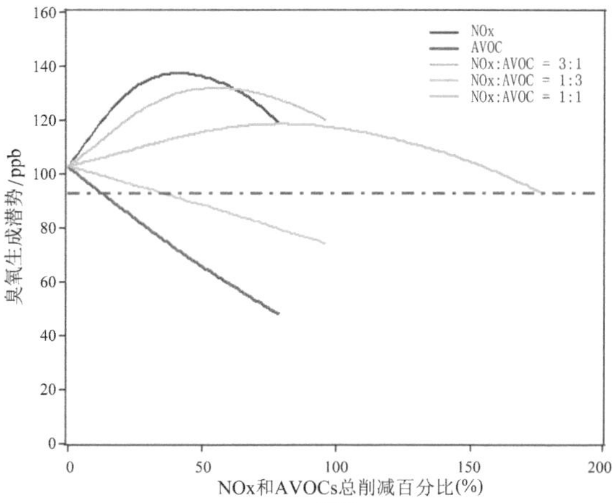

扬州

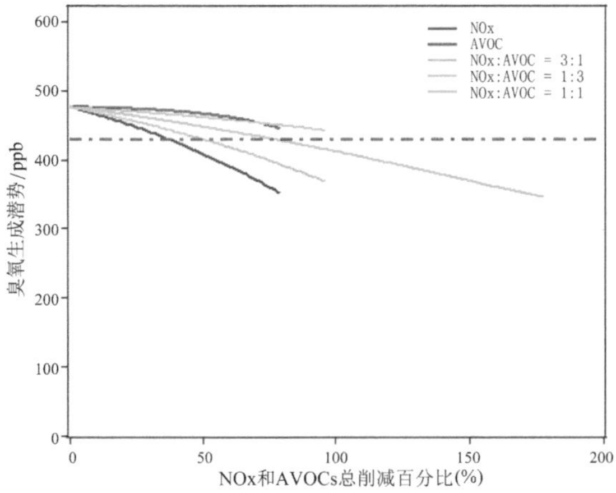

泰州

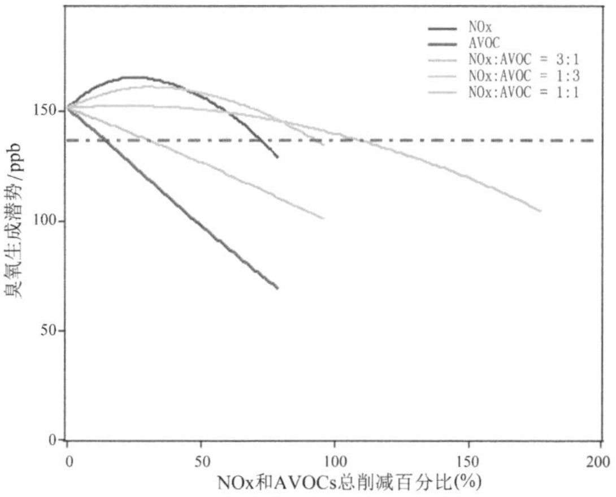

镇江

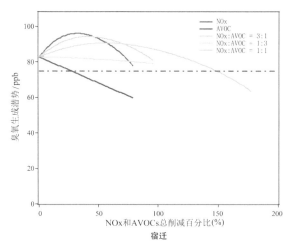

图 4-2-51　江苏省各市 2021 年 4—5 月臭氧超标天 EKMA 曲线

图中可看出,南京、苏州、常州、南通、无锡、扬州、镇江、宿迁和连云港仅削减 VOCs(图中红色线)、NO$_x$ 和 VOCs 减排比例分别为 1∶3(图中浅蓝线)时,臭氧浓度都会出现不同程度的下降,其中各市均仅削减 VOCs(图中红线)臭氧浓度下降最快。泰州和徐州仅单独削减 VOCs、NO$_x$∶VOCs=1∶3 及 NO$_x$∶VOCs=1∶1(图中绿线)时,臭氧浓度都会出现不同程度的下降,其中均以仅削减 VOCs 时臭氧浓度下降最快,且降幅最大。盐城和淮安因处于协同控制区,因此各减排情景下,臭氧浓度都会出现不同程度的下降,其中盐城仅削减 NO$_x$ 时臭氧浓度下降最快,但 NO$_x$ 与 VOCs 按 1∶1 的比例进行削减臭氧下降的幅度最大;淮安仅削减 NO$_x$ 及仅削减 VOCs 时臭氧浓度下降最快,但 NO$_x$ 与 VOCs 按 1∶1 的比例进行削减臭氧下降的幅度最大。

综上,从管控角度来看,南京、苏州、常州、南通、无锡、泰州、扬州、镇江、宿迁、徐州和连云港仅削减 VOCs 可实现臭氧污染的持续改善。盐城和淮安仅削减 VOCs 和 NO$_x$∶VOCs=1∶1 时可实现臭氧污染的持续改善。

第五篇　预报篇

本篇围绕客观预报(主要包括数值模式、统计和人工智能预报)和主观预报(即人工预报,主要包括省、市两级人工预报)两类预报方法,系统介绍江苏省空气质量预报工作。

第一章

江苏省客观预报

客观预报是指不以预报人员的主观分析判断为转移,而是利用计算机对各种资料进行整理和分析,用数值计算或图表查算等方法,得出定量的、客观的、结论的预报方法。自2014年起,江苏省环境监测中心立足于江苏省生态文明建设和大气复合污染防治重大需求,针对大气复合污染预报关键技术,建立了一套多模式空气质量预报系统,系统包含了NAQPMS、CMAQ、CAMx、WRF-Chem 等4大主流模式以及集合预报;同时结合课题研究建设项目,不断探索统计预报和人工智能预报的创新领域。2017年和2023年分别对预报系统进行了升级,提升了预报时长和精度。

第一节 空气质量数值模式概述

空气质量数值预报方法以大气动力学理论为基础,在给定的气象场、源排放以及初始和边界条件下,通过一套复杂的偏微分方程组描述大气污染物在空气中的各种物理化学过程(输送、扩散、转化、沉降等),并利用计算机高速运算进行数值计算方法的求解,预报污染物浓度动态分布和变化趋势,提供高时空分辨率的污染物浓度区域分布。目前江苏省预报系统的水平分辨率为3 km,重点区域水平分辨率为1 km,时间分辨率为1 h,每天可提供未来10天空气质量六参数的预报产品。

一、WRF 气象模式

所有空气质量数值模式的运行都依赖于气象驱动场,江苏省的气象驱动场由美国环境预测中心(NCEP)、美国国家大气研究中心(NCAR)等科研机构和大学联合开发的新一代中尺度气象模式(Weather Research and Forecast,WRF)提供。WRF 气象模式的组成如下所示(图5-1-1),它能够方便、高效地在并行计算的平台上运行,可应用于几百米到几千公里尺度范围,应用领域广泛,包括理想化的动力学研究(如大涡模拟、对流、斜压波)、参数化研究、数据同化、业务天气预报、实时数值天气预报、模型耦合、教学等。

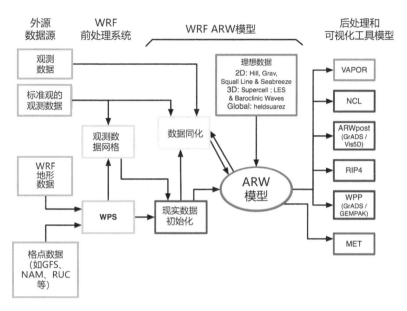

○ 图 5-1-1　WRF 系统的组成

　　当前中尺度气象模式采用美国环境预测中心（NCEP）的全球预报分析资料数据集（GFS）作为 WRF 模式运行的初始及边界条件。WRF 模式垂直方向上采用地形跟随质量坐标系。每个物理过程均有多个可选方案，通过前期研究对不同参数化方案模拟预报效果的对比分析，目前江苏省系统采用如下主要物理过程参数化方案，如下表 5-1-1 所示。

表 5-1-1　WRF 模式参数设置

模式物理过程	参数化方案选取
行星边界层	YSU 方案
近地层	MM5 similarity 方案
城市冠层	单层三类城市冠层方案
陆面过程	Noah 方案
云微物理	Lin 方案
积云对流	Grell 3D 方案
长波辐射	RRTM 方案
短波辐射	Goddard 短波辐射方案
数据同化	FDDA＋SFDDA
行星边界层	YSU 方案
近地层	MM5 similarity 方案
城市冠层	单层三类城市冠层方案
陆面过程	Noah 方案

二、CMAQ 数值模式预报

CMAQ(Community Multiscale Air Quality)模式是美国环保署于 20 世纪 90 年代中期开发的第三代空气质量模式,以"一个大气"为设计理念,将所有的大气问题(如对流层的臭氧、颗粒物、毒化物、酸沉降及能见度等)均考虑进模式之中,目前被广泛应用于空气质量预报、评估和决策研究等工作中。CMAQ 的主要技术流程见下图 5-1-2,首先用中尺度气象模式提供气象背景场(例如 WRF 气象模式得出的结果),然后使用气象-化学数据转化接口模块 MCIP 将输出的气象场提供给排放源模块(例如 SMOKE),排放源模块将源清单处理成 CMAQ 适用的逐时网格排放数据,最后气象场和排放数据共同用于化学模式 CMAQ 的模拟。ICON 和 BCON 分别向 CMAQ 提供化学物种的初始条件和边界条件。JPROC 模块提供不同高度、纬度和时角的光解率。CCTM 是 CMAQ 的核心模块,用于对主要的大气化学过程、输送和干湿沉降过程的模拟。

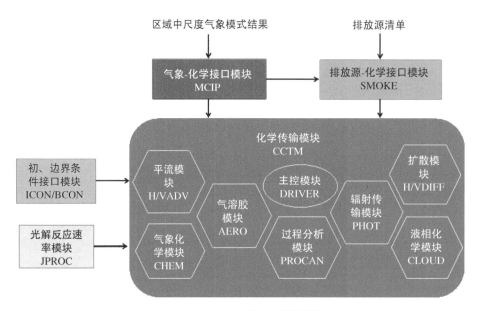

图 5-1-2　CMAQ 模拟主要技术流程

CMAQ 综合考虑了不同物种相互之间的影响和转化,可有效地进行各种大气污染浓度的预测和空气质量控制策略的全面评估。模式采用多重网格双向嵌套,主要考虑的物理化学过程有:气相化学过程、平流和扩散过程、云混合和液相化学反应过程、气溶胶过程、烟羽过程等 36 种化学反应物、93 种化学反应和 11 种光分解率。

三、NAQPMS 数值模式预报

嵌套网格空气质量预报模式系统(Nested Air Quality Prediction Model System,

NAQPMS)的设计是以我国当前计算硬件条件和业务水平为出发点,结合我国城市群大气复合污染的排放、输送、演变特点,综合评估多个有代表性的数值模式,通过各种分析筛选出合理反映中国区域大气复合污染特征、充分考虑多尺度相互作用和复杂排放源状况的模式表征,该系统设计出规范的区域空气质量模式及评估框架,确保所发展的技术及其软件程序代码具有国际水准的可靠度,同时兼容国内主要硬件平台。

NAQPMS 模式是以具有显著环境和气候效应的大气成分为主要研究对象的区域和城市尺度三维欧拉空气质量数值模式。该系统可模拟臭氧、氮氧化物、二氧化硫、一氧化碳等大气痕量气体以及沙尘、含碳气溶胶等大气气溶胶成分。NAQPMS 主要分成输入数据子系统、区域空气质量模式、模式产品 3 个组成部分,见图 5-1-3。

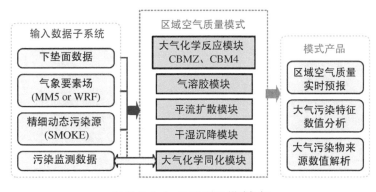

○ 图 5-1-3 NAQPMS 模式框架

NAQPMS 采用开放式气象驱动场,可利用 MM5、WRF 等中尺度气象模式输出的气象要素场作为模式的动力驱动。结合 SMOKE 模型实时输出的排放源,NAQPMS 可以对大气中主要化学成分的分布状况、输送态势、沉降特征进行数值模拟,从而使得模式系统能够合理反映大气化学成分在输送过程中的物理化学特性变化。

NAQPMS 模式中考虑了平流、扩散、气相化学、气溶胶化学、干沉降和湿沉降等核心过程,同时耦合了大气化学资料同化模块和污染源识别与追踪模块。平流输送模块结合模式网格空间结构守恒的特点采用通量输送守恒算法,涡旋湍流扩散模块则根据边界层层结特性引入了能够反映下垫面特征的扩散算子。气相化学模块提供了 CBM-Z 和 CBM-IV 两种气相化学反应机制。干沉降过程采用基于空气动力学原理的沉降速度阻抗系数算法,考虑了分子扩散、湍流混合、重力沉降过程对沉降速度的影响与贡献。湿沉降过程除考虑传统的降水清除作用外还计算了粒子吸湿增长过程造成的重力拖曳效应。

当前,中国的空气污染表现出复合性、区域性特征。以细颗粒物和臭氧为代表的二次污染物成为影响区域、城市空气质量的主要因素。与一次污染物不同,二次污染物涉及复杂的化学转化,如何在空气质量模式中合理表征二次污染物的各种转化过程,提高二次污染物的模拟准确性,这对模式的发展和改进是一个重要的挑战。为提高 NAQPMS 模式对细颗粒物和臭氧的模拟能力,近年来研究者们对 NAQPMS 模式做了多方面的改进,包括耦合气溶胶热力化学平衡模式 ISORROPIA、研发二次有机气溶胶(SOA)模块、耦合起沙模块、耦合紫外辐射传输模式、研发非均相化学模块等。

四、CAMx 数值模式预报

CAMx(Comprehensive Air quality Model with Extensions)模式是美国 ENVIRON 公司在 UAM-V 模式基础上开发的大气化学传输欧拉型数值模式,适用于城市到洲际尺度的多种气相与颗粒相的污染物的模拟,它以 WRF、MM5、RAMS 等中尺度模式提供的气象场作为驱动,模拟大气污染物的平流、扩散、沉降和化学反应过程,见图 5-1-4。

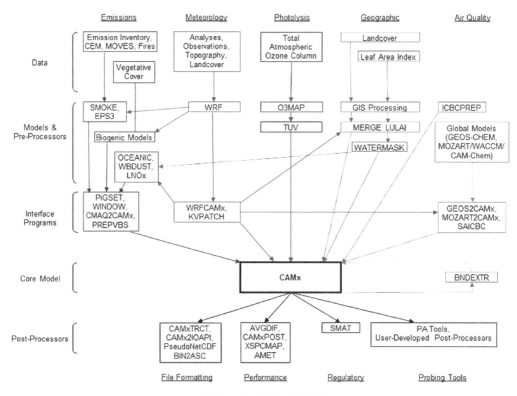

图 5-1-4　CAMx 模式框架

CAMx 模式包含 5 种化学反应机理,提供两种平流格式:Bott 格式和 PPM 格式,水平扩散系数计算采用 Smagorinsky 的方案,并用显式中心差分法来处理水平扩散过程。垂直的对流和扩散均采用 Crank-Nicholson 方法求解。气相化学机理采用改进的 CBM2-IV 机理,用 ENVIRON CMC 解法求解。干沉降作为垂直扩散的下边界条件来处理,湿沉降对气相、颗粒污染物在云中和云下的清除分别采用相应的模型进行处理。CAMx 采用多重嵌套网格技术,可以方便地模拟从城市尺度到区域尺度的大气污染过程。

五、WRF-Chem 数值模式预报

WRF-Chem 模式是由美国国家大气研究中心（NCAR）、美国国家海洋和大气管理局（NOAA）等研究机构及一些大学的科学家们共同参与研发的新一代中尺度模式系统。此系统能够方便、高效地在并行计算的平台上运行，可应用于几百米到几千公里尺度范围，应用领域广泛。大多数空气质量模型都会考虑传输、沉降、排放、化学变化、气溶胶作用、光解和辐射等物理和化学过程，但一般与气象模块分开处理。WRF-Chem 最大的特点便在于与气象模式完全"耦合"（即"在线"），即化学模块与其他各模块使用同一传输方案、同一格点、同一物理过程以及同一时间步长，不进行空间插值，见图 5-1-5。这样可以避免物理量在不同模式系统间转换而产生的误差。WRF-Chem 模式考虑输送（包括平流、扩散和对流过程）、干湿沉降、气相化学、气溶胶形成、辐射和光分解率、生物所产生的放射、气溶胶参数化和光解频率等过程，其中包括 36 个化学物种和 158 类化学反应，气溶胶模块中含有 34 个变量，包括一次和二次粒子（有机碳、无机碳和黑碳等）。在粗粒子设计方案中有 3 类：人为源粒子、海洋粒子和土壤尘粒子。该模式已被用于研究城市复合污染特征、气溶胶粒子、O_3 及其前体反应物（NO_x、VOCs 等）之间的化学反应机制等。

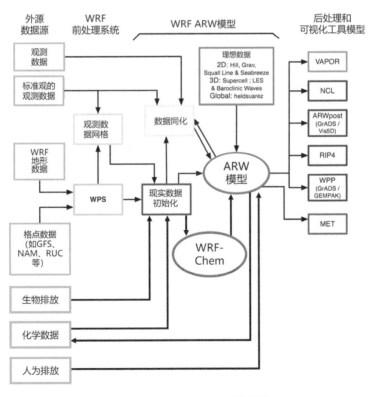

图 5-1-5　WRF-Chem 模式框架

六、集合预报

国内经验证明,同时运行多种预报模型,将上述多模型的优点结合起来得到一套统一的集合预报结果,可有效降低单模式预报的不确定性,从而增加预报的准确率。在环境空气质量数值预报中,数值模式的基础输入数据(气象场、排放源、下垫面资料等)、理化参数方案(平流扩散过程、干湿沉降过程、多相态化学过程、气溶胶理化过程等)和数值计算方法(偏微分方程求解等)中均可能在不同程度上引入不确定性,导致单一模式预报不可避免地存在不确定误差。研究表明,引入基于数学统计方法的集合预报技术一定程度内可以有效改进模式预报效果,提高预报性能。集合预报技术在气象、海洋等业务预报领域的应用已较为普遍,为环境空气质量数值预报提供了可借鉴的经验。

对空气质量预报来说,排放源、气象场等输入数据的不确定性对其具有非常重要的影响,将输入数据的不确定性考虑进来能大大提高集合预报的性能,见图 5-1-6。集合预报技术主要基于复杂的三维环境空气质量数值模式,考虑模式在输入数据、理化参数和数值计算上的不确定性,基于海量模式和观测历史数据集,考虑多模式、多污染物预报误差的历史时间和空间变化特征,采用统计算法计算得到优化后的确定性预报结果,为环境空气质量预报预警和污染控制决策支持提供更为准确的预报信息。

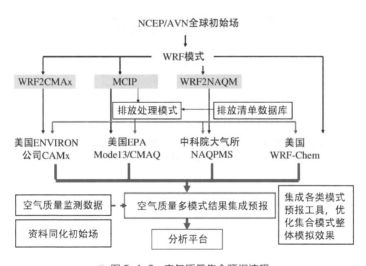

○ 图 5-1-6 空气质量集合预报流程

第二节　空气质量数值模式调优与评估

2019—2022 年,江苏省环境监测中心承担了"江苏省 PM$_{2.5}$ 与臭氧污染协同控制重大专项"中的课题 5"臭氧和 $PM_{2.5}$ 预测预报技术研究",通过对历史臭氧和 $PM_{2.5}$ 过程的多模式预报模拟比对,发现了模式不足和改进方向,开展参数化方案测试及验证,优化升级数值预报模式及多模式集合预报,提升了臭氧和 $PM_{2.5}$ 预报准确率。本节针对课题研究成果,介绍空气质量数值模式调优的几种方法。

一、气象模式优化

(一) 下垫面参数优化

随着中国近几十年的快速经济发展以及快速的城市化进程,气象模式自带的 20 世纪 90 年代中期的全球地表覆盖遥感产品,已经无法表征江苏省当前的地表覆盖状况,由于城市的分布,可影响地表的热量、动量以及能量交换,从而严重影响边界层内的气象特征的表征。因而,使用默认的地表覆盖数据,将会严重影响气象场的模拟结果。鉴于此,使用最新的 MODIS 遥感数据替换 WRF 模式中较为陈旧的地表下垫面数据(包括地形条件、城市分布情况、植被分布状况等),可实现地表覆盖的本地化,优化 WRF 数值模式,重点提升江苏省及周边地区的温度场、风场、边界层结构、降水等气象条件的模拟效果。通过模拟实验,明显改善模式对近地面气象特征的模拟效果,提高模式的模拟准确度。

图 5-1-7 给出了 WRF 模式江苏省的地表覆盖数据本地化的结果。下图(左)中只能看到南京、苏州、徐州的城市位置,且范围都很小,其他地区基本看不到城市分布,这明显是不合理的。下图(右)给出了替换最新地表覆盖数据以后的城市分布情况,可以明显看出南京、无锡、苏州、徐州等中心城市带,以盐城、南通等沿海城市带,这跟目前的实际情况是比较一致的。

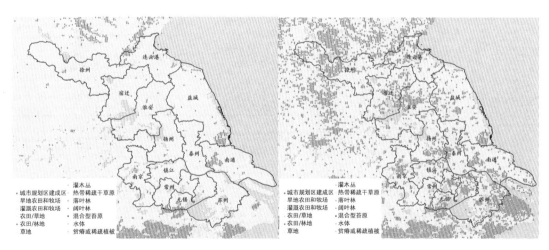

● 图 5-1-7　江苏省地表覆盖数据优化结果

(左)模式中默认的城市分布;(右)使用最新地表覆盖数据以后的城市分布

用不同地表覆盖数据对江苏省边界层气象特征模拟的影响做了实验。模拟时段为2020年10月1日到10月7日。图5-1-8分别给出了模拟的江苏省范围内地表覆盖数据对近地面2 m高度温度、2 m高度相对湿度、10 m高度风速、边界层高度的影响。当使用新的地表覆盖数据以后,模拟的城市地区的2 m高度温度明显升高,特别是南京、无锡、苏州这种大型城市地区,城市地区影响温度可以在1℃左右,而在沿海地区,模拟的2 m高度温度有所下降。城市地区2 m高度相对湿度明显降低,沿海地区模拟的2 m高度相对湿度有所上升。大型城市地区的中心地带10 m高度风速有明显的降低,最高可以下降0.9 m/s,总体风速持平。同时,城市地区边界层高度也有一定的增加,沿海地区有所下降。

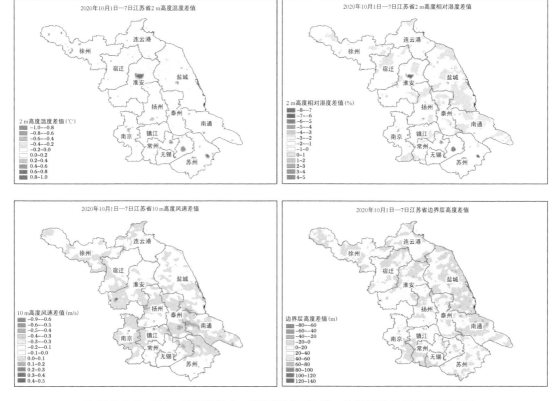

图5-1-8　对2 m高度温度、2 m高度相对湿度、10 m高度风速、边界层高度的影响
(新的地表覆盖结果-默认的地表覆盖模拟结果)

图5-1-9(上)给出了利用不同地表覆盖数据模拟的南京地区2 m高度温度和观测结果的比较。可以看出,地表覆盖数据对2 m高度温度的影响主要是在夜间(温度明显升高),而白天的影响较低(略有升高)。在夜间,使用默认地表覆盖数据模拟的温度明显较使用新的地表覆盖数据模拟的温度低很多,最高差异可在3℃以上,与观测温度比较,白天模拟的温度都跟观测较为接近,而在夜间,使用默认地表覆盖数据的模拟结果明显低于观测,而使用新的地表覆盖数据模拟的温度则跟实测的基本接近。图5-1-9(下)给出了利用

不同地表覆盖数据模拟的南京地区 2 m 高度相对湿度和观测结果的比较。可以看出,各个时刻模拟的相对湿度,使用默认地表覆盖数据的模拟结果明显都要高于使用新的覆盖数据的结果,在夜间尤其明显,夜间最大差异可在 15％以上。与观测结果比较,使用新的地表覆盖数据的模拟结果也跟实测非常接近,而默认的结果则与实测结果有较大偏差。可以看出,使用新的地表覆盖数据以后,WRF 模式对近地面气象特征的模拟结果明显改善。

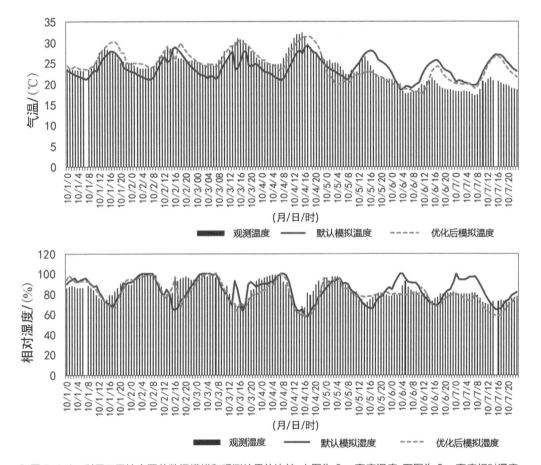

○ 图 5-1-9　利用不同地表覆盖数据模拟和观测结果的比较,上图为 2 m 高度温度;下图为 2 m 高度相对湿度

(二) 气象参数化方案本地化

结合气象观测资料,重点针对江苏省及周边地区的温度场、风场、边界层结构、降水等气象条件,开展 WRF 气象模式版本和参数方案优化测试试验方案设计。

针对江苏及周边地区选取个例(冬、夏各一个),快速开展了 10 组参数化方案组合测试,通过简单评估这 10 组测试方案的各气象要素预报效果,筛选出 3 套较优的参数化方案组合用于江苏及周边地区精细化的案例测试及结果评估工作,见表 5-1-2。

表 5-1-2　参数化方案组合设置

参数名称	Case1	Case2	Case3
sf_sfclay_physics	MM5 相似(1)	Eta 相似(2)	MM5 相似(1)
bl_pbl_physics	YSU(1)	MYJ(2)	YSU(1)
cu_physics	KF(1,1)	Tiedtke scheme(6,0)	KF(1,0)
mp_physics	Thompson(8)	Thompson(8)	WDM 5(14)
ra_lw_physics	RRTMG 方案(4)	RRTMG 方案(4)	RRTMG 方案(4)
ra_sw_physics	RRTMG 方案(4)	RRTMG 方案(4)	RRTMG 方案(4)
sf_surface_physics	Noah 方案(2)	Noah 方案(2)	Noah 方案(2)
sf_urban_physics	0	0	0

气象要素变化表现为典型的年循环特征,为全面了解各组试验对江苏气象条件的模拟能力,同时兼顾计算资源的限制,各组试验模拟时间分为冬、夏两段,分别为 2019 年 1 月 1 日至 2019 年 1 月 31 日和 2019 年 7 月 1 日至 2019 年 7 月 31 日。本次评估的气象要素包括 2 m 气温、地表降水、10 m 风。评估的基准数据采用江苏省的站点气象观测资料和 FNL 再分析数据集。

在统计中,用到的统计指标包括相关系数(R),和均方根误差($RMSE$)和平均偏差(MB),评估的时间分辨率为天。在计算统计指标时,分为时间和空间两个纬度,例如对于 R 而言,可以计算在一个时刻,模拟的数据和观测数据在空间上的相似性(例如空间相关系数),也可以计算每个网格在时间上的相似性(例如时间相关系数)。

1. 2 m 气温评估

表 5-1-3 给出了三组试验模拟的 2 m 气温相对于站点观测数据的统计指标结果,从 1 月的统计指标可见,三组试验的 2 m 气温模拟结果与站点观测的空间相似度较高,其空间相关系数均达到 0.8 左右,时间相关系数均达到 0.75,都能较好地模拟出冬季 2 m 气温的日变化趋势;空间和时间均方根误差基本一致,偏差小于 0.1;空间和时间平均偏差结果差异也较小(在 0.2 左右)。总体上看,对于冬季而言,case1 对江苏冬季 2 m 气温的模拟效果最好,case3 次之。

表 5-1-3　各组试验模拟的 2 m 气温相对于站点观测的统计指标

时间	维度	空间			时间		
	指标	R	$RMSE$	MB	R	$RMSE$	MB
1 月	case1	0.83	1.48	−0.55	0.76	1.56	−0.55
	case2	0.79	1.49	−0.42	0.75	1.51	−0.42
	case3	0.84	1.49	−0.65	0.78	1.58	−0.65

时间	维度	空间			时间		
	指标	*R*	*RMSE*	*MB*	*R*	*RMSE*	*MB*
7月	case1	0.62	1.14	−0.09	0.92	1.2	−0.09
	case2	0.47	1.65	−0.97	0.91	1.75	−0.97
	case3	0.59	1.14	−0.13	0.92	1.2	−0.13

从 7 月的统计指标来看,case1 模拟结果与站点观测值的空间、时间的相关性最好,其模拟结果与站点观测的空间相似度最高,且对 2 m 气温的趋势模拟也最好;从空间、时间均方根误差和平均偏差结果看,case1 模拟结果的离散程度最低,其模拟效果最稳定。总体上看,case1 对江苏夏季(7 月)2 m 气温的模拟效果最好,case3 次之。

图 5-1-10 至图 5-1-12 分别给出了三组试验模拟的 2 m 气温相对于站点观测的时间相关系数、均方根误差和标准偏差的空间分布特征,三组试验的相关系数空间分布基本一致,冬季(1 月)对江苏东部和中部的 2 m 气温趋势模拟较好,对江苏西部的趋势模拟效果相对较差,其相关系数低于 0.7,夏季(7 月)对江苏 2 m 气温趋势模拟较好,相关系数均达到 0.9 以上。

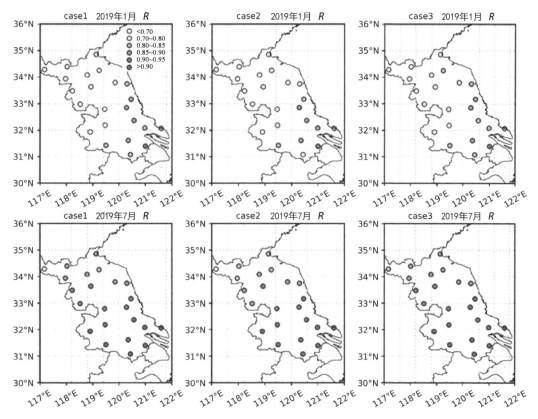

● 图 5-1-10　各组试验模拟的 2 m 气温相对于站点观测的时间相关系数的空间分布特征

第五篇　预报篇

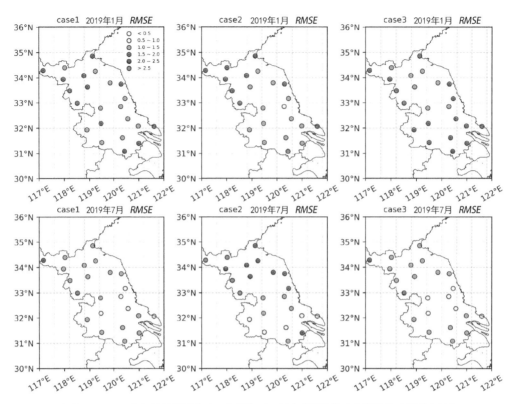

图 5-1-11　各组试验模拟的 2 m 气温相对于站点观测的均方根误差的空间分布特征

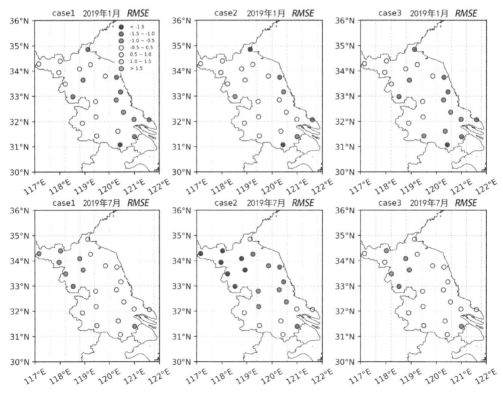

图 5-1-12　各组试验模拟的 2 m 气温相对于站点观测的标准偏差的空间分布特征

三组试验的均方根误差分布基本一致,模态基本与相关系数的分布特性相反,冬、夏季在苏北和苏南地区的均方根误差相对苏中地区偏大,其中 case2 在苏北地区表现相对较差;同时,三组试验的偏差分布基本类似,其中 case2 夏季的平均偏差相对其他两组试验较大。

图 5-1-13 给出了三组试验模拟和观测的南京和南通 2019 年 1 月和 7 月的 2 m 气温日报时间变化曲线图。总体上看,三组试验对两市冬、夏季的 2 m 气温模拟效果差异不大,均能较好地模拟出 2 m 气温的趋势变化,且模拟值与观测值偏差较小。

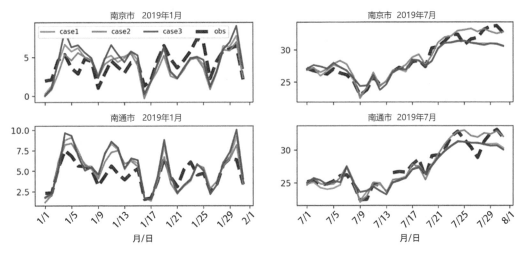

○ 图 5-1-13　各组试验模拟和观测的南京和南通的 2 m 气温

综合以上图表分析结果可知,三组试验对江苏冬、夏季 2 m 气温的模拟结果差异不大,模拟效果均较好,其中 case1 对江苏冬、夏季 2 m 气温的模拟效果最优,case3 次之。

2. 降水量

表 5-1-4 给出了三组试验模拟的降水相对于站点观测的空间和时间具体统计指标结果,从 1 月的统计指标看,case2 模拟结果与站点观测值的空间、时间的相关性最好(时间相关系数达到 0.94),且空间、时间的均方根误差和偏差也相对较小。总体上看,对于冬季而言,case2 对江苏降水的模拟效果最优,case1 模拟效果次之。

表 5-1-4　各组试验模拟的降水相对于站点观测的统计指标

时间	维度	空间			时间		
	指标	*R*	*RMSE*	*MB*	*R*	*RMSE*	*MB*
	case1	0.63	0.04	−0.02	0.94	0.06	−0.02
1 月	case2	0.72	0.04	−0.03	0.94	0.07	−0.03
	case3	0.57	0.04	0.01	0.92	0.07	0.01

时间	维度	空间			时间		
	指标	*R*	*RMSE*	*MB*	*R*	*RMSE*	*MB*
7月	case1	0.27	0.48	0.17	0.38	0.62	0.17
	case2	0.3	0.37	−0.14	0.41	0.49	−0.14
	case3	0.28	0.49	0.16	0.35	0.63	0.16

从 7 月的统计指标看,三组试验对降水整体模拟效果一般(时间相关系数只有 0.3~0.4),其中 case2 模拟结果与站点观测值的空间、时间的相关性最好,且时、空的均方根误差和平均偏差都比其他两组试验更小。因此,与冬季一致,case2 对江苏夏季降水的模拟效果最优,case1 次之。

图 5-1-14 至图 5-1-16 分别给出了三组试验模拟的降水相对于站点观测的时间相关系数、均方根误差和标准偏差的空间分布特征,三组试验对江苏冬季(1 月)的降水趋势模拟效果较好,相关系数均达到 0.9 以上;夏季(7 月)相关系数空间分布基本一致,其中苏北、苏中地区部分站点相关系数达到 0.5 以上,其余站点相关系数均为 0.5 以下。

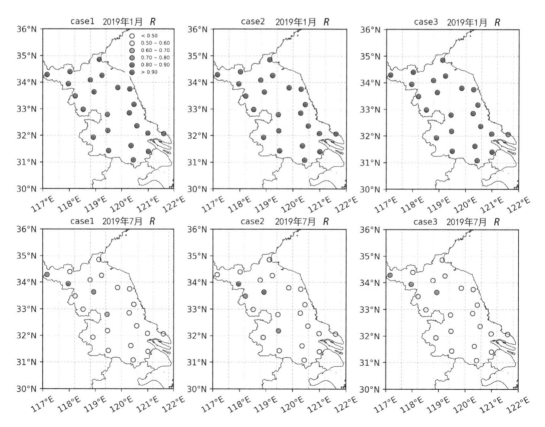

图 5-1-14　各组试验模拟的降水相对于站点观测的时间相关系数的空间分布特征

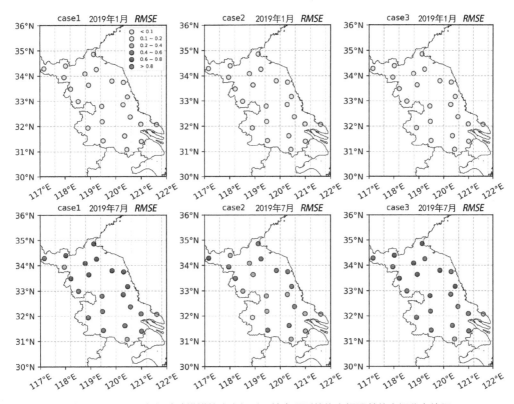

● 图 5-1-15　各组试验模拟的降水相对于站点观测的均方根误差的空间分布特征

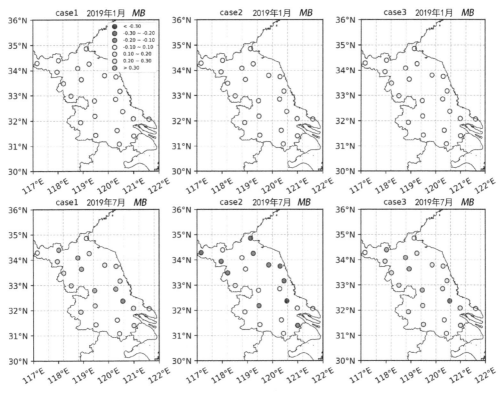

● 图 5-1-16　各组试验模拟的降水相对于站点观测的偏差的空间分布特征

三组试验均方根误差的空间分布基本一致,冬季均在 0.1 以下,夏季均达到 0.5 以上;同时,三组试验偏差分布基本一致,冬季均在 ±0.1 以内,夏季均在 ±0.2 以内。

图 5-1-17 给出了三组试验模拟和观测的南京和南通 2019 年 1 月和 7 月的降水日报时间变化曲线图。总体上看,各试验对两市 1 月降水的趋势模拟效果较好,且偏差不大;对两市 7 月降水的趋势模拟一般,且偏差相对较大。

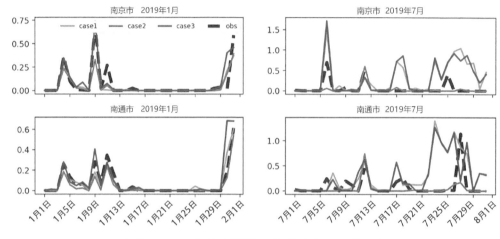

图 5-1-17 各组试验模拟和观测的南京和南通的降水

综合以上图表分析结果可知,三组试验对江苏冬、夏季降水的模拟结果差异不大,总体看对冬季降水的模拟效果较好,对夏季降水的模拟效果一般,其中 case2 对江苏冬、夏季降水的模拟效果最优,case1 次之。

3. 10 m 风

表 5-1-5 给出了三组试验模拟的 10 m 纬向风(U)相对 FNL 的统计指标,从 1 月和 7 月的统计指标看,三组试验对 10 m 纬向风(U)的模拟结果差异不大,三组试验的空间相关系数均达到 0.9 左右,时间相关系数均达到 0.8,对 10 m 经纬向风(U)趋势模拟较好,结合均方根误差和平均偏差结果,case1 和 case3 的模拟效果较好,case2 表现相对较差。

表 5-1-5 各组试验模拟的 10 m 纬向风(U)相对 FNL 的统计指标

时间	维度	空间			时间		
	指标	*R*	*RMSE*	*MB*	*R*	*RMSE*	*MB*
1 月	case1	0.91	1.77	0.19	0.80	1.43	0.19
	case2	0.91	1.87	0.29	0.80	1.50	0.29
	case3	0.91	1.76	0.18	0.80	1.43	0.18
7 月	case1	0.90	1.39	0.07	0.82	1.21	0.07
	case2	0.88	1.57	0.18	0.82	1.35	0.18
	case3	0.90	1.38	0.07	0.82	1.21	0.07

表 5-1-6 给出了三组试验模拟的 10 m 经向风(V)相对 FNL 的统计指标,从 1 月和 7 月的统计指标看,三组试验对 10 m 经向风(V)的模拟结果差异不大,其中 case1 和 case3 与 FNL 的相关性一致较好(空间相关系数达到 0.9,时间相关系数达到 0.81),结合均方根误差和平均偏差结果,case3 模拟效果最优,case1 次之,case2 表现相对较差。

表 5-1-6 各组试验模拟的 10 m 经向风(V)相对 FNL 的统计指标

| 时间 | 维度 | 空间 | | | 时间 | | |
	指标	R	RMSE	MB	R	RMSE	MB
1 月	case1	0.90	1.67	−0.17	0.81	1.36	−0.17
	case2	0.88	1.80	−0.13	0.82	1.47	−0.13
	case3	0.90	1.64	−0.15	0.82	1.32	−0.15
7 月	case1	0.90	1.40	0.19	0.81	1.20	0.19
	case2	0.89	1.51	0.17	0.81	1.30	0.17
	case3	0.90	1.39	0.19	0.81	1.20	0.19

通过三组试验模拟的 10 m 风相对 FNL 的偏差的空间分布特征,总体上看,三组试验偏差分布基本一致,冬、夏季 10 m 风速模拟结果均略有高估,其中冬季在西北地区偏差相对较大(偏差为 2~4 m/s),夏季在西南地区偏差相对较大(偏差为 2~3 m/s),而 case2 对冬、夏季 10 m 风模拟相对较差。

综合分析结果可知,三组试验对冬、夏季 10 m 风(经向风和纬向风)的模拟效果较好,且差异不大,相对而言 case3 对 10 m 风的模拟效果最优,case1 次之,case2 模拟效果相对较差。

二、化学机制优化

(一)氯化学

通常来讲,中国常规空气污染物排放清单仅包括常见的化学种类,如 SO_2、NO_x、挥发性有机物(VOCs)、$PM_{2.5}$、PM_{10}、氨、BC 和 OC,并不包括含氯化合物的排放。从 2014 年开始,已经有学者发现氯排放对于研究大气中氯化学机制的重要意义,并开发了针对燃煤、生物质燃烧和垃圾焚烧排放无机氯化氢(盐酸)和含氯微粒(PCl)的排放清单。然而,此时气体氯的排放和来自烹饪源的 PCl 的排放还未包括在目前的氯排放清单内。随后,Qiu 等人开发了一个包括盐酸、氯气和 PCl 的新的活性氯物种排放清单,并强调了在 CMAQ 模型中若没有加入适当的氯化学机制则可能会造成显著低估白天硝酸盐的浓度、高估夜间硝酸盐的浓度的可能性。因此,本研究参考 Qiu 等人的研究成果,在 CMAQ 模型中加入了有关氯排放的新算法,并增加了气相和颗粒相中的氯化学机制。

1. 增加了氯排放因子计算法

本研究采用排放因子法计算了煤燃烧、生物质燃烧、城市生活垃圾焚烧和工业过程中

活性氯的排放量,如公式(1)所示:

$$E_{i,j} = A_i \times EF_{i,j} \qquad 公式(1)$$

其中 $E_{i,j}$ 为 i 区污染物 j 的排放因子,A 为活动数据,EF 为排放因子。PCl 的 EF 由 $EF_{i,PCl} = EF_{i,PM_{2.5}} \times f_{Cl,i}$ 表示,其中 $f_{Cl,i}$ 表示一次 $PM_{2.5}$ 中 PCl 的质量分数。

对于烹饪过程中产生的 PCl 的排放,使用公式(2)进行估算,其中包括商业烹饪和家庭烹饪的贡献,如下所示:

$$E_{PCl} = [N_f \times V_f \times H_f \times EF_{f,PCl} + V_c \times H_c \times N_c \times n \times EF_{c,PCl} \times (1-\eta)] \times 365 E_{PCl}$$
$$= [N_f \times V_f \times H_f \times EF_{f,PCl} + V_c \times H_c \times N_c \times n \times EF_{c,PCl} \times (1-\eta)] \times 365$$

$$公式(2)$$

其中 N_f 为住户数,V_f 为家用炉排出的废气量($2\,000\ \mathrm{m^3 \cdot h^{-1}}$),$H_f$ 是一个家庭的烹饪时间($0.5\ \mathrm{h \cdot d^{-1}}$),$EF_{f,PCl}$ 和 $EF_{c,PCl}$ 分别是用于家庭和商用烹饪的 PCl 的排放因子($\mathrm{kg \cdot m^{-3}}$),H_c 是商业烹饪设施中的烹饪时间($6\ \mathrm{h \cdot d^{-1}}$),$N_c$ 是餐厅、学校和政府部门的数量,V_c 是一个商用烹饪炉排出的废气量($8\,000\ \mathrm{m^3 \cdot h^{-1}}$),$n$ 是每个单元的炉子数量(一个餐厅有 6 个,每个学校每 150 个学生就有一个炉子),η 是油烟洗涤器的去除率(这里使用 30%)。

2. 增加了氯相关的非均相反应途径

在原有的 CMAQ v5.0.1 中对于非均相化学过程的描述还未包含有氯化学,如表 5-1-7 所示,其中的反应 R5 和 R10 是原有模型中关于 N_2O_5 和 NO_2 非均相反应的途径。然而,在本研究中使用了反应 R6 和 R11 替代原有的途径,增加了有关 $ClNO_2$ 产物的途径。在反应 R6 中,$ClNO_2$(Φ_{ClNO_2})的产率计算如下:

$$\Phi_{ClNO_2} = \left(1 + \frac{[H_2O]}{483 \times [Cl^-]}\right)^{-1} \qquad 公式(3)$$

其中 $[H_2O]$ 和 $[Cl^-]$ 分别是液态水和氯化物的摩尔分数($\mathrm{mol \cdot m^{-3}}$)。

此外,一些实验室的结果发现一些氧化剂(如 O_3 和 $\cdot OH$)和活性氯物种(如 $ClNO_2$、HOCl 和 $ClONO_2$)的非均相摄取能够发生在含氯颗粒物(CPs)中生成 Cl_2(如表 5-1-7 中的 R13～R18 所示),因此在 CMAQ 中也同样增加了该部分的反应途径。且有研究发现在 CPs 中 $ClNO_2$ 的非均相摄取的产物会受到颗粒物酸度的影响,在 pH 低于 2 的条件下生成 Cl_2,而在更高的 pH 条件则会产生硝酸根和氯。模型中涉及的非均相反应的反应速率为一级反应,气相物种浓度的变化率由公式(4)计算:

$$\frac{dC}{dt} = -\frac{1}{4}(v\gamma A)C = -k^1 C \qquad 公式(4)$$

表 5-1-7 CMAQ 模型原有与新增和修改后有关氯在气相和非均相中的反应途径对比

类型	反应	编号	参考文献	注释
原始 CMAQ				
气相化学	$OH+NO_2 \longrightarrow HNO_3$	R1		
	$N_2O_5+H_2O \longrightarrow 2HNO_3$	R7		
	$HO_2^*+NO_3 \longrightarrow 0.2HNO_3+0.8OH^*+0.8NO_2$	R8		
	$NO_3+VOC_s^* \longrightarrow HNO_3$	R9		
非均相化学	$N_2O_5(g)+H_2O(aq) \longrightarrow 2H^++2NO_3^-$	R5		
	$2NO_2(g)+H_2O(aq) \longrightarrow HONO(g)+H^++NO_3^-$	R10		
改进后的 CMAQ				
新增加或者修改过的化学反应	$N_2O_5(g)+H_2O(aq)+Cl^-(aq) \longrightarrow ClNO_2(g)+NO_3^-$	R6	Bertram and Thornton (2009)	修改了 R5
	$2NO_2(g)+Cl^- \longrightarrow ClNO(g)+NO_3^-$	R11	Abbatt and Waschewsky (1998)	修改了 R10
	$NO_3(g)+2Cl^- \longrightarrow Cl_2(g)+NO_3^-$	R12	Rudich et al. (1996)	新增了 NO_3^-
	$O_3(g)+2Cl^-+H_2O(aq) \longrightarrow Cl_2(g)+O_2(g)+2OH^-$	R13	Abbatt and Waschewsky (1998)	影响 OH
	$2OH^*(g)+2Cl^- \longrightarrow Cl_2(g)+2OH^-$	R14	George and Abbatt (2010)	影响 OH
	$ClONO_2(g)+Cl^- \longrightarrow Cl_2(g)+NO_3^-$	R15	Deiber et al. (2004)	影响 OH
	$HOCl(g)+Cl^-+H^+ \longrightarrow Cl_2(g)+H_2O$	R16	Pratte and Rossi (2006)	影响 OH
	$ClNO_2(g)+Cl^-+H^+ \longrightarrow Cl_2(g)+HONO(g)$ (pH<2.0)	R17	Riedel et al. (2012)	影响 OH
	$ClNO_2(g)+H_2O(aq) \longrightarrow Cl^-+NO_3^-+2H^+$ (pH≥2.0)	R18	Rossi (2003)	新增了 NO_3^-

其中，C 为物种浓度，v 为气体分子的热速度（$m \cdot s^{-1}$），A 为 CMAQ 估算的湿溶胶表面积浓度（$m^2 \cdot m^{-3}$），γ 为吸收系数。在气相过程中，除了 $ClNO_2$ 之外的所有物种均参与了非均相反应（反应 R6 和 R11~R18），因此可以使用一个简单的解法去计算这些物种从 t_0 到 $t_0 + \Delta t$ 时间的浓度变化：

$$[C]_{t_0 + \Delta} = [C]_{t_0} \exp(-k^{-1} \Delta t) \tag{公式（5）}$$

其中 Δt 是非均相反应中拆分的时间步长。$ClNO_2$ 的变化率包括去除项和产生项：

$$\frac{d[ClNO_2]}{dt} = -k_i^I[ClNO_2] + k_6^I \Phi_{ClNO_2}[N_2O_5] \tag{公式（6）}$$

$$= -k_i^I[ClNO_2] + k_6^I \Phi_{ClNO_2}[N_2O_5]_{t_0} \exp(-k_6^I t)$$

假定 Φ_{ClNO_2} 是恒定的，解析公式（6）可得公式（7）：

$$[ClNO_2]_{t_0 + \Delta} = [ClNO_2]_{t_0} \exp(-k_i^I t) + \frac{k_6^I \Phi_{ClNO_2}[N_2O_5]_{t_0}}{k_i^I - k_6^I}[\exp(-k_6^I \Delta t) - \exp(-k_i^I \Delta t)] \tag{公式（7）}$$

式中，k_i^I 为反应（R17）或（R18）的伪一阶速率系数，取决于 pH 值。其中，气态物质的吸收系数 γ 是从已发表的实验室研究中获得的。

在原来的 CMAQ 中，N_2O_5 的摄取系数是根据 $(NH_4)_2SO_4$、NH_4HSO_4 和 NH_4NO_3 浓度的关系式获得的。本研究采用 Bertram 和 Thornton 提出的 PCl 和 NO_3 的参数化方法，如公式（8）所示：

$$\gamma_{N_2O_5} = \begin{cases} 0.02, \text{为冻结气溶胶} \\ 3.2 \times 10^{-8} K_f \left[1 - \left(1 + \frac{6 \times 10^{-2}[H_2O]}{[NO_3^-]} + \frac{29[Cl]}{[NO_3^-]} \right)^{-1} \right] \end{cases} \tag{公式（8）}$$

式中，K_f 是基于水的摩尔浓度的参数化函数，$K_f = 1.15 \times 10^6 (1 - e^{-0.13[H_2O]})$，$NO_3^-$ 和 Cl 的浓度也是摩尔浓度，OH 的吸收系数按照 IUPAC（International Union of Pure and Applied Chemistry）规则表示为 PCl 浓度的函数，如公式（9）所示：

$$\gamma_{OH} = \min\left(0.04 \times \frac{[Cl^-]}{1\,000 \times M}, 1 \right) \tag{公式（9）}$$

式中，M 为气溶胶体积中的液态水体积（$m^3 \cdot m^{-3}$），对于冻结颗粒，吸收系数限制为 0.02，与原 CMAQ 模型相同。O_3、NO_3、NO_2、$HOCl$、$ClNO_2$ 和 $ClONO_2$ 的吸收系数为常数，γ 分别设置为 3×10^{-3}、1×10^{-4}、1.09×10^{-3} 和 0.16。O_3 的摄取系数白天为 10^{-3}，夜间为 10^{-5}。$ClNO_2$ 的吸收系数取决于颗粒的酸度，例如反应 R17 选择了 2.65×10^{-6}，反应 R18 则为 6×10^{-3}。

(二) 硫酸盐和 SOA 生成机制

Ying 等人在模型研究中增加了二次有机气溶胶(SOA)和二次硫酸盐的几种潜在生成途径,其中包括不饱和烃的臭氧氧化所产生的稳定反应中间体(SCIs)、SCIs 和 SO_2 的反应以及 SO_2 的活性摄取、乙二醛和甲基乙二醛在颗粒物表面的反应性摄取过程,以及由于芳香族 SOA 前体物较高的产量而导致更多 SOA 的形成。本研究参考了 Ying 等人在2014 年改进的硫酸盐生成机制,采用了使用 SAPRC-99 光化学机制的 CMAQ v5.2,并对其中的 AERO5 气溶胶模块进行了修改,使其包括从 SCIs 和 SO_2 在颗粒表面的多相反应中生成二次硫酸盐的反应过程。O_3 与不饱和烯烃的气相反应生成 SCIs,SCIs 与 SO_2 反应生成气相 H_2SO_4,气相 H_2SO_4 可以与已有的颗粒物进行分配,也可以通过成核形成新的颗粒物。对 SAPRC-99 的臭氧氧化反应进行了改进,使其包含一个集中的 SCI 物种。其他反应产物在这些反应中没有修饰。其中,使用了乙烯烃(0.37)、其他烯烃(0.319)、萜烯(0.21)和异戊二烯(0.22)的 SCIs 产率。SCIs 与 SO_2 的反应速率为 $k = 3.91 \times 10^{-11}$($cm^3 \cdot molecule^{-1} \cdot s^{-1}$),与 H_2O 的反应速率为 $k = 1.97 \times 10^{-8}$($cm^3 \cdot molecule^{-1} \cdot s^{-1}$),与 NO_2 的反应速率为 $k = 7 \times 10^{-12}$($cm^3 \cdot molecule^{-1} \cdot s^{-1}$)。本研究使用的数值代表了水蒸气速率常数的一个下限,从而代表了硫酸钙的一个上限。将颗粒表面的 SO_2 非均相反应建模为一个受到表面限制的摄取过程,如公式(10)所示:

$$\frac{dC_{SO_2}}{d_t} = -\left(\frac{1}{4}\gamma_{SO_2} v_{SO_2} A\right)C_{SO_2} \qquad 公式(10)$$

式中,C_{SO_2} 为气相 SO_2 浓度,A 为 Aitken 和积聚模态下的气溶胶总表面积(m^2),γ_{SO_2} 为反应性吸收系数,v_{SO_2} 为热速度($m \cdot s^{-1}$)。在该研究中,γ_{SO_2} 保守估计使用了 5×10^{-3}。由于目前的 CMAQ 模型应用没有明确地模拟来自不同来源的颗粒物,因此总体的 γ_{SO_2} 是由 $PM_{2.5}$ 中元素碳(EC)(f_{EC})的比例决定的,$\gamma_{SO_2} = 0.05 \times 10^{-3} f_{EC}$。基于过程中硫的守恒,计算了气溶胶硫酸盐浓度的增加。

此外,本研究参考了 Ying 等人在 2014 年改进的 SOA 生成机制,同样采用了使用 SAPRC-99 光化学机制的 CMAQ v5.2,对其中的 AERO5 气溶胶模块进行了修改,使其包含了从乙二醛和甲基乙二醛的多相反应中生成 SOA-IEPOX 的反应途径,并对乙二醛和甲基乙二醛的摄取系数进行了修改。

日间乙二醛和甲基乙二醛的 SOA 被建模为一个受到表面限制的摄取过程,使用的方程类似于公式(10)所示。在本研究中,乙二醛和甲基乙二醛的摄取系数为 2.0×10^{-2}。乙二醛和甲基乙二醛在黑暗条件下形成 SOA 的实验数据可以较好地拟合为一阶,且与表面积无关的反应,计算如下:

$$\frac{dC_{glyxal}}{d_t} = -k_{eff,glyoxal}C_{glyxal} \qquad 公式(11)$$

(三) HONO 生成机制

HONO 可以通过产生羟基(—OHs)对污染地区的大气光化学产生重要影响。在 2017 年 1 月中国珠江三角洲(PRD)发生的一次重污染过程中,外观观测的结果显示 O_3、$PM_{2.5}$ 和 HONO 的小时均值最大值的水平分别可达到 150 ppb、400 $\mu g \cdot m^{-3}$ 和 8 ppb。因此,Fu 等人在 2019 年针对冬季存在较高 HONO 浓度的排放和生成过程,提出了增加 HONO 化学机制对于冬季污染事件中提高 HONO 以及 O_3 和 $PM_{2.5}$ 预测精度的必要作用。

对于模型中人为源排放的 HONO 主要是根据三个涵盖不同区域的排放清单进行输入的,其中运输来源的 HONO 排放是根据人为排放清单中的 $HONO/NO_x$ 比率和运输来源的 NO_x 排放计算的。汽油和柴油发动机的 $HONO/NO_x$ 比率分别设定为 0.8% 和 2.3%。模型中的自然生物源排放的 HONO 由来自自然的气体和气溶胶排放模型(MEGAN)估计。除了直接人为排放外,CMAQ 模型默认输入的 HONO 来源还有两个,包括 NO 和 ·OH 的气相均相反应和 NO_2 在表面上的非均相反应。根据 Kurtenbach 等人在相对湿度(RH)为 50% 的黑暗条件下测定的反应速率 $k = 5 \times 10^{-5}(S/V)$,估算了 HONO 在颗粒物、城市和叶片表面的非均相生成。

$$NO + OH \rightarrow HONO \qquad\qquad 公式(12)$$

$$2NO_2 + H_2O \rightarrow HONO + HNO_3 \qquad\qquad 公式(13)$$

本研究在 CMAQ 原有输入的基础上纳入了四个额外的 HONO 来源,如下所述:

1. RH 增强对 NO_2 表面非均相反应的影响

默认的非均相反应率是根据相对湿度 50% 的测量值确定的。本研究通过将默认反应速率按 f_{RH} 因子比例缩放来考虑多相反应的 RH 依赖性,如下式所示:

$$k_{het} = 5 \times 10^{-5} \times f_{RH} \times (S/V),$$

$$f_{RH} = \begin{cases} RH/50 & (RH < 50) \\ RH/10 - 4 & (50 \leqslant RH < 80) \\ 4 & (RH \geqslant 80) \end{cases} \qquad\qquad 公式(14)$$

2. 光增强对 NO_2 非均相反应的影响

非均相反应的默认反应速率系数是基于黑暗条件下的测量值。然而,研究发现阳光明显促进了非均相过程产生的 HONO。因此,考虑增强光的效果,在白天时的估算应使用更高的反应速率计算,如下式所示:

$$k_{het} = 1 \times 10^{-3} \times \frac{light\ intensity}{400} \times (S/V) \qquad\qquad 公式(15)$$

其中光强是指地表向下的总辐照度,单位为瓦特每平方米($W \cdot m^{-2}$)。

3. 大气中硝酸盐颗粒的光解作用

最近的飞机观测和实验室测量结果表明,大气中的硝酸盐颗粒可以通过光解作用产生 HONO 和 NO_2,如下式所示:

$$p_{NO_3} \longrightarrow 0.67HONO + 0.33NO_2 \qquad 公式(16)$$

硝酸盐颗粒的光解速率估计为:

$$J_{PNO_3} = \frac{8.3 \times 10^{-5}}{7 \times 10^{-7}} \times J_{HNO_3-CMAQ} \qquad 公式(17)$$

其中 $J....$ 为在线计算的气态 HNO_3 在 CMAQ 中的光解速率。

4. 硝酸根和硝酸根的光解作用

现场观察和实验室研究也表明,表面沉积的 HNO_3 和硝酸盐的光解可能是一个重要的日间 HONO 源:

$$deposited\_HNO_3/nitrate \longrightarrow 0.67HONO + 0.33NO_2 \qquad 公式(18)$$

这个反应被纳入到 CMAQ 模型中,通过假设在表面沉积的 HNO_3 和硝酸盐等于自上次降水事件以来干沉积的积累。HNO_3 和硝酸盐的光解速率估计为:

$$J_{HNO_3} = \frac{3.4 \times 10^{-5}}{7 \times 10^{-7}} \times J_{HNO_3-CMAQ} \qquad 公式(19)$$

(四) 机制改进后的效果评估

1. 分情景模拟描述与效果评估

本研究将 CMAQ 模型 v5.2 中默认应用的非均相化学机制下的情景定义为基准情景(Case1),对于 CMAQ 模型中关于氯化学、硫酸盐生成以及 HONO 的机制改进,分别定义 Case2 为改进了硫酸盐非均相反应过程的情景模拟,Case3 为 Case2 基础上增加了 HONO 排放输入的情景模拟,Case4 为 Case2 基础上增加了氯排放输入的情景模拟。

针对如上四种情景,本研究针对五个城市站点南京(NJ)、上海(SH)、杭州(HZ)、合肥(HF)和深圳(SZ)开展情景模拟,并与实际观测值进行比对,评估了模拟时间(2017 年 1 月至 11 月)内 O_3 和 $PM_{2.5}$ 以及颗粒物各化学组分的预报效果。

(1) $PM_{2.5}$ 模拟结果

如图 5-1-18 至图 5-1-20 所示为基准情景 Case1 与其他三种情景(Case2、Case3 和 Case4)下五个城市站点 $PM_{2.5}$ 日均浓度的对比,黑色为观测值,红色为 Case1 模拟的质量浓度,蓝色的线分别对应 Case2-4 情景下模拟的质量浓度。可以发现对于 $PM_{2.5}$ 的浓度预测而言,所模拟时间内四个站点(NJ、HZ、HF 和 SZ)在四种情景模拟下 $PM_{2.5}$ 的日均质量浓度均与观测值存在一定的偏差,体现为污染程度偏高($PM_{2.5} > 50$ μg·m^{-3})的冬季模拟与观测值差距较大,污染程度较轻($PM_{2.5} < 50$ μg·m^{-3})的时段则模拟与观测值差距较小。

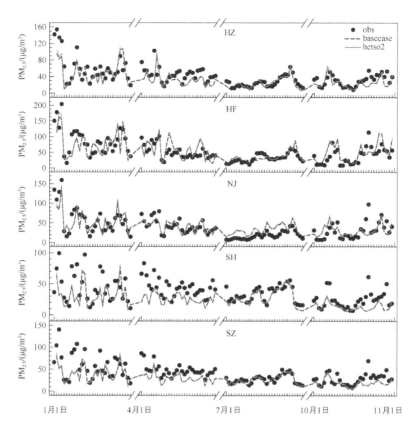

○ 图 5-1-18　五个城市站点 $PM_{2.5}$ 日均浓度对比(黑点为观测值,红线为基准情景 Case1 的模拟浓度,蓝线为改进硫酸盐非均相反应过程的 Case2 的模拟浓度)

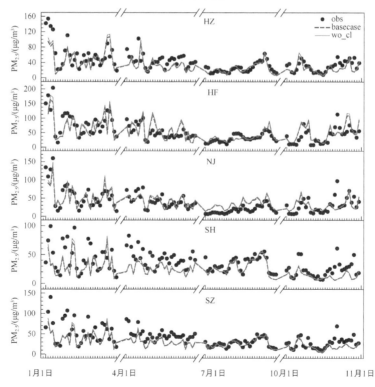

○ 图 5-1-19　五个城市站点 $PM_{2.5}$ 日均浓度对比(黑点为观测值,红线为基准情景 Case1 的模拟浓度,蓝线为改进硫酸盐非均相反应过程,并在排放输入中添加了 HONO 的 Case3 的模拟浓度)

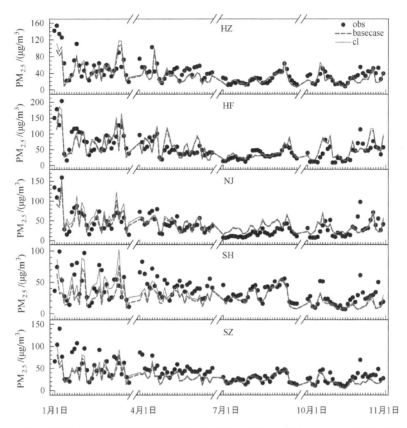

○ 图5-1-20　五个城市站点 $PM_{2.5}$ 日均浓度对比(黑点为观测,红线为基准情景 Case1 的模拟浓度,蓝线为改进硫酸盐非均相反应过程,并在排放输入中添加了氯的 Case4 的模拟浓度)

　　然而,这四种情景模拟值之间的差别均很小,说明如上所述的三种情景对于以上四个站点 $PM_{2.5}$ 的日均质量浓度模拟结果的影响并不显著,且未显著改善 $PM_{2.5}$ 的预测结果。SH 站的模拟结果则有所不同,其1月和4月的模拟结果显示,使用了 Case3 的模拟效果要优于其他情景模拟,且7月与10月的模拟结果则发现其模拟得到的 $PM_{2.5}$ 日均质量浓度与观测值更为接近。该模拟效果分析说明,CMAQ 中化学机制的改进对于 $PM_{2.5}$ 日均质量浓度预测的提高程度因地区而有所不同,且存在一定的季节差异性。

　　(2) O_3 模拟结果

　　如图5-1-21至图5-1-23所示为基准情景 Case1 与其他三种情景(Case2、Case3 和 Case4)下五个城市站点最大8小时滑动均值的臭氧浓度对比,黑色为观测值,红色为 Case1 模拟的浓度,蓝色的线分别对应 Case2-4 情景下模拟的浓度。可以发现对于 O_3 浓度的预测而言,五个站点在 Case1 情景下的模拟值与观测值均存在一定的偏差。1月至4月和10月至11月这两个模拟时段内对于 O_3 浓度的预测存在高估情况,模拟值基本上均高于观测值,而在4月至10月该模拟时段内对于 O_3 浓度的预测存在低估情况,模拟值较观测值大体上偏低。

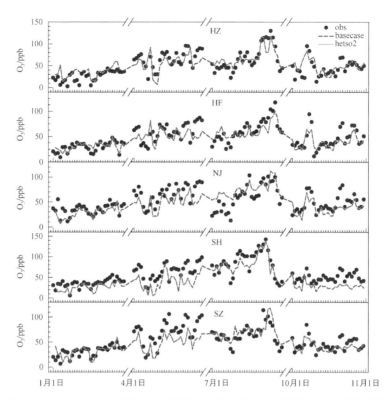

○ 图 5-1-21　五个城市站点 O_3 浓度最大 8 小时滑动均值对比(黑点为观测值,红线为基准情景 Case1 的模拟浓度,蓝线为改进硫酸盐非均相反应过程的 Case2 的模拟浓度)

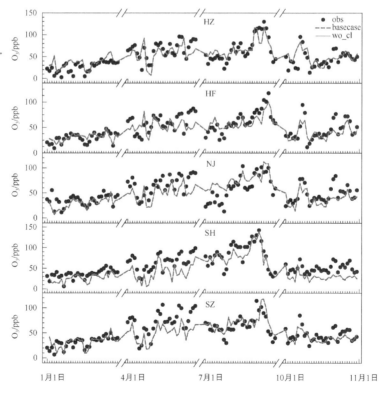

○ 图 5-1-22　五个城市站点 O_3 浓度最大 8 小时滑动均值对比(黑点为观测值,红线为基准情景 Case1 的模拟浓度,蓝线为改进硫酸盐非均相反应过程,并在排放输入中添加了 HONO 的 Case3 的模拟浓度)

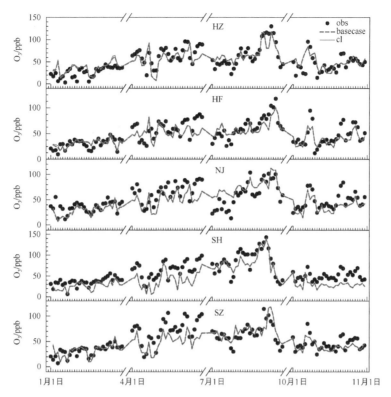

○ 图 5-1-23　五个城市站点 O_3 浓度最大 8 小时滑动均值对比(黑点为观测,红线为基准情景 Case1 的模拟浓度,蓝线为改进硫酸盐非均相反应过程,并在排放输入中添加了氯的 Case4 的模拟浓度)

　　然而,对比 Case2、Case3 和 Case4 与基准情景的结果可知,它们的模拟值并没有显著的差别,说明 CMAQ 中如上所述化学机制的改进对于 MAD8h-O_3 浓度预测的精度并未有显著提高,说明目前模型中化学机制上尚且缺乏臭氧生成的潜在途径去改善模型对于臭氧的预测预报。

2. 综合情景模拟描述与效果评估

　　为了提高 $PM_{2.5}$ 组分模拟效果,本研究综合考虑了以上讨论的化学机制,即在考虑氯相关机制与排放计算的同时,在 CMAQ 模型 v5.2 中加入了 SO_2 非均相化学机制($hetSO_2$),修改了 NO_2 非均相化学机制($hetNO_2$)中的 NO_2 摄取系数以及修改了乙二醛和甲基乙二醛(Glyoxal 和 Methylglyoxal)的摄取系数(Glymgly),意在分别提高硫酸盐、硝酸盐、OC 浓度的模拟效果,评估本研究改进化学机制后对 O_3 和 $PM_{2.5}$ 以及颗粒物各化学组分的模拟效果。

　　本研究仍然选择与上节(1)中相同的模拟时间段,对长三角地区,特别是常州 2017 年 1 月、4 月、7 月和 11 月四个典型季节的 $PM_{2.5}$ 进行情景模拟,并与实际观测值进行对比。其中,base 为基准情景(没有考虑任何机制改进)条件模拟的组分浓度,s1 为综合改进化学机制后的模拟值,obs 是观测数据。

如图 5-1-24 为综合改进化学机制后常州 PM$_{2.5}$ 组分的模拟值时间序列图,可以明显地发现 SO$_2$ 非均相过程的加入有效地改进了硫酸盐的模拟,小时变化与观测值更为接近;与观测值相比,硝酸盐在原有的化学机制基准下的模拟结果中被明显低估,且一致性较差,NO$_2$ 非均相过程的加入显著提高了硝酸盐的模拟精度;此外,有机物在原有的化学机制模拟结果中被低估,但一致性较好,SOA 非均相途径的加入使得 OC 的模拟值与观测相符。

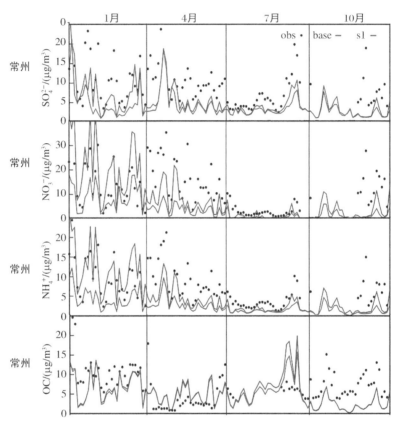

◠ 图 5-1-24 常州 PM$_{2.5}$ 组分浓度对比(黑点为观测值,红线为基准情景 base 的模拟浓度,蓝线为 s1 综合改进机制之后的模拟浓度)

如图 5-1-25 为淀山湖与常州硝酸盐浓度在基准情景与改进后的模拟对比,对于冬季尤其是污染时段,硝酸盐往往存在明显低估的情况,机制改进后,硝酸盐在冬季 1 月的模拟值有明显提高,并与观测值相符,比如硝酸盐浓度从基准情景的 5.2 μg/m^3 大幅升高到约 12.1 μg/m^3 等。如图 5-1-26 为淀山湖与常州 OC 浓度在基准情景与改进后的模拟对比,对于 OC 的模拟效果来说,往往在夏季的模拟效果与观测值差距较大,机制改进后可以发现 OC 的模拟值在夏季 7 月有所升高,且缩小了与观测值的差距。从统计参数看[表 5-1-8 和表 5-1-9,这三种组分模拟值和观测值之间的一致性(IOA)都在 0.7 以上,MFB、MFE、NMB、NME 也都在基本合格的标准范围内(|MFB|≤0.6;MFE≤0.75;|NMB|≤0.3;NME≤0.5)]。

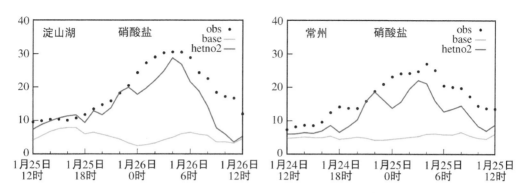

注：黑点为观测值，红线为基准情景 base 的模拟浓度，蓝线为 s1 综合改进机制之后的模拟浓度

◯ 图 5-1-25　淀山湖与常州 PM$_{2.5}$ 中硝酸盐浓度对比图

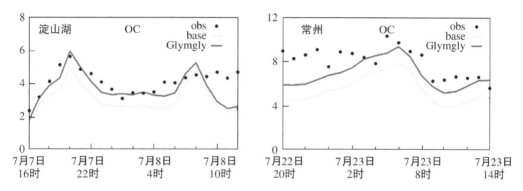

注：黑点为观测值，红线为基准情景 base 的模拟浓度，蓝线为 s1 综合改进机制之后的模拟浓度

◯ 图 5-1-26　淀山湖与常州 PM$_{2.5}$ 中有机物浓度对比

表 5-1-8　CMAQ 模型机制改进后硝酸盐模拟统计参数

淀山湖	*obs*	*pre*	MB	ME	MNB	MNE	MFB	MFE	NMB	NME	RMSE	R	IOA
base	18.72	5.2	−13.52	13.52	−0.65	0.65	−1.04	1.04	−0.72	0.72	15.78	−0.41	0.40
hetno2	18.72	14.6	−4.13	4.37	−0.21	0.23	−0.27	0.30	−0.22	0.23	5.73	0.85	0.84
常州	*obs*	*pre*	MB	ME	MNB	MNE	MFB	MFE	NMB	NME	RMSE	R	IOA
base	16.8	5.24	−11.55	11.55	−0.64	0.64	−0.98	0.98	−0.69	0.69	12.90	0.28	0.42
hetno2	16.8	12.09	−4.71	4.72	−0.28	0.28	−0.34	0.34	−0.28	0.28	5.40	0.90	0.80

表 5-1-9　CMAQ 模型机制改进后 OC 模拟统计参数

时段 1	*obs*	*pre*	MB	ME	MNB	MNE	MFB	MFE	NMB	NME	RMSE	R	IOA
base	4.11	3.07	−1.04	1.06	−0.25	0.26	−0.30	0.31	−0.25	0.26	1.19	0.72	0.63
glymgly	4.11	3.67	−0.43	0.61	−0.10	0.14	−0.13	0.16	−0.11	0.15	0.83	0.67	0.77
时段 2	*obs*	*pre*	MB	ME	MNB	MNE	MFB	MFE	NMB	NME	RMSE	R	IOA
base	8.00	5.46	−2.54	2.54	−0.32	0.32	−0.38	0.38	−0.32	0.32	2.74	0.66	0.51
glymgly	8.00	6.88	−1.13	1.28	−0.13	0.16	−0.15	0.17	−0.14	0.16	1.55	0.64	0.70

如图 5-1-27 为改进 CMAQ 模式化学机制后，对 PM$_{2.5}$ 组分模拟偏差在非污染、轻度-重度污染和重度污染时段的统计对比结果。在改进化学机制后的模拟误差减小幅度方面，可以发现对于 PM$_{2.5}$ 组分中硫酸盐（8%～22%）、硝酸盐（32%～52%）、铵盐（28%～55%）的模拟误差减小幅度较大，其中 OC 的模拟误差也有所提高（4%～8%）。对比三个时段的化学统计值可知，二次无机盐在轻中度污染过程中，化学机制的改进效果十分明显。总而言之，改进 CMAQ 模式化学机制，可以提高 PM$_{2.5}$ 组分中硫酸盐、硝酸盐、铵盐和 OC 的模拟精度。

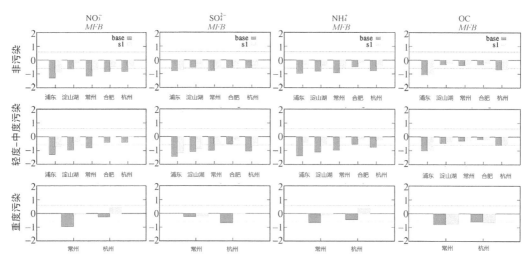

图 5-1-27　机制改进后 CMAQ 模式对 PM$_{2.5}$ 组分模拟的误差对比

三、模式排放源优化

大气污染源排放清单的不确定是空气质量模式预报最大的偏差来源之一。为提高江苏省臭氧和 PM$_{2.5}$ 的预测预报能力，更好地了解空气污染变化趋势，为环境管理决策提供及时、准确、全面的空气质量信息，研究人员基于观测数据和模式偏差分析开展模式排放数据订正，利用反向订正法反复优化排放数据。

不管是"自下而上"建立的排放清单，还是"自上而下"建立的排放清单，往往都需要后期开展总量调优工作才能用于实际项目的空气质量预报。目前，比较常见的清单总量订正方法有横向比对法、卫星反演法、观测概率匹配订正法。本研究中主要是基于观测数据设计了模式排放数据反向订正的方法。

清单调优是一个迭代过程，每次调优是基于上一次的调优结果产生的预报开展，需要反复多次才能让模式系统偏差趋于最小范围内振荡。模式清单反向订正主要涉及模式系统偏差计算，以及如何通过系统偏差反演订正大气污染排放清单排放量两部分内容。

（一）模式系统偏差计算

模式系统性偏差估计采用权重 BES 方法。普通的 BES 方法（Best Easy Systematic，Wonnacott and Wonnacott，1972 年），是将评估时段的模式偏差排序后，取 25%、50% 和 75% 分位数，计算 BES 作为系统性平均偏差，这样计算的好处是剔除了极值偏差的影响，具有很强的鲁棒性。本课题扩展单一 BES 法到权重 BES 法，借鉴人工调研经验，通过分段计算 BES 数值，给予近期时段的 BES 数值或指定时段的 BES 数值更大的权重，计算出权重 BES 值用于后续调优反演。

$$\bar{B}_i = (b_{i1} + b_{i2} \times 2 + b_{i3}) \div 4$$

$$\overline{RB} = \sum_{i=1}^{n} w_i \times \bar{B}_i \qquad 公式（20）$$

式中，i 为第 i 个计算时段；$\bar{B}_i$ 为第 i 个时段的平均偏差；b_{i1}、b_{i2} 和 b_{i3} 分别为较小四分位数、中位数和较大分位数；$\overline{RB}$ 为加权后的权重 BES；w_i 为第 i 个时段在所有时段中的权重系数，它由第 i 个时段的偏差决定。

（二）排放订正反演

排放反演订正，主要针对一次排放污染物，如 NO_2、SO_2、CO、PMC、PMF、BC、OC 等；通过线性拟合的方式，构建污染物排放量与权重 EBS 误差的相关关系，由此根据权重 EBS 推算目标区域排放量的调整量，并更新网格化清单。

$$\Delta E = -\overline{RB} \times E_{ori} \qquad 公式（21）$$

式中，E_{ori} 为调整区域的原始排放量，ΔE 为需要调整的排放量；

需要注意的是，针对颗粒物一次组分，须先依据环办监测〔2016〕120 号文件《受沙尘天气过程影响城市空气质量评价补充规定》定义沙尘天气（过程），并剔除对应时段的颗粒物观测数据。此外，为加强调优算法的鲁棒性以及预报系统的稳定性，设置了单次调优幅度阈值，对于预报与实际偏差较大的调优对象，不会单次调整到位，而是通过多次反复逐步调整到位。

（三）订正效果评估

本书采用反向订正优化算法，对构建的高分辨率人为源排放清单的一次排放污染物进行反向订正，并选取 2019 年 6—8 月为测试时段，对排放源优化前后的模拟效果进行评估。图 5-1-28 和图 5-1-29 给出了评估结果，naqp（基准）采用原始网格清单，未做任何调优；naqp-base 仅做了一次反向订正调优；naqp-auto 进行了多次反向订正优化。

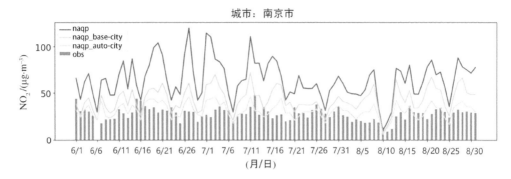

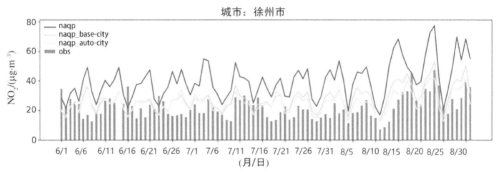

注：naqp：基准；naqp-base：一次订正；naqp-auto：多次订正

图 5-1-28　NO₂ 模拟效果对比

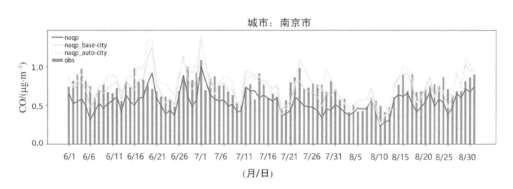

注：naqp：基准；naqp-base：一次订正；naqp-auto：多次订正

图 5-1-29　CO 模拟效果对比

调优前后预报序列同实况对比结果显示,调优后各项一次污染物的预报效果提升明显,跟实况观测更为一致,预报值与实况序列相关性明显提升,且与实况序列的偏差降幅明显。以南京、徐州为例,原始的人为源网格化清单驱动的 NO_2 模拟结果与实况相比,均有不同程度偏高,经优化后,预报偏高现象明显改善;而对 CO 模拟值较实况略偏低的情况亦改善明显。此外,多次反复优化的模拟结果要优于一次优化的模拟结果。

四、最优化集合预报技术

(一) 多模式集合算法设计

1. 集合预报背景调研

空气质量模式的误差来源较多,如气象场、排放源的不确定性,以及模式本身的物理化学方案缺陷等。这些不确定性和缺陷均可能导致污染预报结果出现严重偏差。基于随机扰动的思想,集合预报能够再现气象条件和参数方案不确定性在模式积分中的传播,从而得出气象条件和参数方案等的不确定性导致的预报的不确定性,在业务中得到了广泛的应用。

为了获得多组预报样本,常采用扰动法给出多组模拟情景,扰动可以针对模式的输入条件进行(如排放、气象条件、初始条件等),也可对空气质量模型的建模方式进行扰动,来体现模式物理化学过程的不确定性。常用的扰动方法有蒙特卡罗扰动法、线性奇异向量、增长模繁殖法等。利用这些方法,对气象场、初始场、排放源等扰动后,再驱动空气质量模式进行多组预报模拟,从而获取大量集合样本。然后基于扰动法,需要消耗大量计算资源。目前业务上已经构建多模式预报系统,如何有效地利用已有的资源,快速便捷地提升业务预报准确率成了关键问题。通过输入不同时效、不同区域的预报结果,能够建立基于多模式的大样本集合预报,实现多次采样,可有效利用当前资源。再获取大量集合样本之后,需要考虑采用何种集成算法,常用的集合算法包括集合平均、多元线性回归、优化集成方法等,采用不同的集成算法,对集合预报的结果影响显著。

2. 算法优选方案

本节重点探讨在基于多模式系统进行集合预报时,应该如何优选集成算法。常用优化算法有集合平均、多模式最优集成预报(Optimal Consensus Forecast,OCF)、岭回归(Ridge Regression,RR)等。

集合平均公式如下:

$$F_{mean} = \frac{1}{N}\sum_{i=1}^{N} m_i \qquad 公式(22)$$

式中 m_i 为第 i 个模式的预报值,N 为集合成员个数,F_{mean} 为集合平均结果。可见,采用集合平均的方式进行集合预报,并不需要诊断任何待确定参数,所有的参数在预报时刻均是已知的。集合平均算法设计简单,容易实现,计算速度快,且稳定性较强,但该算法未能考虑模式之间的差异性，难以获得较好的优化效果。

OCF 考虑了模式之间的性能差异性，是一种权重因子算法。该算法的集成函数的矢量形式如下：

$$F_{OCF} = W \cdot (M - B) \qquad 公式（23）$$

式中有两个变量需要确定（M 和 B），OCF 基于两个假设来诊断待确定参数：1）模式预报时次的误差与训练期的系统偏差（平均误差）有一定的一致性；2）模式在训练期的表现（绝对均方根误差）决定预报时次的表现（偏差）。基于以上两个假设，其计算参数诊断公式为：

$$b_i = (b_{i1} + b_{i2} \times 2 + b_{i3}) \div 4$$
$$w_i = \frac{e_i^{-1}}{\sum_1^n e_i^{-1}} \qquad 公式（24）$$

式中，b_i 为第 i 个模式在训练期平均偏差；w_i 为第 i 个模式在集合预报中的权重；e_i 为第 i 个模式在训练期的平均绝对误差。OCF 算法适当地考虑了模式预报效果的差异，并在一定程度上能动态矫正模式系统偏差，且该算法稳定性较强，预报效果通常优于单个模式。

岭回归算法的集成公式与 OCF 的差异并不大，只是去掉了误差校正项，使得集成函数变成了典型的向量乘：

$$F_{RR} = W \cdot M \qquad 公式（25）$$

岭回归算法权重计算方法与 OCF 有较大区别，该方法基于历史数据集拟合得到权重 W，再将其用在预报时刻。其拟合过程类似最小二乘法，即求解代价函数的最小值：

$$\overrightarrow{w_t} = \mathrm{argmin} \left[\lambda \| \overrightarrow{w_t} \| + \sum_{t'=t-t_d}^{t'=t-1} \overrightarrow{w} \cdot \overrightarrow{m_{t'}} - \overrightarrow{y_{t'}} \right]; \ \overrightarrow{w_t} \in R^N \qquad 公式（26）$$

式中，$\overrightarrow{w_t}$ 为 t 时刻各模式权重，$\overrightarrow{m_{t'}}$ 为 t' 时刻各模式的预报值，$\overrightarrow{y_{t'}}$ 为 t' 时刻的观测值。相较于普通的多元回归算法，岭回归加入了正则项，可防止函数过度拟合，且能规避极端异常值的影响。该算法具有完备的理论基础，鲁棒性较强，且算法易于构建。但基于线性假设构建的回归方程难以抓住非线性影响特征，预报效果改进程度存在较大的区域差异。

在理想情况下，对未来某个时次目标地某个污染物浓度进行集合预报时，都应存在一个大致最优的集合策略，使得优化效果达到最佳，而这种集合策略对于不同地区、不同物种、不同时间、不同时效均可能不尽相同。对于优化污染物浓度预报这种具有高度非线性、高度复杂性的问题，几乎不存在一种优化算法对于各种情况均有较好表现。从另外一个角度来看,各集合算法,不论复杂与简单,均有可能在一段时间对于某个污染物的浓度预报效果较好。各地区各时段的某个污染物浓度变化应该存在一些主控因子,那么就应该存在一些集合算法,能够在该段时间内再出现这些主控因子的影响。

鉴于此,根据不同条件,动态选择集合策略,然后再进行待确定参数的拟合或诊断,这即是最优化集成算法(Optimal Ensemble Forecast,OEF)的设计思想。在进行集合策略动态筛选时,对不同的算法进行抽象和提炼,将一个集合策略分为训练历史数据集的选择、集成函数形式的选择和诊断权重方法的选择三个方面,通过对这个三个方面的排列组合生成不同预报策略,从而考察最优的集合策略。为了选出针对近期目标城市某污染物的最佳集合策略,OEF算法首先会从近期的历史数据中划出少部分数据集作为验证基础(假预报期),进行预先策略测试,然后再基于最好表现的算法对未来时刻进行集合预报。同时,在预先测试过程中,采用误差的平方和来度量各集合策略在假预报期的表现,具体公式如下:

$$RMS^w = \sum_{t=1}^{T} (y_t^w - o_t)^2 \qquad 公式(27)$$

式中 RMS^w 为第 w 个集合策略的差的平方和,y_t^w 为第 w 个集合策略在假预报期中 t 时刻的预报值,o_t 为 t 时刻的观测值。OEF能够抓住各集合成员在近期的误差特征,突出优势,消减劣势,从而给出更为准确的预报结果;同时,该算法融合机器学习算法与传统统计算法,实现了不同时段、不同地区、不同污染物集成算法参数自适应功能,可快速地响应各模式误差变化,以达到动态优化预报结果的目标。

为了满足实时业务化预报,基于OEF算法,设计并开发了最优化集成方法模块,用于长时间的、实时的业务化数值预报结果优化。最优化集成模块立足于多模式空气质量预报系统,通过纳入不同空气质量模式、不同嵌套区域、不同时效的预报数据,尽可能地增加集合成员(图5-1-30),在已有的业务系统上最大限度地优化预报结果。最优化集成模块能同时处理小时的和日均的数据,且计算轻便高效,单核运行一次集合预报的时间少于20分钟,切合业务化需求。

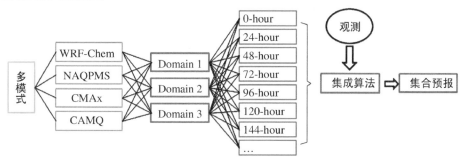

● 图 5-1-30 最优化集成方法业务模块设计框架

（二）集合预报效果评估

1. 评估方法说明

本次预报效果评估时段为 2019 年，评估的基准数据采用江苏省的站点污染观测资料，共 97 个站点。评估的对象包括四个空气质量模型（CAMx、NAQPMS、CMAQ 和 WRF-Chem）和集合预报。评估变量包括颗粒物、臭氧、一氧化碳、二氧化氮、二氧化硫，评估的预报时效为 48 小时。

在评估中，采用的统计指标包括相关系数（R）、均方根误差（$RMSE$）和平均偏差（MB），评估的时间分辨率为天。

除了关注常规六项污染物的浓度模拟效果外，同时，本次工作重点针对臭氧和颗粒物的准确率进行评估，评估方法参考 AQI 等级准确率（只评估臭氧和颗粒物的 $IAQI$），评估对象为 AQI 等级范围时，如果实况 AQI 级别在预报结果范围内（包含跨级预报），则记为准确。

城市 AQI 等级预报准确率 $C_G = \dfrac{n}{N} \times 100\%$ 浮动采用表 5-1-10 给定的标准，该标准严于《环境空气质量预报成效评估方法技术指南》。

表 5-1-10　AQI 范围设定

预报 AQI	预报 AQI 范围
0～50	预报 $AQI \pm 5$
51～100	预报 $AQI \pm 10$
101～150	预报 $AQI \pm 15$
151～200	预报 $AQI \pm 20$
201～300	预报 $AQI \pm 30$
>300	预报 $AQI \pm 50$

2. 2019 年江苏各城市 AQI 评估

（1）臭氧 $IAQI$ 等级准确率

相对于模式而言，集合算法预报的江苏省臭氧 $IAQI$ 的等级准确率最高，特别是在江苏省北部。集合算法极大地改善了臭氧 $IAQI$ 的等级准确率，全省 13 个地市 48 h 时效预报的臭氧 $IAQI$ 等级准确率均在 80% 以上，其中徐州、连云港、淮安、盐城等城市的等级预报准确率达到了 85% 以上，全省平均的准确率高达 84%。单一数值模式预报的江苏省臭氧 $IAQI$ 等级准确率略有差异，多数城市的等级预报准确率在 65%～80%，相对而言 CAMx、WRF-Chem 稍好，见图 5-1-31 和表 5-1-11。

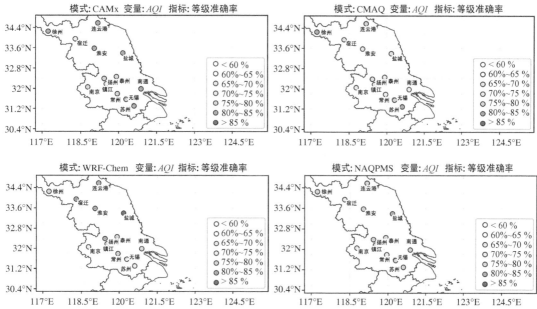

○ 图 5-1-31　各模式(48 h 时效)臭氧 IAQI 等级准确率的空间分布

表 5-1-11　江苏省各城市 2019 年臭氧 *IAQI* 等级准确率

城市	ENS	CAMx	CMAQ	NAQPMS	WRF-Chem
南京	81%	78%	75%	74%	74%
扬州	82%	76%	68%	77%	80%
镇江	82%	75%	67%	76%	78%
泰州	81%	77%	70%	77%	79%
南通	85%	83%	73%	78%	78%
常州	80%	76%	74%	75%	76%
无锡	81%	79%	76%	77%	74%
苏州	81%	84%	84%	75%	73%
徐州	88%	84%	83%	76%	77%
连云港	88%	80%	75%	77%	82%
盐城	88%	82%	68%	80%	85%

续表

城市	ENS	CAMx	CMAQ	NAQPMS	WRF-Chem
淮安	86%	80%	74%	77%	82%
宿迁	84%	72%	67%	74%	81%
全省平均	84%	79%	73%	76%	78%

（2）细颗粒物 $IAQI$ 等级准确率

相对于臭氧，单一数值模式预报的 $PM_{2.5}$ 的 $IAQI$ 等级准确率在江苏相对较低，特别是南部地区，其中，WRF-Chem 预报长江以南各城市的准确率低至 60% 以下，而集合预报大大地改善了这种情况，集合算法预报的江苏北部的 $PM_{2.5}$ 的 $IAQI$ 等级准确率均达到了 80% 以上，部分城市的准确率达到了 85% 以上，就江苏省整体而言，集合预报相对单一模式预报更优，提升了 $PM_{2.5}$ 的 $IAQI$ 等级准确率近 6 个百分点，全省 13 个地市 48 h 时效预报的 $IAQI$ 等级准确率均在 80% 以上，全省平均准确率高达 84%，见图 5-1-32 和表 5-1-12。

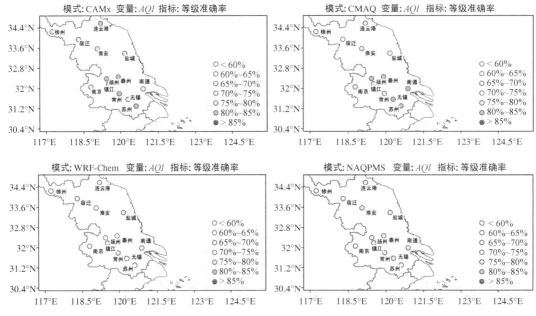

图 5-1-32　各模式(48 h 时效)PM2.5 $IAQI$ 等级准确率的空间分布

表 5-1-12　江苏省各城市 2019 年细颗粒物 $IAQI$ 等级准确率

城市	ENS	CAMx	CMAQ	NAQPMS	WRF-Chem
南京	82％	79％	78％	72％	50％
扬州	84％	81％	80％	80％	64％
镇江	89％	81％	75％	80％	70％
泰州	83％	81％	80％	80％	73％
南通	81％	80％	80％	79％	71％
常州	85％	80％	79％	78％	67％
无锡	83％	79％	83％	77％	58％
苏州	84％	80％	82％	73％	49％
徐州	85％	76％	70％	68％	62％
连云港	82％	77％	76％	77％	71％
盐城	83％	82％	78％	75％	70％
淮安	87％	79％	74％	79％	75％
宿迁	83％	77％	70％	77％	67％
全省平均	84％	79％	77％	77％	65％

第三节　统计预报及人工智能预报

一、统计预报

污染源排放、大气理化过程和气象条件是影响环境空气质量的主要因素,数值模式主要包括气象场的模拟、污染源清单的处理和核心化学模式的运作,要求有比较详尽的污染源资料和污染监测资料,同时要求对影响污染物扩散的所有因子要有精确的物理、化学和数学描述,才能保证预报的准确性,因此难度较大。统计预报通常忽略源排放量变化,将其视为常量,更多的是考虑天气形势或气象条件对空气质量变化的影响,借助历史的环境空气质量数据和同期气象观测资料(如温度、风速、风向、相对湿度等)通过统计学方法建立拟合方程或统计模型,外推得到未来空气质量预报结果。统计预报具有运算量少、硬件要求低、易于操作、简单实用等优点,适合预报刚刚起步的城市,常见的模型包括多元线性回归、人工神经网络和决策树法等。

(一)多元线性回归

多元线性回归具有方法简单、计算量小等优点,在预报工作刚刚起步时使用较为广泛，其核心是关键参数的选择，由于地区差异，东南沿海、西南、西北和华北等地的气象关键参数差别较大，需结合本地特定的污染物浓度和气象参数之间的规律进行线性回归，一般采用逐步回归算法，对气象条件和非气象条件中所有参数按照对因变量 Y（污染物预报浓度）影响的显著性程度大小进行回归，对因变量 Y 作用不显著的变量不引入方程，在引进新变量后不显著变量需剔除以保证最优方程，最优回归方程为：

$$Y = B_0 + B_1 X_1 + B_2 X_2 + \cdots + B_n X_n$$

其中 Y 为污染物预报浓度，B_0 为常数，X_1、X_2、X_n 为预报关键参数，B_1、B_2、B_n 为关键参数的系数。

但多元线性回归也存在明显的缺点，其建模数据样本需求量大，样本少时拟合结果偏差大，重污染天气预报结果偏差大，导致当前很少有预报单位在业务工作中采用该方法。

(二) 人工神经网络

人工神经网络（Artificial Neural Network，ANN）算法的结构与动物大脑神经结构极为相似，它接收输入数据，计算处理后输出预测结果。通常，人工神经网络模型由输入层、隐藏层、输出层组成，其中隐藏层可以为多层，多层隐藏层的神经网络又称深度神经网络。神经网络的每一层都有若干个神经元，层与层之间的神经元相互全连接，每一个神经元接收前一层神经元的输出值作为输入值，进行处理后输出到下一层神经元，最终输出层的神经元输出预测结果值。为了能够使用人工神经网络对空气质量进行预报，须要先利用输入样本集和输出样本集数据进行训练，使网络达到给定的输入输出映射函数关系，可以实现从输入到输出的任意非线性映射。当样本提供给网络后，神经元的激活值从输入层经各中间层向输出层传播，在输出层的各神经元获得网络的输入模式，为逐层状态更新的前向传播，如果输出响应和期望输出模式有误差，则按照误差逆传播算法进行修正，当各训练模式均满足要求时学习结束。

人工神经网络具有简单有效、容易实现、训练学习速度快、对基础数据时间长度要求不高等优点，但在实际应用中有研究者发现，网络隐藏层神经元数据选择和连接权重初值选取没有理论依据，完全凭借经验；在污染过程预报中存在明显的高值低估和低值高估现象，同时随着迭代次数的增多，学习效率降低，进而收敛速度减缓，使得 24 h 的首要污染物、空气质量等级准确率和空气质量等级命中率等预报结果明显高于 48 h、72 h 和 96 h。

(三) 决策树法

决策树（Decision Tree）是一种基于实例的归纳学习方法，它能从给定的无序的训练样本中，提炼出树形的分类模型。树中的每个非叶子节点记录了使用哪个特征来进行类别的判断，每个叶子节点则代表了最后判断的类别。根节点到每个叶子节点均形成一条分类的路径规则。而对新的样本进行测试时,只需要从根节点开始,在每个分支节点进行测试,沿着相应的分支递归地进入子树再测试,一直到达叶子节点,该叶子节点所代表的类别即是当前测试样本的预测类别。

与其他机器学习分类算法相比较,决策树分类算法相对简单,只要训练样本集合能够使用特征向量和类别进行表示,就可以考虑构造决策树分类算法。预测分类算法的复杂度只与决策树的层数有关,是线性的,数据处理效率很高,适合于实时分类的场合。

利用决策树做预测的一般步骤如下:

1. 数据准备:决策树算法可以处理二元或多元分类任务,也可以处理连续值或者离散值的输入变量。在应用决策树之前,需要确保数据已经被清洗和预处理,以保证模型的准确性。

2. 选择特征:在决策树的每个节点,都会选择一个最优特征进行数据划分。选择特征的方法通常有信息增益、信息增益率等。

3. 生成决策树:根据选择的最优特征,生成决策树。决策树的生成是递归的过程,当满足停止条件(如节点中的样本数小于预设阈值,或者所有样本都属于同一类别等)时,停止递归。

4. 预测:对于新的输入样本,从根节点开始,根据各个特征的值,按照决策规则进行路径划分,直到达到叶节点。叶节点的类别就是决策树的预测结果。

5. 评估模型:使用测试集来评估模型的性能。可以使用准确率、召回率等。

需要注意的是,决策树容易过拟合,特别是当决策树深度过大时。因此,可以通过剪枝来控制决策树的复杂度,避免过拟合。常见的剪枝方法有预剪枝(Pre-pruning)和后剪枝(Post-pruning)。预剪枝就是在构造决策树的过程中,先对每个节点在划分前进行估计,若果当前节点的划分不能带来决策树模型性能的提升,则不对当前节点进行划分并且将当前节点标记为叶节点。后剪枝就是先把整棵决策树构造完毕,然后自底向上地对非叶节点进行考察,若将该节点对应的子树换为叶节点能够带来性能的提升,则把该子树替换为叶节点。

二、人工智能预报

虽然基于统计预报方法的空气质量预测模型实施起来较为简单,以统计学为基础建立污染物浓度与气象场之间的联系,可适用于较小区域的空气质量预测,但其预测性能有待提高,另外不同统计算法、用于训练的基础数据都可能影响预报结果,基于单个统计算法的预报不确定性较大。随着人工智能技术的发展、多种统计算法的问世,在空气污染防治领域已开始尝试将人工智能算法、多种统计算法、数值模式、污染案例库结合的预报技术,本文简要介绍一种人工智能预报机制。

（一）引入多种统计算法

引入深度神经网络、树模型、时间序列模型等不同的统计算法,首先输入常规污染物观测资料及气象资料,气象资料要素包括边界层高度,10 m 风速风向、2 m 温度、2 m 相对湿度、总云量、总降水量、海平面气压等。然后对数据进行重采样,使原来不均衡的样本变得均衡,遴选重要特征输入模型,构造时间序列格式输入模型等。最后设置模型在线学习策略,定期进行模型训练,动态更新参数。统计算法包括 DNN、XGBOOST、RNN、S2S,原理及优势如表 5-1-13。

表 5-1-13　同比统计算法的对比

算法	原理	优势
DNN	最常用的全连接的神经网络结构,由输入层、多个隐藏层和输出层构成。	训练、预测速度快,精度高
XGBOOST	极端梯度提升算法,并行计算效率、预测性能都非常强大。	在臭氧预测上准确率较高
RNN	时间序列预测的循环神经网络算法。	在时间序列预测上有很好的表现
S2S	在 RNN 基础上增加了注意力机制。	注意力机制更加精准地关注重要的信息

（二）动态选择最优算法

四类模型在不同季节、不同城市、不同预报时效上预测表现不一。整体来看,XGBOOST、DNN 在夏季臭氧预测性能较优;时间序列模型在冬季颗粒物预测性能较优。以每日历史 10 天、不同预报时效(24、48、72 h 等)的 AQI 范围预测准确率为指标,从四个模型中选择出不同预报时效对应的最优的预测结果,统计择优预报。

（三）智能预报算法

在统计择优预报的基础上,引入 NAQPMS、CMAQ、CAMx、WRF-Chem、污染案例库,利用岭回归算法,得出上述几类预报结果的权重系数,并每日更新,通过计算机,在不用人脑的条件下自动得到最优的预报结果,其中岭回归算法是普通线性回归的一种优化,岭回归的计算方法见 P193~P194 中的公式(25)和公式(26)。

江苏省人工预报

第一节　业务体系架构

在空气质量预报的组织形式上,江苏省采取的是"省市会商、各自报送"的方式,每日由 13 个驻市环境监测中心在"预报平台"上报各市预报结果,江苏省环境监测中心大气部结合数值预报结果及与驻市中心和省气象台的会商结果,在"预报平台"上对预报结果进行订正,然后由省中心和驻市中心各自向有关单位报送结果。在发生污染过程时,各驻市中心应提前向省厅报送各市污染物浓度的预警快报,时间分辨率最高达 6 h(凌晨、上午、下午和夜间)。在技术培训与指导方面,省中心每年定期开展预报技术培训工作,组织 13 个驻市中心和相关设区市生态环境局预报技术人员开展培训。此外,省中心还不定期组织相关技术人员在中心开展带班轮训,深入学习预报相关技术。在规范化管理方面,省中心在平台上实现了预报准确率的统计汇总功能,每年定期对各市的空气质量预报情况进行考核。

第二节　省级预报业务机制

一、人员配备

采用主、副班制度。主班负责每日预报、预报会商和信息发布,负责与气象部门及各市县环境监测部门开展例行会商,收集制作会商 PPT 材料,组织开展一周空气质量预报回顾和未来一周天气及空气质量预测工作,定期总结预报经验。副班负责填写值班日志等记录工作,遇到重污染天气、重大活动保障等特殊情况时协助主班完成工作,同时编写例行的数据报表,在污染天分析污染成因。

预报值班周期为一周,采用主班和副班双循环轮替,当出现重污染过程或预报局面相对复杂时,可协调增加副班人员协助当值副班开展工作。

二、预报工作流程

(一)空气质量实况分析

进行省级空气质量预报时,首先获取过去一段时间内污染物浓度日均值数据和各市空气质量指数信息,了解污染水平历史变化趋势,掌握各区域空气质量状况的时间序列和空间分布特征,作为判断区域空气质量未来发展变化的基础。

(二)气象条件分析与预测

分析区域大气形势和主要气象参数,掌握区域大气环境扩散条件。对大气条件的分析与预测,主要基于 500 hPa、700 hPa、850 hPa 和地面四个不同高度层的天气形势图,重点关注 500 hPa 高空槽脊发展变化,700 hPa 和 850 hPa 的风场、相对湿度和温度变化,海平面气压、地面风向和风速、相对湿度、降雨的落区和强度等信息。

(三)模式预报结果分析与参考

数值预报模式很好地将污染化学反应过程、机制与气象要素的变化结合在一起,为污染预测和污染控制决策提供更为丰富的信息。数值模式解析的预报结果包括各种污染物浓度逐时叠加风场模拟值的空间分布、各城市空气质量等级和首要污染物的统计结果等,可参考数值模式提供的污染区域范围、污染能达到的最大等级、污染团移动规律。

(四)历史相似案例对比

在开展区域空气质量业务化预报时,查看历史相似污染案例是不可或缺的一个环节,回顾分析历史污染过程的特征、污染来源与成因,掌握重污染过程的典型气象因素、大气颗粒物光学特征化学组成、大气光化学污染特征,对预测和判断该地区的大气污染趋势非常重要,以历史典型大气污染过程案例数据库为基础,从主导天气形势及气象影响因素等方面对比分析,分析相似主导因素下区域空气污染水平的变化形势特征,为空气预报提供参考。

(五)预报客观订正

基于数值模式获取到的区域未来空气质量污染预报结果,结合空气质量实况和大气环境扩散条件的预判,参考历史相似污染案例,从未来污染变化趋势、最高污染等级、污染持续时间、污染物大气化学反应的条件、污染扩散条件等角度对该预报结果的准确性、合理性做出基本判断,必要时进行人为客观订正。

(六)联合会商

空气质量预报结果受污染源排放、地理位置、地形和气象等多种因素的影响。其中,气象条件有明显的季节变化和月变化,对空气质量变化影响较大,气象参数是开展空气质量预报不可缺少的数据基础。因此,在空气质量预报工作机制中,与气象部门建立常态化合作机制十分重要。与气象部门的业务关系可遵循"独立预报、共同会商、联合发布"的原则,每日开展针对未来 7 天空气质量预报会商,以表格形式交换。每周一、周五开展省市两级预报会商,以 PPT 展示的形式讲解典型城市未来 7 天空气质量精细预报。

三、预报信息发布

会商结束后,形成预报信息的发布稿。发布信息内容包括全省未来 12 小时环境空气质量精细化预报及全省区域未来第 7 天的空气质量趋势预报,以及对未来空气污染变化趋势的预判描述。发布频次为每日发布,江苏省每日发布三次,11 时前发布第一次,17 时前更新发布第二次,发布方式包含电视节目、微信等多类形式,次日 8 时根据污染监测情况再更新一次预报。

第三节　城市预报业务机制

一、人员与配备

预报工作需要成立专门的预报业务部门,需要一支专业的技术团队。开展空气质量预报,采用主班/副班相结合的每日预报值班制度。预报员是从事预报工作的核心人员,由具备大气科学、气象学等相关专业背景的人员担任。日常预报实行主副班值班制度,每班 2 人,1 人为主班,1 人为副班,实行主班负责制。为保证预报员轮休轮值,一个预报团队应该配备 4 名以上预报员。

二、预报工作流程

预报员每天开展预报值班工作,主班预报员完成空气质量预测分析和预报,负责预报效果回顾、记录相关工作日志、报送发布预报结果;副班预报员负责协助主班预报员进行空气质量预报工作,预报应以数值预报和统计预报产品为基础,结合省级预报指导产品,基于实测空气质量数据和历史预报结果,辅以源排放及天气分析进行客观订正。城市开展未来 7 天空气质量预报。

(一) 预报资料分析

掌握前一日空气质量日报结果、本地及全国空气质量实况,通过查看天气形势图、不同高度风场预报、WRF 地面风场预报、天气预报等气象资料,分析判断大气扩散条件,参考数值预报、统计预报和污染潜势预报结果,考虑本地及周边污染源变化情况,考虑上风向区城空气质量实况、变化趋势以及对本地空气质量的传输影响,订正空气质量预报级别,确定 AQI 预报范围和首要污染物。

(二) 多预报结果分析

将国家中心、区域中心、省级站每日下发的环境空气质量预报指导产品、数值预报结果和统计预报结果作为城市空气质量预报的参考,结合本地实际情况进行深入分析。

(三) 预报会商

采用预报会商形成最终预报结果,会商形式包括内部会商、部门会商和外部会商。内部会商由当日主班预报员组织发起,会商预报员团队一般包括主班预报员、副班预报员和预报审核人员等,由主班预报员进行前一日预报结果评估及当日预报判断,通过会商对预报结果进行客观订正,若遇重污染天气,应适当增加预报员进行会商。部门会商和外部会商是由城市站与气象部门,以及与相关专家组成的联合会商,在秸秆等生物质燃烧、浮尘天气影响、烟花爆竹燃放等源排放异常的季节或污染频发期,组织开展部门会商和外部会商。

内部会商以预报员团队讨论为主,部门会商和外部会商以邮件、电话会商为主,相关人员可通过微信群、QQ 群等沟通和实时会商,有条件时可以视频的方式组织会商。例行内部会商每日至少进行一次,部门会商和外部会商在必要时组织进行。预报会商内容主要包括空气质量实况、气象条件与污染潜势、空气质量级别与范围、首要污染物及可能发生重污染天气等内容,基于值班预报员初步预报意见,预报员团队对当日预报结果进行讨论订正,形成会商预报结果。

(四) 预报结果报送

经会商后,形成最终的城市预报结果,预报内容包括未来 7 天污染气象趋势分析,未来 7 天的空气质量预报等级、主要污染物浓度、首要污染物及健康提示信息。

(五) 日志记录

每日形成值班日志,记录的内容包括值班人员信息、本地及周边城市预报结果、气象资料(天气形势、天气预报等)、周边城市空气质量实况和预报、预报订正结果以及预报依据等。

三、预报信息发布

例行值班时,主班最终确定预报结果后,可直接进入预报信息发布程序,通过系统自动化平台进行多道的预报信息发布,发布内容为城市未来 7 天的空气质量,主要污染物浓度及首要污染物等预报信息。发布渠道包括监测中心(站)或生态环境局官方网站、全国空气质量预报联网信息发布平台、广播、电视、网络新闻、微信公众号等多种媒体形式。每日预报结果还应根据时间要求上报至省级空气质量预报发布系统和中国环境监测总站空气质量预报发布系统,同时形成文字格式材料。污染应急值班时,主班将会商确定的预报结果报送部门负责人和分管领导审核后,进入预报信息发布程序,发布内容在例行发布的基础上增加向相关管理部门报送重污染报告和预警提示信息。

四、预报效果评估

每日利用空气质量预报预警系统自动对数值模式和预报员的预报效果进行评估,评估内容包括预报级别准确率、AQI范围预报准确率、首要污染物预报准确率,每周开展一次预报回顾,回顾上周预报结果、天气形势,分析预报偏差原因,总结预报经验,积累预报资料,通过交流提升整体预报水平。按月、季度、年度和重污染时段开展预报回顾与评估,形成空气质量预报月、季度、年度评估报告,同时对每个连续重污染时段或特殊污染时段开展污染特征分析和历史预报回顾性评估,可根据实际情况开展预报质量考核,定期统计一段时间的预报质量,建立或借鉴一套评分办法,计算全体或每个预报员的预报质量。

第六篇 溯源与对策篇

本篇结合江苏省大气污染成因分析工作,系统介绍不同溯源技术及其实际运用情况,在此基础上,总结影响江苏省大气污染的重要因子,并介绍相关防治对策。

第一章

溯源技术概述

大气污染的源解析技术主要包括观测分析、扩散模型、受体模型等方法,本章结合江苏省环境监测中心编制的《江苏省环境空气污染溯源监测技术指南(试行)》,介绍业务工作中常用的方法。

第一节　观测分析法

一、环境空气质量常规监测分析

收集城市或区域内空气质量监测站点 SO_2、CO、NO_2、PM_{10}、$PM_{2.5}$、O_3 监测数据,统计分析城市与区域环境空气污染浓度水平与超标情况(包括超标倍数、超标时段、超标时长等)、时间与空间变化特征,以及污染对环境空气质量的影响,分析环境空气污染物的浓度时间序列与其他组分污染物的关联性,及不同站点发生污染的时间差异,判断污染发生的区域性。结合气象场,分析城市与区域环境空气污染物浓度的时空演化情况,识别环境空气污染的特征,如本地污染累积、污染输送、污染输送后再回流、海上污染输送等。

二、大气化学组分监测分析

化学组分监测方法可根据需要及条件选择离线分析方法和在线分析方法。离线方法按照样品采集和样品分析两步进行,适合于多点位网格化布设,采样分析过程中需耗费大量的人工且时间分辨率低。在线方法是指样品采集和样品分析近乎同步进行,时间分辨率可达小时级别,可精准捕捉环境大气污染过程,用来了解化学组分的变化特征、污染过程变化和长期变化趋势。

颗粒物化学组分监测,主要分为无机元素、水溶性粒子、碳组分 3 大类。无机元素包括 Na、Mg、Al、Si、K、Ca、Ti、V、Cr、Mn、Fe、Ni、Cu、Zn、Pb、As、Hg、Cd 等。水溶性离子包括 NH_4^+、Ca^{2+}、K^+、Na^+、Mg^{2+}、Cl^-、NO_3^-、SO_4^{2-} 等。碳组分包括有机碳 OC 和元素碳 EC 等。也可根据颗粒物排放源的实际情况及技术能力,增加多环芳烃、烷烃等有机物种分析。VOCs 化学组分监测,主要以 $C_2 \sim C_{12}$ 的 56 种非甲烷总烃(PAMS)为目标化合物,其臭氧生成贡献较大。也可根据地区污染排放特点及技术能力,增加萜烯类、α/β-蒎烯、醛酮类、含氮有机物、卤代烃等 VOCs 物种。

统计分析化学组分监测数据,阐明环境空气中颗粒物或 VOCs 化学组分的浓度水平和时空分布特征,判断大气污染类型。还可以结合受体模型,明确污染来源和污染控制方向。

三、热点网格监测分析

筛选热点网格时,将城市行政区域按 $3 \text{ km} \times 3 \text{ km}$ 划分网格,综合利用地面监测、卫星遥感、气象监测、地理信息、环境统计、经济表征数据(如工商、电力)等数据,运用多种模型交叉量化分析,评估所有网格的污染程度、污染源规模与数量等多项指标,筛选出需要重点实施监管排查的热点网格。热点网格原则上要求网格浓度在所属城市的排名为前 10%,若该城市山区面积大于 50% 时,可适当降低热点网格数量。基于筛选的热点网格,建设微型和小型空气质量监测站,开展点位空气质量监测,以热点网格的点位监测数据为基础,结合卫星遥感、国控空气自动监测站、气象等多源数据,估算热点网格浓度。

热点网格监测平台实时自动分析和识别突发的异常污染行为,快速精准报警,同时系统记录相关反馈的照片、现场描述等信息,并发布推送异常报警信息,调度相关责任人准时到达现场进行事件详情排查,针对排查出的问题进行整改。报警方式可采用点位实时报警、网格实时报警、网格七天报警。对于点位实时报警,当该点位浓度达到基础阈值,并且高于临近点位阈值,将会触发报警,其中阈值根据逐月气候特征、环境空气质量水平、当地污染防治要求等条件进行动态调整。对于网格实时报警,通过点位监测数据及卫星遥感数据反演出每个网格浓度,根据风速风向、基础阈值及临近网格阈值,判断污染发生位置,触发报警。对于网格七天报警,当日排查过去七天累积浓度较高的网格,结合卫星遥感、异常特征等数据,综合判断本地源排放较多的区域,触发报警。除了常规的异常报警外,还可以基于中长期的历史热点网格监测结果自动识别污染异常特征,如各地浓度较高、同比改善倒数、环比改善较差等,分析异常网格周边工业园区、道路交通、扬尘裸地、港口交通等不同污染源,便于各地快速发现异常排放、落实污染管控和提高执法效能。

四、污染过程气象条件分析

收集区域代表性站点气象要素资料,包括风速、风向、环境温度、气压、湿度、降水、云量及辐射数据(太阳辐射、紫外辐射)等,如有必要,应开展有关气象因素的观测。

针对污染过程,一天收集 4 次地面、850 hpa、700 hpa、500 hpa 气象场、气压场、温度场、湿度场和降水分布等数据,分析污染过程的天气形势及演变。分析污染期间风向、风速、温度、降水量、云量的时间变化特征和大气边界层变化特征。分析海陆风、山谷风等局部地区环流影响；分析可能出现的夜间急流。

根据监测资料和历史气象资料，统计污染日的气象条件，总结污染发生的典型气象条件，分析不同的气象因素对环境空气污染的影响，为污染来源解析提供背景资料。

五、卫星遥感监测分析

卫星遥感监测大气污染具有大区域范围内连续观测的优势，能够在不同尺度上反映污染物的宏观分布趋势，为大气污染的全方位立体监测提供重要信息来源。利用不同卫星的不同载荷，可以对气溶胶光学厚度、痕量气体（NO_2、SO_2、O_3）等污染物进行反演；也可以通过多谱段对可能造成污染的地物如工厂、裸地等进行识别。卫星遥感技术与地面实时监测技术相结合，能够更客观地展示大气污染状况，实现更加精准的空气质量预报预警。

利用卫星遥感获取的工地、裸土扬尘源信息可快速、精准地对其进行定位，可利用环境质量监测数据和卫星遥感数据与实地考察验证相结合，对卫星遥感数据进行分析比对，全面掌握土地的利用形式，对易产生扬尘的重点区域进行监控或采取必要的抑尘手段，为环境管理和环境执法提供数据支撑。大气卫星遥感产品一次成像全域覆盖，人为干预少，结果相对客观，可以成为重大活动空气保障效果的客观参考标准。卫星遥感技术不仅可以快速地获取大范围的秸秆焚烧火点位置，为监管部门提供及时的信息支持，也能够发挥污染源清单实时更新的作用，为区域性的环境空气质量预报预警提供参考依据。

第二节　扩散模型法

一、欧拉模型溯源

欧拉模型法是以欧拉型空气质量数值模式为基础的方法，其基于排放源清单和气象场，用数值方法模拟污染物在大气中的输送扩散、化学转化、干湿清除等大气物理化学过程，定量估算不同地区和不同类别污染源排放对受体环境空气污染物浓度的贡献情况。代表性模式有 CMAQ、CAMx、WRF-Chem、RegAEMS、NAQPMS 等。针对大气污染的来源问题，本书介绍了以欧拉型数值模式为基础的各种大气污染来源解析方法，包括敏感性实验方法和源示踪方法两大类。

（一）敏感性实验方法

主要原理是通过对目标源进行削减来判断其对目标地区的贡献。具体做法为：将目标源排放进行一定比例的削减,重新运行空气质量数值模式,将输出结果与模式基准条件下的结果进行比较,进而获取目标地区目标源对目标地区目标污染物的贡献。该方法概念简单,容易实现,但其缺点为:计算量依赖于设计情景,对于不同地区不同行业,须对每类排放源做一次模拟,计算量较大,难以满足实时预报预警要求;计算结果易受数值计算误差的影响。

除了调整目标源外,该方法还可以替换不同年份的气象场,从而定量计算不同气象条件对空气质量的贡献。

(二) 源示踪方法

CMAQ、NAQPMS、CAMx 等欧拉模型都拥有来源解析工具,可对臭氧和颗粒物进行来源解析,包括来源地区和来源类型,本节以 NAQPMS-OSAM 为例介绍源示踪方法的主要原理。

颗粒物和臭氧来源解析技术(PSAT/OSAT)是 CAMx 的一个重要扩展模块,它通过对各种污染源加入反应性示踪物跟踪污染源的反应过程,对颗粒物及前体物(SO_2、NO_x、NH_3 和 $PM_{2.5}$)、臭氧及其前体物(NO_x 和 VOCs)的排放地区和排放源类进行追踪,可以得到不同地区、不同类型污染源对选定受体点和时间的颗粒物和臭氧浓度的贡献。CAMx-PSAT/OSAT 结构见图 6-1-1。

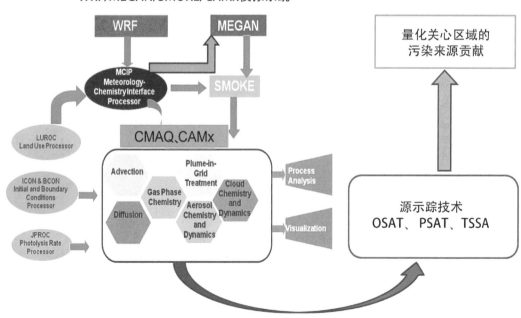

● 图 6-1-1　CAMx-PSAT/OSAT 模式结构

OSAT 通过标记不同地区、不同类型排放源的前体物,可用于定量不同区域各种排放

源对受体点的 O_3 贡献,而地区 O_3 评估模块可追踪受体点 O_3 的生成地,定量解析本地和区域的传输及行业贡献。图 6-1-2 给出了臭氧前体物之间的转化关系以及 OSAT 臭氧源解析方法示意。$\Delta H_2O_2/\Delta HNO_3$ 为臭氧受 NO_x 或 VOCs 控制的判定指标,大于 0.35 表示受 NO_x 控制,小于 0.35 表示受 VOCs 控制。RNO_3、O_3V、O_3N、OOV、OON、NIT、RGN、TPN、NTR、HN_3 表示 OSAT 示踪物,V 表示 VOCs,NIT 表示 NO 和 HONO,RGN 表示 NO_2、NO_3 和 N_2O_5,TPN 表示 PAN、PAN 类似物和 PNA,NTR 表示有机硝酸盐 RNO_3,HN_3 表示气态 HNO_3,O_3N 表示 NO_x 控制下生成的 O_3,O_3V 表示 VOCs 控制下生成的 O_3,OON 表示 NO_2 中来自 O_3N 的原子氧,OOV 表示 NO_2 中来自 O_3V 的原子氧。臭氧生成和损耗分开计算并能同时发生,臭氧根据 $\Delta H_2O_2/\Delta HNO_3$ 分为在 NO_x 或 VOC 控制下的生成并分别分配到 O_3N 和 O_3V,与示踪物 NIT 和 V 成比例;臭氧损耗,O_3N 和 O_3V 按比例减少并被转移到示踪物 OON 和 OOV 中。当 NO_2 经光解形成 O_3 时,损耗的 OON 和 OOV 被转移到示踪物 O_3N 和 O_3V 中。

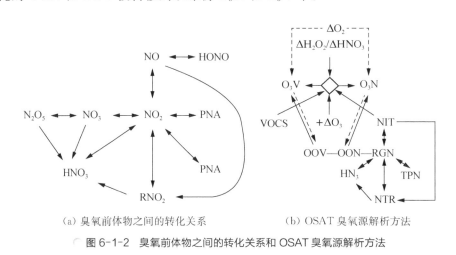

(a) 臭氧前体物之间的转化关系 (b) OSAT 臭氧源解析方法

图 6-1-2　臭氧前体物之间的转化关系和 OSAT 臭氧源解析方法

二、拉格朗日模型溯源

气团轨迹模式作为一种直观展示大气中气团或粒子运动轨迹的方法,广泛应用于大气污染物传输研究。单条轨迹计算的精确性主要受气象观测的时间和分辨率、观测误差、分析误差和在轨迹模型中运用任何简单化的假想等因素影响。在克服这些问题的基础上,结合多条轨迹分析就能说清楚一定时期内某一污染物的特征状况,分析大气中污染物的传输路径及对受体的贡献率。代表性模式有 HYSPLIT、FLEXPART、LPDM 等。

(一) 基于 HYSPLIT 模式的污染源示踪方法

HYSPLIT(Hybrid Single-Particle Lagrangian Integrated Trajectory Model)为美国海洋与大气研究中心(NOAA)开发的混合单粒子拉格朗日积分传输、扩散模式。其平流

和扩散计算采用拉格朗日(Lagrangian)方法,而浓度计算则采用欧拉(Euler)方法,即采用拉格朗日方法以可变网格定义污染源,分别进行平流和扩散计算,采用欧拉方法在固定网格点上计算污染物的浓度。这是因为城市污染源的几何尺度较小,排出污染源后,污染物气团的体积较小,不易被较粗网格的欧拉坐标系捕捉,而太细的网格则造成浪费;但是当经过一段时间的扩散后,污染物气团迅速变大,可以被一定的欧拉坐标系识别,此时再采用拉格朗日坐标系描述同样也会浪费时间。所以采用拉格朗日-欧拉混合求解法,以较少的计算时间取得较高精度的计算结果。

模式支持多种不同垂直坐标系统的气象场,包括气压坐标、地形-σ坐标和气压-σ混合坐标等。需要的气象变量至少包括:水平风、气温、高度 Z 或气压 P 以及地面气压 P_0。湿度和垂直速度可选,若要计算可溶性气体或粒子的湿沉降过程则需要降水场,垂直运动的计算则依赖于垂直坐标系的定义。所有输入的气象场首先根据不同的坐标系转换并插值到模式定义的坐标系统,然后模式进一步进行平流或扩散的计算。

模式平流计算中的气团运动轨迹是气团被风传输时移动位置的时间综合。轨迹可以在时间上进行前向聚类和后向聚类。前向轨迹从污染源出发计算轨迹,然后沿轨迹从污染源出发模拟该污染源排放的污染物通过传输扩散过程对计算区域内环境空气污染的影响,再把多个污染源计算的结果进行迭加。由于各个污染源造成的污染浓度分布是分别计算后再迭加的,因此容易用来计算各个污染源关于选定位置空气污染浓度的贡献比例。但也因为污染源是分别计算的,一些非线性过程便难以模拟,所以湿沉降、云雨过程及化学转化等只能通过参数化的形式来表示。后向轨迹以选定位置(接受点)为基点,计算气团到达该位置的轨迹,然后沿轨迹计算气团一路上经过哪些污染源,因此受到影响,并经历各种物理化学过程,直到到达该选定位置。后向轨迹模式可以包括复杂的化学反应,也能较清晰地说明各个污染源和受体之间的关系,但不能模拟扩散过程。综合误差的测量可以通过从前向轨迹终点位置计算后向轨迹得到。起始位置和结束位置的差别反映出轨迹的误差大小。该模式在计算过程中也存在一定误差,这和计算所使用的气象数据准确性、模式的水平分辨率以及计算公式有关。

(二) 基于 FLEXPART 模式的污染源示踪方法

FLEXPART(Flexible Particle Dispersion Model)模式是由挪威大气研究所(Norwegian Institute for Air Research,NILU)和德国慕尼黑工业大学(Technical University of Munich,TUM)联合开发的拉格朗日粒子输送与扩散模式。它通过计算点、线、面或体积源释放的大量粒子的轨迹,来描述示踪物在大气中长距离、中尺度的输送、扩散、干湿沉降和辐射衰减等过程。该模式可以通过时间的前向运算来模拟示踪物由源区向周围的扩散,也可以通过后向运算来确定对于固定站点有影响的潜在源区的分布,尤其当研究区域内观测站点数量少于排放源数量时,后向运算更具有优势。

该模式采用"区域填塞"技术,在模式积分之初,给定地理空间范围和高度场后,将区域划分为足够多的大气"气块",气块按照大气密度均匀地分布,模式开始积分后,气块将在气象强迫条件的驱动下自由运动。模式将会输出模拟过程中每个气块的三维位置信息,进而实现对整个区域大气输送和扩散过程的模拟。

模式的核心内容是研究大气污染物的源汇关系:污染排放为"源",观测站点为受体,类似于"汇"。通过研究污染物的输送、扩散、对流、干湿沉降、辐射衰减和一阶化学反应等过程,得到随时间序列变化的格点污染浓度(正向模拟)或格点驻留时间[也称敏感性系数或印痕函数(后向模拟)]。

(三) 基于 LPDM 模式的污染源示踪方法

LPDM(Lagrangian Particle Distribution Model)拉格朗日粒子释放模式不同于通常计算单点的轨迹模式,而是通过计算气块群的运动轨迹,进而实现对大气物质的输送和扩散过程的模拟。拉格朗日气块模式计算大量的气块轨迹去描述空气的输送和扩散,这里所谓的气块并不是真实的气块,而是指无穷小的空气块。作为新一代的拉格朗日模式工具,它可以用来模拟点源、线源、面源和三维大气源排放的大气示踪物质(Tracers)的长期和中尺度输送、扩散、干湿沉降及其辐射衰减过程,其时间上的前向模拟可以确定排放源的影响范围,而后向模拟可以分析污染物的来源。与欧拉模式相比,拉格朗日气块模式的优势主要是积分过程中空间分辨率不受数值离散的影响,保持了较高的精度。此模式被广泛应用于很多方面的研究,包括核事故后放射性物质传输、化学危险品事故应急响应、沙尘输送等。

该模式采用"区域填塞"技术,在模式积分之初,将整个经纬度及高度范围确定的一个区域尺度甚至全球尺度的三维空间划分为足够多的大气"气块"。气块按照大气密度而均匀分布在此三维空间之中,每个气块具有相同的质量,所有气块质量总和等于整个三维空间大气质量。模式积分开始之后,气块将在风、压、温度等驱动下而自由运动。对于有限区域而言,模式积分开始之后,将累积流入边界上的物质通量,一旦边界流入质量超过了一个气块所具有的质量,那么在此边界之上将有一个新的气块产生。同理,在有限区域的流出边界之上,将有气块消失。

第三节　受体模型法

受体模型法是基于受体点化学组分观测数据和各排放源的化学组成信息(源成份谱)来定量解析排放源行业贡献率的方法,其不依赖详细的排放源强信息和气象资料。受体模型主要包括因子分析类模型(PMF、PCA/MLR、UNMIX、ME2 等)和化学质量平衡模型

（CMB）。国内外广泛应用的是正定矩阵因子分析（PMF）模型和化学质量平衡（CMB）模型。

一、基于观测的 PMF 受体模型方法

正定矩阵因子分解（Positive Matrix Factorization，PMF）模型是一种多变量因子分析工具，它将一个含有多个日期、不同组分的采样数据矩阵分解为两个矩阵，即源谱分布矩阵和源贡献矩阵，然后依据掌握的源谱分布的信息来决定分解出的源的类型。可选用 EPA PMF5.0 软件等计算。其基本原理如下：

$$X = GF + E \qquad \text{公式（1）}$$

式中受体样品浓度矩阵（X）是 n 个样品的 m 种组分的浓度（$n \times m$），F 为源成分谱矩阵（$p \times m$），G 为源贡献矩阵（$n \times p$），E 代表残差矩阵（$n \times m$）。方程可以转化为下式：

$$E = X_{nm} - \sum_{j=1}^{p} G_{np} F_{pm} \qquad \text{公式（2）}$$

式中 E、G 和 F 分别代表残差矩阵、源贡献矩阵和源成分谱矩阵，p 代表不同的来源。

为得到最优的因子解析结果，PMF 模型将所有样本残差与其不确定度的和定义为一个"目标函数"（Object Function）Q，最终解析得到使目标函数 Q 最小的 G 矩阵和 F 矩阵，如下式：

$$Q(E) = \sum_{i=1}^{m} \sum_{j=1}^{n} (E_{ij}/\sigma_{ij})^2 \qquad \text{公式（3）}$$

式中 σ_{ij} 代表第 j 个样品中第 i 个化学组分的标准偏差或不确定性。PMF 模型中利用最小二乘法进行迭代计算，按照公式（2）和（3）的限制条件，不断地分解原始矩阵直至收敛，计算得到正值的源贡献矩阵和源成分谱矩阵。

根据长时间序列的受体化学组分数据集进行来源解析，不需要源类样品采集，提取的因子是数学意义的指标，通过源类特征的化学组成信息进一步识别实际的污染源类。

选择环境空气浓度较大、观测数据相对完善、来源指示性强的化学物种（原则上不少于 20 种化学组分物种）开展污染源解析工作。PMF 分析过程中，有效受体样品数量应符合 PMF 运行要求。

将所有有效分析的化学成分纳入模型进行拟合；低于分析方法检出限的化学成分，采用 1/2 检出限作为输入参数。

在进行 VOCs 来源解析时，对于光化学污染特征明显的地区，应考虑光化学反应对 PMF 解析的影响，建议依据活性对拟合组分进行筛选或对 VOCs 消耗进行校正后结合源模型技术方法进行来源解析。

二、基于观测的 CMB 受体模型方法

化学质量平衡(Chemical Mass Balance,CMB)模型是开展颗粒物和 VOCs 来源解析研究的重要工具,可选用的 CMB 模型软件有 EPA-CMB8.2。CMB 模型是根据质量平衡原理建立起来的,通过物种丰富度和源贡献的乘积之和来表达环境化学浓度。由此可知受体的总质量浓度就是每一类源贡献浓度值的线性加和,即:

$$C = \sum_{j=1}^{J} S_j \qquad \qquad 公式(4)$$

假设 j 排放源对受体的总质量贡献为 S_j,F_{ij} 为 j 排放源所排出的 i 组分的含量(即排放源成分谱),则在该受体测得的 i 组分的量 C_i 应为各排放源(共 J 个)所贡献的 i 组分的和,即:

$$C_i = \sum_{j=1}^{J} F_{ij} \times S_j, \quad i = 1, \cdots, I \qquad \qquad 公式(5)$$

选定拟合元素和拟合源,当拟合元素的数目(I)大于或等于拟合源的数目(J)时,根据测得它们在大气中的浓度 C_i 及排放源成分谱 F_{ij},可通过一定的数学方法解出此线性方程组,得到各个排放源对该受体的贡献值 S_j 和相应的贡献率 β_j:

$$\beta_i = (S_j / \sum_{j=1}^{J} S_j) \times 100\% \qquad \qquad 公式(6)$$

根据源识别的结果或该地区的排放清单,选择参与拟合的源类,各源类的源谱应优先选择当地采集的源类样品分析数据。根据源类化学组成特征选择参与拟合的化学成分,所选拟合计算的化学成分数量不少于源类数量;拟合结果必须满足模型要求的各项诊断指标。

在进行 VOCs 来源解析时,对于光化学污染特征明显的城市,应考虑光化学反应的影响,建议依据活性对拟合组分进行筛选或对 VOCs 消耗进行校正后结合源模型技术方法进行来源解析。

三、基于观测的臭氧来源分析方法

根据臭氧及前体物等观测数据,采用数据分析和模型方法判断臭氧形成的敏感性,分析方法包括相对增量反应性方法、经验动力学模拟方法和光化学指示剂比值法。针对臭氧污染 VOCs 前体物的控制,应根据环境受体 VOCs 观测结果开展 VOCs 来源解析工作和臭氧生成关键 VOCs 前体物识别,结合 VOCs 重点污染识别方法,确定重点控制 VOCs 物种与污染源。

(一) 相对增量反应性方法

将受体点观测到的臭氧及其前体物浓度、气象参数、光学参数等输入基于观测的模型（Observation-based Model，OBM）模拟大气化学过程，利用模型计算各前体物的 RIR（Relative Incremental Reactivity），通过 RIR 的正负取值判断各前体物对臭氧生成的影响。

(二) 经验动力学模拟方法

通过绘制 EKMA 曲线，判断不同 VOCs 和 NO_x 浓度下臭氧生成情况，分析臭氧生成的敏感性。在 EKMA 曲线上确定 VOCs 和 NO_x 的脊线比值，与观测中获得的比例进行比较。如观测的 VOCs/NO_x 比值大于脊线比值，可判断 O_3 生成过程受到 NO_x 控制；如观测的 VOCs/NO_x 比值小于脊线比值，可判断 O_3 生成过程受到 VOCs 控制。

(三) 光化学指示剂比值法

将光化学反应中某些特定的产物或中间体的比值（如 H_2O_2/HNO_3 比值、H_2O_2/NO_z 比值（$NO_z=NO_y-NO_x$）、基于卫星遥感的 HCHO/NO_2 比值等）与臭氧生成敏感性相关联，通过对这些产物或中间体开展外场观测来判断臭氧生成机制。

(四) 臭氧生成关键 VOCs 前体物识别

通过臭氧生成潜势（Ozone Formation Potentials，OFP）来表征不同 VOCs 组分生成臭氧的潜能。OFP 的计算采用某 VOCs 物种的大气环境浓度与其最大增量反应活性的乘积：

$$OFP_i = [VOCs]_i \times MIR_i \qquad 公式（7）$$

其中，OFP_i 表示物种 i 的 O_3 生成贡献，$[VOCs]_i$ 表示观测到的物种 i 的浓度；MIR_i 表示在不同的 VOC/NO_x 的比值下单位 VOC 物种 i 浓度的增加最大可产生的 O_3 浓度，单位为 gO_3/gVOCs。不同化合物在不同的 VOC/NONO$_x$ 的比值下 MIR 值可通过查阅相关文献获取。

通过对比不同 VOCs 组分的 OFP，选取 OFP 较大的 VOCs 物种为关键 VOCs 前体物。

(五) 臭氧生成重点 VOCs 控制源识别

根据 VOCs 来源解析的结果，进一步评估臭氧来源。通过 OFP 来表征不同 VOCs 排放源排放的臭氧前体物生成臭氧的潜能，进而分析不同排放源对环境空气中 O_3 的潜在贡献，确定重点 VOCs 控制源。

根据每一个来源因子对各 VOCs 组分浓度的贡献及该组分的最大增量反应活性（MIR），计算该来源的臭氧生成潜势，进而计算各类源对臭氧生成潜势的贡献。计算公式如下：

$$OFP_i = \sum_j [VOCs]_{i,j} \times MIR_j \qquad\qquad 公式（8）$$

式中，OFP_i 即第 i 个源的臭氧生成潜势，$[VOC]_{i,j}$ 是第 i 个源中物种 j 的浓度，MIR_j 是物种 j 的 MIR。

第四节 污染源调查法

大气污染物排放清单指各种排放源在一定时间跨度和空间区域内向大气中排放的大气污染物的量的集合。一套完整的大气污染物排放清单应当覆盖化石燃料固定燃烧、工艺过程、移动源、溶剂使用、扬尘、生物质燃烧和农业等排放源，包含二氧化硫（SO_2）、氮氧化物（NO_x）、一氧化碳（CO）、挥发性有机物（VOCs）、氨（NH_3）、一次颗粒物（$PM_{2.5}$ 和 PM_{10}）和臭氧（O_3）等大气污染物，并具备动态更新机制。

考虑到各地清单编制工作的技术基础与实际管理需求的差异性，原环境保护部按照"规范统一、科学实用、轻重缓急、循序渐进"的原则，于 2014 年 8 月发布了《大气细颗粒物一次源排放清单编制技术指南（试行）》《大气挥发性有机物源排放清单编制技术指南（试行）》和《大气氨源排放清单编制技术指南（试行）》3 项技术指南，又于 2014 年 12 月发布了《大气可吸入颗粒物一次源排放清单编制技术指南（试行）》《扬尘源颗粒物排放清单编制技术指南（试行）》《道路机动车大气污染物排放清单编制技术指南（试行）》《非道路移动源大气污染物排放清单编制技术指南（试行）》和《生物质燃烧源大气污染物排放清单编制技术指南（试行）》等 5 项技术指南，至此，初步形成了我国大气污染物源排放清单编制技术支撑体系。

一、行业污染源现状调查

不同行业污染源排放的环境、污染物、排放特征以及治理技术不尽相同，行业污染源总体可分为生产过程、储运过程、工艺过程和产品使用过程。为实现各行业污染源"源头控制"，须开展行业污染源现状调查工作，摸清各行业污染源排放状况。行业污染源现状调查从资料收集、源项解析、合规性检查、统计核算（包括监测/检测）等方面，采用实测、物料衡算、排放系数等排放量核算方法，重点对企业原辅材料和产品储存、生产工艺环节的物质清单和排放量开展排查。

（一）排查范围

根据工艺环节污染源归类解析的理论基础，将各污染源分为设备密封点泄漏污染源、储存与调和挥发污染源、装卸挥发污染源、处理过程逸散污染源、其他源五大部分。总体上,污染源排查范围包括涉及气体污染物流经或接触的设备或管道、储存调和过程中有组织和无组织排放源、物料装卸过程中因挥发产生的排放、废气和废水的收集和处理设施在处置过程中因逸散产生的排放以及工艺装置、燃烧烟气等其他涉及污染排放的有组织和无组织排放源。各类污染源应按照工艺特点提出相应的污染源排查工作方法。

(二)排查方法

1. 资料收集

根据工艺环节污染源分类以及确定的排查范围,收集企业基础文件和各工艺环节相应资料。企业收集的基础文件应包括工艺流程图、管道仪表图、物料平衡表、操作规程、装置平面图、设备台账等。从各类污染源来看,设备密封点泄漏污染源记录文件应包括相关技术报告、工作总结、会议纪要等;储存与调和挥发污染源主要包括储存设施、物料、所在地气象信息、有机气体控制设施等相关信息;装卸挥发污染源主要包括企业装卸设施、装载物料、有机气体控制设施等相关信息;处理过程逸散污染源主要包括废气、废水的收集系统、处理设施的相关参数;其他源主要包括工艺装置或设施的配置、运行、环境保护监测信息等。

2. 源项解析

根据各类污染源的工艺环节排放特征,开展更细致的源项分类解析工作。从各类污染源来看,设备密封点泄漏污染源须根据物料工艺参数对物料流进行分类和标识,并依据排查范围进行各类密封点排查工作,采集现场标识相关信息、建立基础台账;对储存与调和挥发污染源可根据储存设施和排放源进行分类;对装卸挥发污染源可按照装载形式、装载方式、装载罐车进行分类;对处理过程逸散污染源和其他源可按照排放方式进行分类。以上污染源根据不同的分类方式,采用不同的核算公式和排放系数。

3. 合规性检查

合规性检查是指检查企业污染排放和管控与国家、地方环保法规、标准是否一致。关于设备密封点泄漏污染源主要检查企业密封点检测台账建立、现场检测记录、泄漏维修记录等;对在重点管理名单中且在排污许可证中明确应实施自动监测的企业还应当检查自动监测设备安装的合规性,如是否符合法律法规要求,是否符合自动监测设备安装和运行维护的规范等;关于储存与调和挥发污染源主要检查各储存设施和处理设施的选用、处理效率、泄漏情况等;关于装卸挥发污染源主要检查装卸设施的物料装载方式、处理装置和防护措施;关于处理过程逸散污染源主要检查密闭收集处理措施和运行维护情况;关于其他源主要检查工艺有组织、无组织排放和工艺过程等各环节的污染物浓度限值、回收或处理设施、排气筒高度、相关台账记录等。

4. 统计核算

根据欲采用的核算方法开展检测(或采用已有检测数据),并选取相应的检测方法,排放量核算结果的准确度从高到低依次为实测法、物料衡算法、排放系数法。实测法所得结果最接近真实排放情况,应优先采用实测法进行排放量核算,实测法分为现场采样监测和实验室分析两部分。现场采样执行《固定污染源废气 挥发性有机物的采样 气袋法》(HJ 732—2014)或《固定源废气监测技术规范》(HJ/T 397—2007)的相关规定,实验室分析执行《固定污染源废气 总烃、甲烷和非甲烷总烃的测定 气相色谱法》(HJ 38—2017)或《固定污染源废气 挥发性有机物的测定 固相吸附-热脱附/气相色谱-质谱法》(HJ 734—2014)的相关规定。对在重点管理名单且在排污许可证中明确应实施自动监测的企业应通过自动监测数据进行核算。当无法实测或缺少实测数据时,可通过物料衡算法、排污系数法进行核算。

物料衡算法基于质量守恒定律,对生产过程中所使用的物料情况进行定量分析,在使用物料衡算法估算时,必须根据不同行业的特点,选择有代表性的物料进行计算。该方法既适用于整个生产过程中的总物料衡算,也适用于生产过程中任何工艺过程某一步骤或某一生产设备的局部衡算。

排污系数法是在典型工况生产条件下,用生产单位产品所产生的污染物排放量,经过末端治理设施削减后残余量的统计平均值来进行估算排放,排污系数的获取可参考《排放源统计调查产排污核算方法和系数手册》。

二、人为源排放清单编制

人为源是指人类活动所形成的环境空气污染源,主要包括工业源、交通源、生活源、农业源等。

(一) 现有人为源排放清单

近年来,国内从事排放源清单研究的代表机构及相关工作有:在全国尺度上主要有清华大学的贺克斌团队所建立的包括 10 种污染物、700 多种排放源的中国多尺度大气污染物排放清单模型(MEIC)并通过网络共享(http://www.meicmodel.org);北京大学谢绍东、宋宇等建立的全国 VOCs 以及 NH₃ 排放清单等。在区域层面上,北京及周边地区的排放源清单代表性工作包括:北京大学、北京市环境保护监测中心站以及中国环境科学研究院于 2002 年首次建立的北京市固定点源、流动源、无组织排放源排放清单;为保障 2008 年北京奥运会空气质量,以清华大学、北京大学为主力的研究团队建立的排放清单;中国气象科学研究院的研究团队也对整个华北地区的排放源清单进行了初步研究;长三角地区的主要代表机构及工作有:复旦大学编制的长三角地区 2004 年排放清单;以上海市环境科学研究院为代表的研究团队建立的长三角高分辨率大气污染物排放清单,并在近年来得到持续更新。对珠三角地区而言,近 10 年来,由原广东省环保厅和香港环保署牵头,分别于 2003 年、2008 年联合编制珠三角排放源清单;华南理工大学郑君瑜团队编制的区域高分辨率排放清单；华南理工大学叶代启团队编制的 VOCs 排放清单等。

基于国家《大气污染防治行动计划》的要求，原环保部颁布实施《清洁空气研究计划》，在此支持下，国家大气污染物排放清单编制工作取得快速发展，颁布了主要大气污染物排放清单编制指南，同时也选择多个城市作为试点，开展源排放清单编制工作。以此为契机，各省市地方环保科研部门与高校组建成研究团队，广泛开展本地排放源清单研究等工作。

（二）一次颗粒物排放清单

1. 颗粒物排放源分类

应按照环境管理需求对颗粒物排放源进行分类。一般可将颗粒物排放源分为固定燃烧源、工艺过程源、移动源。

固定燃烧源是指利用燃料燃烧时产生热量，为发电、工业生产和生活提供热能和动力的燃烧设备。固定燃烧源的第一级分类包括电力、供热、工业和民用四个部门；第二级分类包括煤炭、生物质，以及各种气体和液体燃料；第三级分类下则涵盖了各种具体的燃烧设备；第四级分类包括袋式除尘、普通电除尘、高效电除尘、电袋复合除尘、湿式除尘和机械式除尘等六种污染控制技术以及无除尘设施的情况。

工艺过程源是指工业生产和加工过程中，以对工业原料进行物理和化学转化为目的的工业活动。工艺过程源的第一级分类包括钢铁、有色冶金、建材、石化化工、废弃物处理五个行业；第二级分类包括上述行业的各种原料/产品；第三级分类包括每一种产品的主要工艺技术和设备。工艺过程源的一次 $PM_{2.5}$ 排放分为有组织排放和无组织排放两部分，总排放量为两部分之和。有组织排放的第四级分类包括袋式除尘、普通电除尘、高效电除尘、电袋复合除尘、湿式除尘和机械式除尘等六种污染控制技术以及无除尘设施的情况。无组织排放的第四级分类包括无控制、一般控制和高效控制三种。

移动源是指由发动机牵引、能够移动的各种客运、货运交通设施和机械设备。移动源的第一级分类包括道路移动源和非道路移动源两个类别；第二级分类包括汽油、柴油、燃料油、天然气、液化石油气等主要燃料类型；第三级分类包括各种类型的机动车、非道路交通工具和机械等；第四级分类包括无控、国 1、国 2、国 3、国 4 共五种类别；非道路移动源目前按无控情况处理。

2. 颗粒物排放源清单的建立

编制一次 $PM_{2.5}$ 排放清单时，应首先对清单编制区域内的排放源进行初步摸底调查，明确当地排放源的主要构成，在分类分级体系中选取合适的第一、二级排放源类型，以确定源清单编制过程中的活动水平数据调查和收集对象。在数据调查和收集阶段应当涵盖排放源第三、四级分类中涉及的所有燃烧/工艺技术和颗粒物末端控制技术，在数据整理过程中根据当地排放源的特点确定源清单覆盖的第三、四级分类。

调查各类颗粒物源的排放特征（包括位置、排放高度、燃料消耗、工况、控制措施等），根据排放因子和活动水平确定颗粒物排放源的排放量，建立颗粒物排放源清单。颗粒物排放因子应通过实测或文献调研获取，可参考《工业污染物产生和排放系数手册》及常用的国内实测排放因子数据。

（三）臭氧前体物源排放清单

臭氧前体物源排放清单应包括 NO_x 和 VOCs 排放源清单。前体物源排放清单编制应尽量通过实地调研和测试获得当地主要行业的活动水平和本地化排放因子，排放清单应包含多化学组分（SO_2、NO_x、CO、NH_3、BC、OC、PM_{10}、$PM_{2.5}$、总 VOCs 等），鼓励有条件的地方在大气 VOCs 源排放清单基础上建立分物种的大气 VOCs 源排放清单。

1. 活动水平数据选取原则

优先采用实地调查的方式获取。无法开展活动水平调查时，可从环境统计和污染源普查数据中获取相应信息。调研数据包括统计数据、行业报告、政府公报等公开发布数据；估算数据包括表观消费量、时间序列法、线性回归法计算得到的数据等。

2. 排放因子数据选取原则

优先本土实测并验证可信的排放系数以及国家制定的排放标准限值；无本土数据或排放标准限值的情况下参考国外参考文献或排放系数数据库数据，须要考虑与我国技术水平是否吻合，如不吻合，参考《工业污染源产排污系数手册》提供的我国相应部门工艺、规模等信息对其进行修正；以上方法均不可采用的情况下应用模型估算或物料衡算法。NO/NO_2 和 VOCs 的分物种清单或源谱可参考成熟的源排放成分谱或开展实测。

三、天然源排放清单编制

天然源是指自然界自行向大气环境排放空气污染的来源。大气污染物的来源主要有火山喷发排放出的二氧化碳及火山灰，森林火灾排放出的一氧化碳、二氧化碳等，风沙、土壤尘等自然尘，森林植物释放的 VOCs，含有硫酸盐与亚硫酸盐的海浪飞沫颗粒物。这里主要介绍植被排放的 VOCs 估算方法。

采用模型计算的方法进行天然源 VOCs 排放量的估算，可以选择目前国际上较通用的 MEGAN（Model of Emissions of Gases and Aerosols from Nature）、BEIS（Biogenic Emission Inventory System）、G93 排放量估算模型。在数据的选择上采用符合当地实际情况，且时间尺度上尽可能相近的数据。天然源 VOCs 排放给出排放量的逐时变化，并反映排放的季节变化特征。

植被类型数据采用二类调查资料结合遥感影像解译来获取；排放因子的获取方法包括实测法和光温模型估算法。排放因子获取方法优先采用实测法，如无法得到实测数据，则采用光温模型估算法。实测法利用某一树种排放 VOCs 浓度差和植物枝叶生物量干重来计算该树种 VOCs 排放因子。具体方法包括动态顶空法、静态箱法、叶片尺度法等,其中动态顶空法是目前广泛应用的测量活体植物排放 VOCs 的方法。

四、重点污染源成分谱库

排放源成分谱一般是指各类大气污染源排放的复杂污染物(如颗粒物和 VOCs)中各化学组分相对于这类污染物总排放量的比例,以质量百分比的形式表示。由于不同排放源或同一排放源中不同排放过程中污染物排放强度存在差别,源采集样品中污染物的浓度也有较大差异,将各污染物组分进行归一化后获得每个组分相对于总污染物质量浓度的百分比,能够使各样品在污染物化学组成上具有可比性,通过统计平均手段获得某类源成分特征谱,以识别不同排放源的特征组分。

选择工业源中重点行业重点企业、典型机动车类型、民用燃煤、扬尘排放、餐饮油烟源、生物质燃烧源等重点排放源,建立污染源类排放基础数据库,识别大气污染的主要排放源类,确定需要采集和分析的源类样品种类、点位和数量。通过在线和离线方式测试分析颗粒物和气态污染物排放特征,建立颗粒物和 VOCs 源成分谱库。源成分谱不仅可以作为化学质量平衡模型(CMB)的输入数据,还能验证多变量受体模型(如 PMF)获得的源成分谱。

第
二
章

江苏省大气污染溯源工作

本章围绕江苏省典型污染天气,结合业务工作中的溯源结果,介绍典型污染过程中的污染成因,分析不同时期中影响江苏省大气环境质量的主要因子,从而归纳需要重点管控的污染源,并提出相应对策。

第一节　2020—2022年中长期大气污染溯源

一、2020年和2021年1月份溯源结果

2020年,在经济增长3.7%、总量突破10万亿的情况下,江苏省$PM_{2.5}$平均浓度为38 μg/m³,同比下降11.6%,且有5个城市率先达到空气质量二级标准(35 μg/m³);空气质量优良天数比率为81%,同比上升9.6个百分点,超额完成国家下达的约束性指标,生态环境部考核结果为优。利用受体模型法分别对$PM_{2.5}$和VOCs进行溯源,结果如图6-2-1所示。

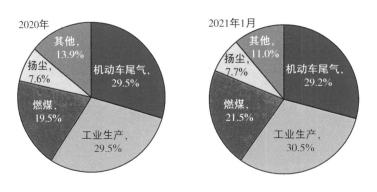

图6-2-1　2020年(左)和2021年1月(右)全省大气$PM_{2.5}$源解析结果比较

从$PM_{2.5}$来源看,工业生产、机动车尾气、燃煤贡献最大。2020年,工业生产贡献了29.5%,机动车尾气贡献了29.5%,燃煤贡献了19.5%,扬尘源贡献了7.6%,其他来源(城市生活面源、生物质燃烧、自然源等)贡献了13.9%。2021年1月工业生产、燃煤贡献有所增加,燃煤、工业生产贡献分别增加2.0和1.0个百分点。

从区域特点看(图6-2-2),沿江地区受工业生产影响明显,而苏北地区燃煤和扬尘问题更为突出。2021年1月,沿江城市工业生产的贡献达40.1%,显著高于其他污染源,较苏北城市高20.9个百分点。苏北城市燃煤和扬尘的贡献共为36.5%,较沿江城市中燃煤和扬尘的贡献高14.9个百分点,区域平均降尘量较沿江城市偏高40%。

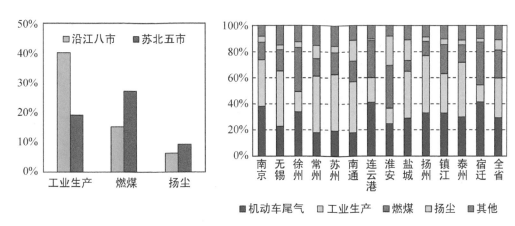

● 图6-2-2 2021年1月沿江、苏北及13设区市环境大气$PM_{2.5}$源解析结果比较

从污染排放情况看,氮氧化物排放量最大,已成为制约江苏省$PM_{2.5}$持续改善的关键。江苏省重点企业监控的各类污染物中,氮氧化物排放量最大,分别为二氧化硫和烟尘的3倍和11倍。而2020年全省$PM_{2.5}$化学组分中(图6-2-3),由氮氧化物二次反应生成的硝酸盐占比最大,达31.7%,较硫酸盐(主要来源于燃煤等排放的二氧化硫在环境空气中发生二次转化反应)高12.4%,已由硫酸盐主导转变为硝酸盐主导。从卫星遥感监测结果来看(图6-2-4),沿江城市的二氧化氮排放强度显著高于苏北,反映出沿江城市须更加关注排放氮氧化物的工业生产、机动车尾气等污染来源。

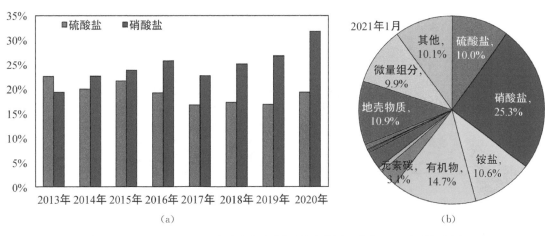

● 图6-2-3 2013—2020年南京市硝酸盐占比变化(a)及全省$PM_{2.5}$化学组成(b)

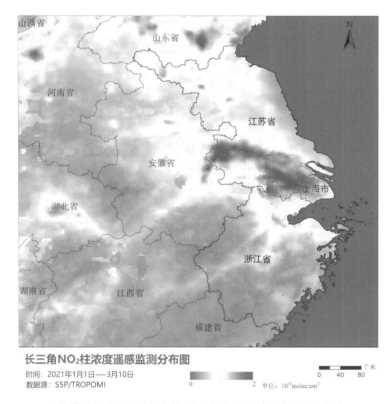

长三角NO₂柱浓度遥感监测分布图
时间：2021年1月1日—3月10日
数据源：S5P/TROPOMI

0   2 单位：10¹⁶molec/cm²

千米
0   40   80

◯ 图 6-2-4 2021 年 1 月—3 月全省 NO₂ 柱浓度卫星遥感图

　　从 VOCs 来源看（图 6-2-5），工业生产（包括石油化工和其他工业生产）、溶剂涂料使用、机动车尾气贡献显著。臭氧已成为影响江苏省优良天数比例的首要因素，2020 年臭氧为首要污染物的超标天数达到 40 天，占全年超标天数的 59.3%。而降低臭氧浓度的关键是减少挥发性有机物（VOCs）排放。VOCs 来源分析显示，2020 年石油化工贡献了15.3%，其他工业生产贡献了 39.8%，溶剂涂料使用贡献了 21.9%，机动车尾气贡献了19.1%，天然源贡献了 3.8%，如图 6-2-5 所示。

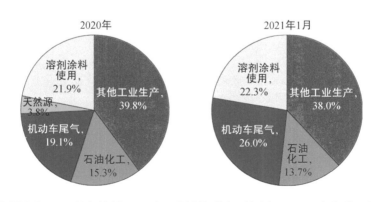

◯ 图 6-2-5 2020 年(左)和 2021 年 1 月(右)江苏省环境大气 VOCs 源解析结果比较

二、2021 年臭氧溯源结果

从超标天数来看，2021 年江苏省臭氧污染 40.0 天，较 2017—2018 年基本持平，较 2019 年显著减少 14.4 天，较 2020 年减少 1.9 天，未出现明显下降趋势。从浓度来看，江苏省臭氧浓度（日最大 8 小时平均第 90 百分位值）为 163 μg/m³，较 2017—2018 年和 2020 年基本持平，较 2019 年下降 5.8%（10 μg/m³），连续五年超过国家年均二级评价标准（160 μg/m³）。

利用基于观测的箱式模型（OBM）（图 6-2-6），提取 2021 年臭氧污染时段 13 个设区市大气超级站 VOCs、NO_x 及臭氧等污染物高时间分辨率数据，进行臭氧与前体物非线性响应关系（EKMA 曲线）分析。结果显示，江苏省大多数城市的臭氧污染主要受 VOCs 控制，各地应坚持以 VOCs 防治为主的控制策略。2021 年，除盐城、镇江 2 市处于协同控制区外，其他 11 市均处于 VOCs 控制区。当处于 VOCs 控制区时，应大幅削减 VOCs 来降低臭氧；当处于协同控制区时，可根据实际管控需要，采取削减 VOCs 或 NO_x 的管控措施均可降低臭氧浓度。目前江苏省臭氧前体物（VOCs 和 NO_2）浓度仍处于较高水平，其中 VOCs 浓度在 20 ppb 左右，显著高于欧美国家的浓度水平（15 ppb 以下），VOCs 浓度整体处于超量状态。经初步测算，江苏省 VOCs 浓度降至 5 ppb 以下时，臭氧污染问题方能得到根本改善。

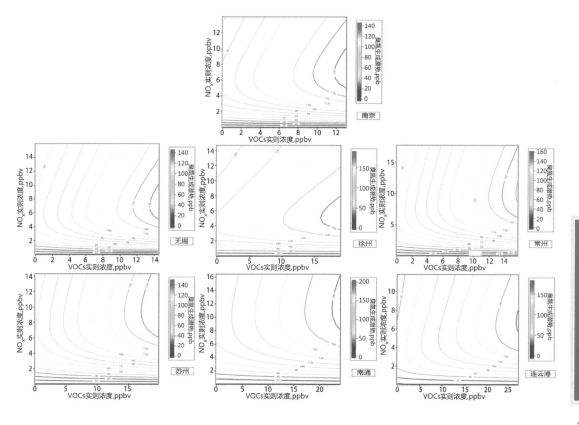

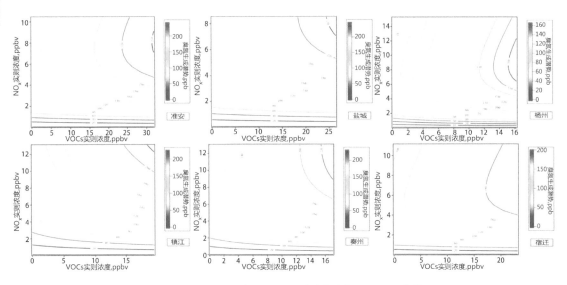

○ 图 6-2-6　2021 年 13 个设区市臭氧超标日 EKMA 曲线

从前体物浓度来看（图 6-2-7），2021 年春夏季江苏省沿江区域 VOCs 和 OFP（臭氧生

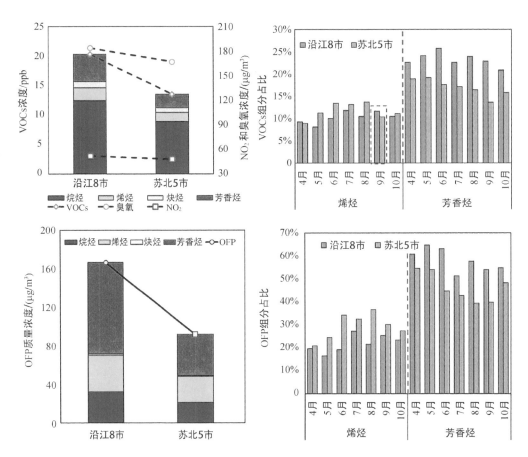

○ 图 6-2-7　2021 年春夏季沿江和苏北区域臭氧前体物浓度及构成比较

成潜势)平均浓度为 20.3 ppb、166.6 μg/m³,较苏北区域分别偏高 33.4%、81.2%;沿江 NO₂ 和 VOCs 呈现"双高"态势,NO₂ 浓度(52.0 μg/m³)较苏北偏高 7.7%(4.0 μg/m³),江苏省臭氧前体物(VOCs 和 NO₂)浓度总体呈现"南高北低"态势,与全省臭氧污染分布状况基本一致。从 VOCs 物种来看,烯烃和芳香烃的大气光化学反应活性较强,沿江区域 VOCs 中芳香烃占比介于 20.9%~25.7%,较苏北偏高 3.7~9.3 个百分点,沿江区域芳香烃污染突出;苏北 VOCs 中烯烃占比介于 13.6%~19.1%,占比高于沿江区域,苏北区域烯烃污染突出,但绝对浓度仍低于沿江区域。

城市层面上(图 6-2-8),2021 年春夏季南京、常州、苏州、镇江和泰州 5 市 VOCs 和 OFP 平均浓度均高于江苏省平均水平(17.7 ppb 和 137.9 μg/m³),偏高幅度分别介于 6.4%~72.4% 和 7.1%~162.8%。常州、泰州、镇江 3 市 VOCs 和 OFP 浓度水平在沿江区域较高,较全省偏高幅度超过 25%,其中常州 VOCs 和 NO₂ 浓度均居全省首位,臭氧污染问题也最为突出。徐州和宿迁 2 市 VOCs 和 OFP 浓度水平在苏北区域较高,其臭氧浓度在苏北区域也最高。

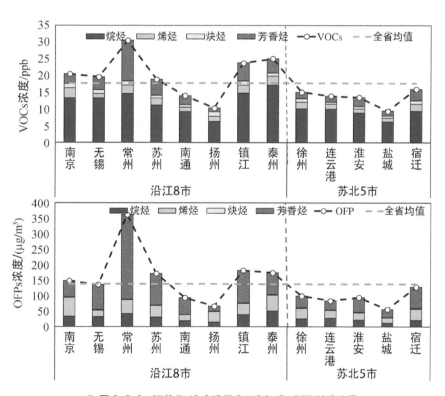

● 图 6-2-8 江苏省 13 个设区市 VOCs 和 OFP 浓度水平

不同 VOCs 物种的臭氧生成潜势(OFP)存在较大的差异(图 6-2-9),江苏省 OFP 排名结果显示,"两苯"(甲苯和二甲苯,主要来自溶剂涂料使用和工业使用)、"两烯"(乙烯和丙烯,主要来源于石油化工行业和机动车尾气)对江苏省臭氧生成潜势较大,是全省排名前四的物种,其对总 OFP 的贡献程度介于 53.3%～65.1%,占 57 种前体物贡献程度五成以上。将 13 设区市前十物种进行权重赋值(贡献最高物种赋值为 10,其余依次递减)并加权求和,加权总和越大对全省臭氧影响程度越大,出现次数越高表示影响范围越广,结果显示"两苯两烯"对江苏省影响程度较大且范围较广,其他物种对总 OFP 的贡献程度呈"断崖式"变化。"两苯两烯"对江苏省臭氧生成贡献尤为突出,属于现阶段江苏省优先控制的 VOCs 物种。13 个设区市 OFP 排名结果显示(图 6-2-10),"两苯两烯"OFP 排名均位居前列。其中,间/对-二甲苯、甲苯和乙烯均排名前三,南京、无锡、徐州、南通和泰州 5 市间/对-二甲苯 OFP 最高,常州、苏州、淮安、盐城、镇江和宿迁 6 市甲苯 OFP 最高,连云港和扬州 2 市乙烯 OFP 最高;无锡、徐州、常州、南通、泰州 5 市邻-二甲苯 OFP 高于全省平均水平,徐州、苏州、淮安、盐城、镇江、泰州 6 市丙烯 OFP 高于全省平均水平。

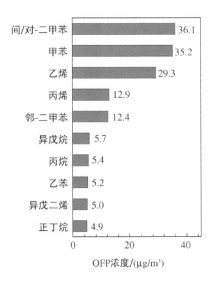

物种	加权求和	加权计数	前十物种平均OFPs浓度/(μg/m³)
间/对-二甲苯	13	121	36.12
甲苯	13	119	35.21
乙烯	13	111	29.26
丙烯	13	85	12.85
邻-二甲苯	13	81	12.42
异戊二烯	7	27	6.49
乙苯	8	28	6.49
异戊烷	12	43	5.69
1,2,4-三甲基苯	8	20	5.43
丙烷	12	38	5.41
正丁烷	9	22	5.31
1-丁烯	4	10	5.01
异丁烷	3	5	4.32
正戊烷	2	5	4.02

○ 图 6-2-9　江苏省 OFPs 前十物种及关键控制物种加权分析

臭氧生成潜势(OFPs)来源解析结果显示(图 6-2-11),工业排放、溶剂涂料使用和机动车尾气对江苏省臭氧生成贡献超过八成,属于现阶段江苏省优先控制的 VOCs 源类。其中,工业排放对江苏省臭氧生成贡献为 32.3%,居第一位;溶剂使用贡献为 28.2%,居第二位;机动车尾气贡献为 25.7%,居第三位。13 个设区市的臭氧生成贡献分布与全省基本一致,均以工业排放、溶剂涂料使用和机动车尾气为主,三者也是"两苯两烯"的主要来源,其对 OFPs 的总贡献介于 82.5%～93.6%之间。

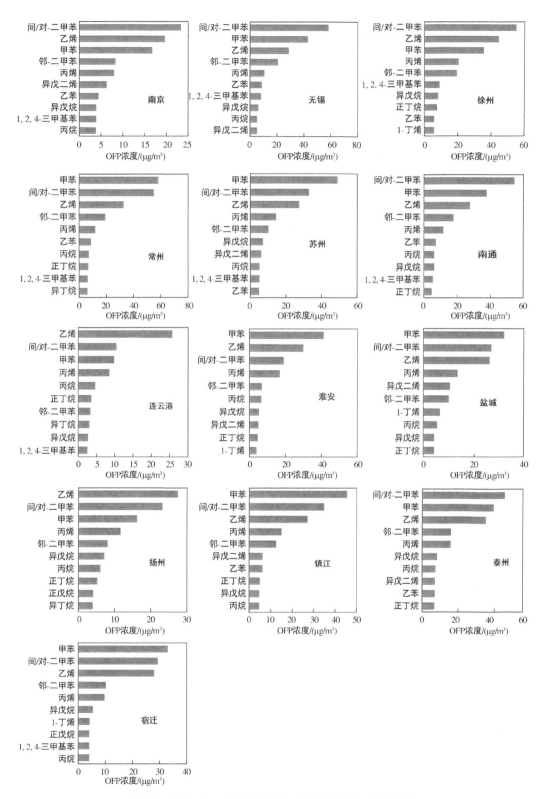

◎ 图 6-2-10　13个设区市臭氧生成潜势(OFPs)前十物种分析

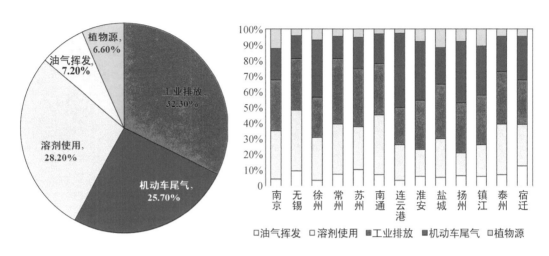

图 6-2-11 江苏省 13 个设区市臭氧生成潜势(OFP)来源解析

三、2022 年溯源结果

2022 年,江苏省 $PM_{2.5}$、PM_{10}、NO_2 等三项污染物浓度同比显著改善,CO 和 SO_2 浓度同比持平,臭氧浓度不降反升,其中 $PM_{2.5}$ 浓度达 31.5 $\mu g/m^3$,为历史最优水平。

利用欧拉模型对 2022 年 $PM_{2.5}$ 进行溯源(图 6-2-12),结果显示,内源对江苏省 $PM_{2.5}$ 浓度贡献更大,平均内源贡献超六成。无锡、常州、扬州、镇江、泰州 5 城市内源贡献均超七成,徐州、连云港 2 市外源贡献较大,均超过五成;南京、苏州、南通、淮安、盐城 5 城市内源贡献均超六成。

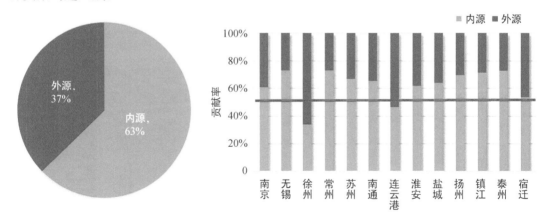

图 6-2-12 2022 年江苏省 13 个设区市内外源贡献

2022 年臭氧作为首要污染物且超标的天数最多,全省平均的臭氧首污超标天数为 54.0 天,臭氧是影响优良天数最重要的因素,首污超标天数占比再创新高,高达 70.3%。利用基于观测的箱式模型(OBM),提取 2022 年臭氧污染时段全省大气超级站 VOCs、氮氧化物及臭氧等污染物高时间分辨率数据,进行臭氧与前体物非线性响应关系(EKMA 曲

224

线)分析(图 6-2-13)。结果显示,2022 年,除淮安处于协同控制区外,其他 12 市均处于 VOCs 控制区。与 2021 年相比,盐城、镇江 2 市从协同控制区转变为 VOCs 控制区,淮安从 VOCs 控制区转变为协同控制区。

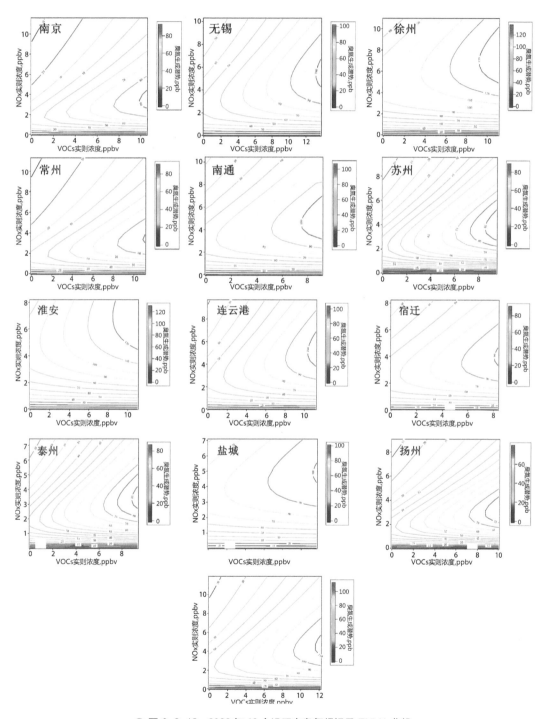

◉ 图 6-2-13　2022 年 13 个设区市臭氧超标日 EKMA 曲线

总体来看,人为减排是扭转 2022 年不利气象条件影响的关键举措。通过"盯大户、促减排"等举措,确保重点企业的主要污染物排放量呈现下降趋势,污染源自动监控数据显示,2022 年,江苏省氮氧化物、二氧化硫和烟尘排放量同比分别下降 18.2%、17.5%、17.6%。通过强化国 3 以下柴油车淘汰等措施,有效压降城市环境中的氮氧化物等污染物的排放;通过开展夏病冬治、沿江地区大气环境专项整治等工作,全面压降 VOCs 排放。环境空气监测结果显示,2022 年江苏省主要臭氧前体物浓度明显下降,NO_2 同比大幅下降 13.8%,VOCs 浓度同比下降 13.0%,显著好于其他指标。受各类减排因素影响,$PM_{2.5}$ 中占比最高的硝酸盐大幅下降 17.3%,成为今年 $PM_{2.5}$ 浓度持续改善的关键;而臭氧超标天虽然多于往年,但峰值浓度有所下降,且未出现 1 个臭氧重污染天(2021 年为 3 个),显示出管控减排对臭氧峰值浓度下降起到的积极作用正逐渐增大。"降高值、抓变量"进一步改善了全省环境空气质量。夜间大气边界层低、环境容量小,极易出现污染高值,通过加强对夜间污染的管控,江苏省 2022 年夜间时段的 $PM_{2.5}$ 浓度由 2021 年 35 μg/m³ 降至 33 μg/m³,较日间浓度,从高出 3 μg/m³ 降至 2 μg/m³。往年夏秋季节秸秆焚烧极易造成重度污染,通过紧盯秸秆禁烧,2022 年全省未出现因焚烧引发的大面积重度污染过程,$PM_{2.5}$ 中指示生物质燃烧的钾离子浓度同比下降 17.9%,显示禁烧工作成效明显。

第二节　秋冬季 $PM_{2.5}$ 重污染过程的溯源

2022 年 12 月 26 日至 2023 年 1 月 2 日,江苏省经历了"十四五"开局以来最重的一次 $PM_{2.5}$ 污染过程,13 市均出现日均浓度达轻度及以上程度污染。从污染过程来看,本轮污染过程可以分为 12 月 26 日—28 日和 12 月 29 日—1 月 2 日两个阶段(图 6-2-14)。

第一阶段:北部城市污染累积,28 日污染气团自北向南输送至全省。12 月 26 日凌晨至上午时段,淮安、连云港、宿迁等北部城市 $PM_{2.5}$ 浓度持续上升,在偏北风作用下,污染范围逐渐向沿江城市扩大,至 23 时徐州、常州、南通、连云港、淮安、盐城、扬州、镇江、泰州、宿迁 10 市 $PM_{2.5}$ 小时浓度超标,其中盐城峰值浓度为 136 μg/m³,达中度污染水平。12 月 27 日—28 日,北部城市污染持续累积,在连云港、宿迁、盐城三市交界的东海、沭阳、灌云、灌南、滨海、响水等地率先形成了一个高值区域,其中盐城市滨海县、响水县 $PM_{2.5}$ 浓度峰值分别达 197 μg/m³、188 μg/m³ 的重度污染水平。在偏北风影响下,污染气团逐渐向南推进,并影响至沿江地区,在本地累积叠加污染输送的影响下,沿江地区南京、常州、苏州、扬州、镇江、泰州 6 市 28 日 $PM_{2.5}$ 日均浓度达中度污染水平,明显高于北部城市。

第二阶段:北部城市再次累积污染并进一步加重,并再次缓慢南推扩散至全省。12 月 29 日,在弱高压底部东北风影响下,盐城和南通污染逐渐缓解,随后沿江东部城市污染程度有所减轻,整体以良为主,污染主要集中于苏北和沿江西部城市。12月30日,污染再次在北部城市累积,徐州10时PM$_{2.5}$小时峰值浓度高达175 μg/m³,日均浓度首次达重度污染水平,为160 μg/m³;连云港、淮安、宿迁3市日均浓度达中度污染水平,江苏省于12月29日启动了苏北五市重污染天气黄色预警。12月31日—次年1月1日,污染累积范围持续南推,再次扩大至全省,并且明显加重。31日3时,北部沿海地区率先出现PM$_{2.5}$高值,连云港市灌云县和东海县PM$_{2.5}$浓度分别达190 μg/m³和188 μg/m³,盐城市阜宁县、响水县和滨海县PM$_{2.5}$浓度峰值分别达254 μg/m³、240 μg/m³和213 μg/m³。1月2日,随着弱冷空气南下,全省范围污染明显减轻,此轮重污染过程基本结束。

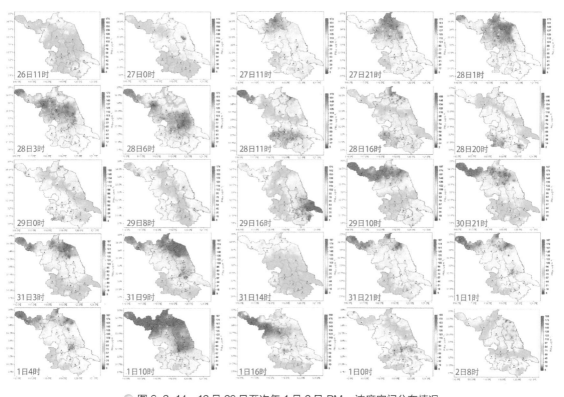

○ 图6-2-14　12月26日至次年1月2日PM$_{2.5}$浓度空间分布情况

从气象观测分析看,本次污染过程中气象条件极其不利。从近地面风向风速来看(图6-2-15),在污染过程的第一阶段,26日,全省风速较低,大部分地区风速低于1 m/s,导致污染排放容易在本地形成累积;27日—28日,近地面主导风向转为偏北风,风速约2 m/s,有利于污染物自北向南输送。在污染过程的第二阶段,29日,近地面以东北风为主,风速增大,约2 m/s,沿江污染有所缓解;12月31日—次年1月1日,地面受均压场控制,天气静稳,整体风速较小,大部分时段低于1 m/s,导致污染累积明显加重。从边界层高度来看,在整体污染过程中,江苏省边界层高度较低,基本维持在500 m以下,苏北边界层高度基本维持在 150 m 以下,环境容量大幅降低。从相对湿度来看,在污染过程的第一阶段,27 日凌晨至上午时段,北部城市的相对湿度较高,基本在 85% 以上。在第二阶段,30 日—次年 2 日,全省相对湿度整体较高,基本在 80% 以上,而北部城市高达 90% 以上,较高的相对湿度条件促进了颗粒物的二次转化和吸湿增长。

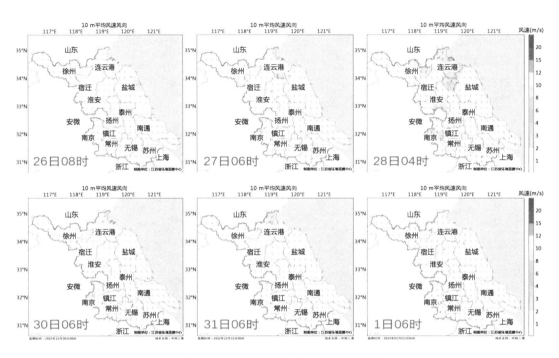

◯ 图 6-2-15 典型重污染日全省风速空间分布

从欧拉模型溯源和大气化学组分监测结果看,内源排放是本轮污染过程的主要原因,硝酸盐和有机物占比升幅明显,且均呈现典型的累积上升特征。欧拉模型溯源结果显示,12 月 26 日以来,内源排放在本轮污染过程中的贡献占比一直在 50% 以上,尤其是 12 月 29 日—次年 1 月 1 日污染最重时段,内源占比均超过了 70%。大气超级站监测结果显示(图 6-2-16 和图 6-2-17),本轮污染过程中 $PM_{2.5}$ 中的硝酸盐和有机物占比升幅明显,合计占比均超 50%,且呈缓慢累积上升的本地污染特征。其中在污染过程的第一阶段,沿江和苏北地区均以硝酸盐和有机物污染为主,沿江地区的硝酸盐占比(36.6%)较高,苏北地区有机物和硝酸盐占比相当;而污染过程的第二阶段,沿江地区的硝酸盐占绝对主导地位(41.4%),其次是有机物(21.5%);苏北地区主要仍以有机物(26.1%)和硝酸盐(27.0%)为主。网格化监测结果显示(图 6-2-18),徐州市及江苏省沿江地区西南部在本轮污染过程中出现 NO_2 高值,其中常州市经开区 NO_2 峰值浓度为本轮污染过程最高,达 205 μg/m³(31 日 23 时),高湿条件下高浓度的氮氧化物向硝酸盐的二次转化,是颗粒物中硝酸盐比例显著上升的重要原因之一。

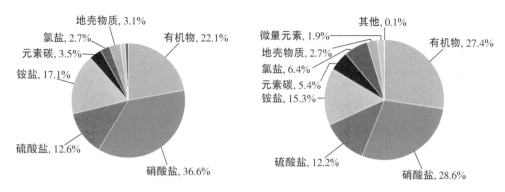

○ 图 6-2-16 污染过程第一阶段组分情况：沿江城市(左)和苏北城市(右)

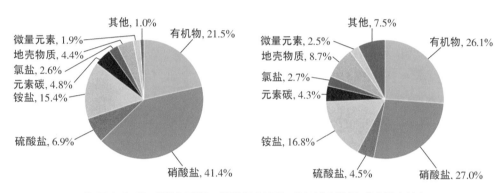

○ 图 6-2-17 污染过程第二阶段组分情况：沿江城市(左)和苏北城市(右)

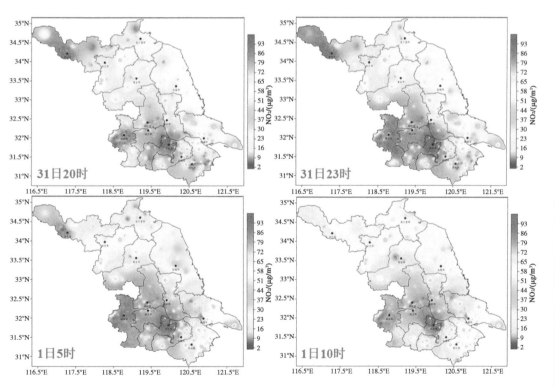

○ 图 6-2-18 江苏省 12 月 31 日—次年 1 月 1 日 NO_2 空间分布

第三节 烟花爆竹和秸秆焚烧的溯源

一、春节期间烟花爆竹燃放

2022 年除夕至初一(2022 年 1 月 31 日—2 月 1 日,下同),江苏省 $PM_{2.5}$ 平均浓度达 84.7 μg/m³,优良天数比率仅为 23.1%,与去年春节除夕至初一时段相比,分别转差 68.1 和 61.5 个百分点,降幅显著。13 个设区市中,常州、泰州 $PM_{2.5}$ 浓度较为突出,分别为 100.0 和 106.5 μg/m³,明显高于全省平均水平。江苏省空气质量在周边省市中最差, $PM_{2.5}$ 浓度最高,优良天数比率最低。除夕至初一,江苏省 $PM_{2.5}$ 浓度为 84.7 μg/m³,上海、浙江、安徽、山东、河南分别为 72.0、65.0、78.2、39.6、46.4 μg/m³,均优于江苏省 (图 6-2-19);江苏省优良天数比率为 23.1%,上海、浙江、安徽、山东、河南分别为 50.0%、63.6%、46.9%、93.8%、94.1%,均优于江苏省。

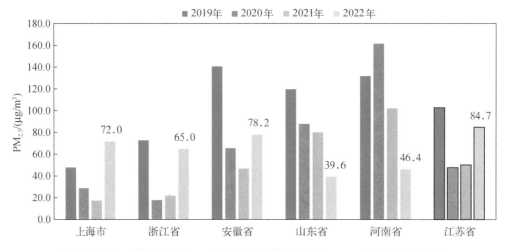

○ 图 6-2-19 近年除夕至初一时段江苏省及周边其他省市 $PM_{2.5}$ 平均浓度变化趋势

从常规监测分析来看,污染过程可分为三个阶段:

一是本地污染累积叠加外源输送:31 日凌晨时段,江苏省受弱气压场控制,地面风力弱,逆温较强,大气扩散条件较差。本地污染极易累积,叠加上游外源输送影响,徐州、连云港、宿迁、淮安、泰州、镇江、南京、常州 8 市 $PM_{2.5}$ 小时浓度达轻度—中度污染水平,其中淮安和宿迁 2 市连续 7 个小时达重度污染水平, $PM_{2.5}$ 浓度峰值出现在宿迁,为 163 μg/m³。

二是污染滞留累积及烟花爆竹燃放:31 日夜间至 1 日凌晨时段,全省均有较强逆温,沿江地区静小风,前期污染易滞留,本地污染易累积,同时湿度持续超过80%,颗粒物易吸湿增长,受前期污染滞留、本地污染累积和烟花爆竹燃放共同影响,13市PM$_{2.5}$小时浓度均达轻度及以上水平。

三是扩散条件改善与海上清洁气流:1日上午至夜间时段,近地面以东北风或偏东风为主,风力较大,湿度较低,逆温消失,大气扩散条件改善,叠加海上清洁气团影响,全省空气质量改善。

从大气化学组分监测结果来看,烟花爆竹影响大,除夕夜间至初一凌晨,多个典型城市钾离子浓度快速飙升,表明PM$_{2.5}$浓度的急剧升高受烟花爆竹集中燃放影响。钾离子是烟花爆竹燃放的示踪组分,江苏省典型城市大气超级站水溶性离子在线监测结果显示(图6-2-20),除夕夜间至初一上午时段(1月31日19时—2月1日8时),南京、无锡、徐州、常州、苏州、南通、连云港和镇江8市PM$_{2.5}$中钾离子浓度由除夕前(1月31日0时—18时)的0.81、0.96、1.51、1.20、0.52、1.12、0.74和0.71 μg/m^{3}分别升高至4.64、6.02、13.44、15.74、5.22、14.59、5.98和12.38 μg/m^3,平均升高了约10.3倍,同期多个城市PM$_{2.5}$达中度至重度污染水平。整体来看,烟花爆竹燃烧急剧抬高江苏省PM$_{2.5}$浓度水平,导致空气质量迅速恶化。

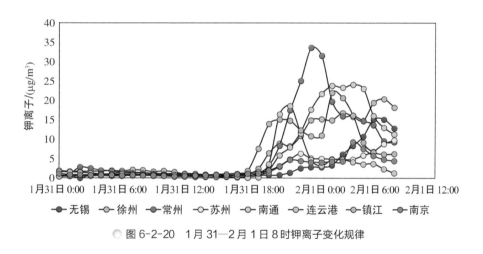

○ 图6-2-20　1月31—2月1日8时钾离子变化规律

欧拉模型溯源结果显示,本次污染过程以内源贡献为主,沿江地区内源占比偏高。数值模式内外源分析结果显示(图6-2-21),除夕至初一内源对江苏省PM$_{2.5}$浓度贡献明显,平均内源贡献达53%,占主导地位,平均外源贡献为47%,较1月份平均水平上升10个百分点。苏北5市平均内源贡献为29.2%,外源贡献为70.8%,沿江8市平均内源贡献为64.5%,外源贡献为35.5%,苏北5市受北方污染输送影响较大。

受部分县(市、区)及乡镇未划定禁燃区或禁燃效果不佳影响,县(市、区)环境空气质量显著差于城区,泰州靖江、南通如东、如皋、通州、盐城东台等地空气质量显著偏低且差

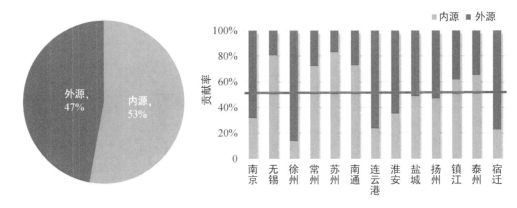

图 6-2-21　1月31日—2月1日13个设区市内外源贡献

于周边。1月31日夜间起,江苏省部分城市,尤其是县(市、区)环境空气质量显著恶化,位于县(市、区)的省控站环境空气质量显著差于国控站点,PM$_{2.5}$浓度较国控点平均偏高20 μg/m³。位于设区市的国控点周边禁燃工作虽有一定成效,但区县烟花爆竹禁燃压力存在逐级衰减,而县区周边乡镇往往未划定禁燃区,"农村包围城市"的区域污染影响特征明显。其中泰州靖江、南通如东、如皋、通州、盐城东台等地个别时段 PM$_{2.5}$浓度达严重污染水平,污染程度明显高于所在设区市,显著推升周边城区 PM$_{2.5}$浓度水平。热点网格监测分析显示,多数城市 PM$_{2.5}$浓度排名前十热点网格集中在下辖县(市、区)。苏州偏高网格多数位于张家港市,较全市浓度水平高 18.3~76.2 μg/m³;南通偏高网格位于如皋市或如东县,较全市浓度水平高 30.9~52.1 μg/m³;盐城偏高网格均位于东台市,较全市浓度水平高 21.0~30.5 μg/m³;连云港偏高网格位于灌南县或灌云县,较全市浓度水平高11.6~21.4 μg/m³;镇江偏高网格位于丹阳、扬中、句容市,较全市浓度水平高 14.5~47.0 μg/m³;泰州偏高网格均位于靖江市,较全市浓度水平高 45.8~73.8 μg/m³。

二、秋季秸秆焚烧

秋收之后,露天秸秆焚烧进入高发期,江苏省很多地方规定10月至12月是禁烧时段,但部分地区存在偷烧秸秆的行为。2023年11月19日夜间至23日,江苏省经历了一轮大范围 PM$_{2.5}$污染过程,是近三年11月最严重的污染过程,从时间上看,污染时间持续了98个小时;从范围上看,13市 PM$_{2.5}$小时浓度短时达中度—重度污染水平以上;从峰值上看,淮安市23日8时达212 μg/m³,是13市的峰值浓度,除南京、无锡、苏州 PM$_{2.5}$浓度短时达中度污染水平,其余设区市 PM$_{2.5}$浓度短时均达重度污染水平。此次污染过程受到本地高污染排放和北方污染传输的共同影响,但从欧拉模型溯源结果看,污染期间,内源贡献为主,占 52.3%。

钾离子既是烟花爆竹燃放的示踪组分,也是秸秆焚烧的示踪组分,大气超级站监测结果显示(表 6-2-1),此次污染过程各市均监测到了钾离子异常升高的现象。清洁时段钾离子浓度一般低于 1 μg/m³,而连云港钾离子浓度于 11 月 20 日 20 时达到了 5.41 μg/m³;泰州钾离子浓度于 11 月 19 日最高达到了 3.13 μg/m³;宿迁钾离子浓度于 20 日 7 时达到了 2.79 μg/m³。秸秆焚烧火点遥感监测也验证了生物质燃烧的影响,结果显示 11 月以来,全省共发现疑似火点 37 处,去年同期仅发现疑似火点 2 处,较去年同期增加 35 处,其中徐州、连云港、淮安发现疑似火点较多,表明近期的秸秆焚烧对大气污染影响显著。

表 6-2-1　污染过程中各市钾离子浓度

城市	K⁺平均浓度(μg/m³)	K⁺最高浓度(μg/m³)	出现时间
南京	0.71	1.76	2023-11-23 10:00:00
无锡	0.48	0.73	2023-11-20 11:00:00
徐州	1.17	2.39	2023-11-20 03:00:00
常州	0.59	1.51	2023-11-23 10:00:00
苏州	0.58	1.30	2023-11-23 12:00:00
南通	0.70	2.67	2023-11-20 08:00:00
连云港	1.01	5.41	2023-11-20 20:00:00
淮安	0.88	2.07	2023-11-23 10:00:00
盐城	0.83	2.35	2023-11-23 03:00:00
扬州	0.94	2.42	2023-11-23 09:00:00
镇江	0.66	1.65	2023-11-23 11:00:00
泰州	0.95	3.13	2023-11-19 23:00:00
宿迁	1.17	2.79	2023-11-20 07:00:00

第四节　夏季臭氧污染过程的溯源

夏季是江苏省臭氧污染的高发季节,2022 年 8 月,江苏省南通市臭氧浓度为 220 μg/m³,高居全国首位,受臭氧超标影响,优良天数比率仅为 54.8%,同比下降 32.3 个百分点。臭氧浓度和优良天数比例均为"十三五"以来最差水平。

利用观测分析法对污染进行溯源,发现南通及其周边臭氧的前体物(NO_x 和 VOCs)均处于高位。国控站点监测结果显示,8 月南通 NO_2 浓度 20 μg/m³,为全省最高,同比上升 42.9%,高于苏州、无锡、常州、泰州(16~17 μg/m³),与上海持平。省控站点监测结果显示,8 月南通市各区县 NO_2 浓度介于 12(如东、启东)~16(通州) μg/m³,除海门、海安基本持平外,均大幅上升,升幅介于 33.3%~80.0%;南通市周边的江阴、张家港、靖江、太仓 NO_2 浓度介于 20(江阴)~26(太仓) $\mu g/m^3$,其中张家港、太仓上升 4.3% 和 13.0%。大气超级站监测结果显示,8 月南通空气环境中 VOCs 浓度居高不下,浓度达 13.5 ppb,全省仅次于无锡、泰州和镇江 3 市;且南通 VOCs 浓度同比上升 39.3%。7 日—14 日臭氧严重污染期间,除陈桥中学外,南通能达、苏通和超级站 3 个自动监测站 6 时 VOCs 浓度基本均维持在 20 ppb 以上,12 日 4 个站点的 VOCs 浓度均是 7 日以来的最高值;其中 12 日 0—10 时 VOCs 浓度为 42 ppb,位居全省第一,约为全省平均值的 2 倍。卫星遥感监测结果显示(图 6-2-22),8 月 1 日—13 日南通市及周边地区 NO_2 和 HCHO 高值区主要分布南通市的崇川区,无锡市北部、苏州市北部、上海市北部等区域,特别是 9 日—13 日持续出现大范围 HCHO 高值区。

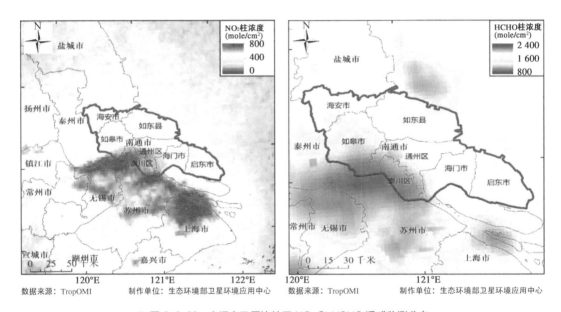

图 6-2-22　南通市及周边地区 NO_2 和 HCHO 遥感监测分布

进一步对 VOCs 物种进行分析,臭氧生成潜势(OFP)分析结果显示,污染期间南通市 VOCs 前十物种为间/对-二甲苯、甲苯、乙烯、异戊二烯、邻-二甲苯、丙烯、异戊烷、乙苯、1,2,3-三甲苯和正丁烷,其中以甲苯、二甲苯为代表的芳香烃的 OFP 快速上升导致南通市的臭氧反应活性迅速增强。南通 8 月 7 日、12 日凌晨均出现 VOCs 异常升高现象。其中 8 月 7 日凌晨,甲苯 OFP 数值迅速从 10 上升至 100,增加 9 倍,占所有 VOCs 总 OFP 增加值的 32%;其次为间/对-二甲苯,其 OFP 数值从 51 增加至 68;12 日凌晨,甲苯 OFP 数值迅速从 14 上升至 63,增加 3.5 倍,间/对-二甲苯 OFP 数值从 19 最高增加至 90,增加约 3.7 倍。以甲苯、二甲苯为主高活性 VOCs 的快速上升直接为臭氧的生成提供充足的"燃料",导致 VOCs 的反应活性迅速增强,此后的 1~2 日内南通先后出现臭氧中度污染。甲苯、二甲苯主要来源于溶剂使用、油气挥发等行业,其活性较高,传输距离相对较短,与南通市工业区及储罐区等集中分布的南部相吻合。风玫瑰图分析结果显示(图6-2-23),二甲苯主要来自南通东南部的邻近区域,以本地生成为主;甲苯主要来自南通南部,此外还受到南部相关城市污染输送影响。

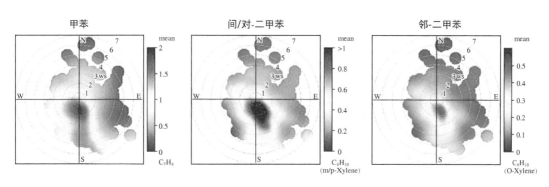

◎ 图 6-2-23　南通市 VOCs 中主要活性物种风玫瑰图

扩散模型溯源结果显示,臭氧污染时段主要以内源为主,但在偏南风或东南风影响下,臭氧及其前体物自南向北的输送进一步推高了相关区域臭氧浓度水平。从实况分析看,8月南通以偏南风或东南风为主,污染过程中臭氧及其前体物(VOCs 和 NO_x)存在自南向北输送,受苏州、上海、浙江影响较大。以 12 日—14 日监测到的污染物浓度为例,在夜间至凌晨时段,在偏南风条件下,位于上风向的苏州市和常熟市的 NO_2 浓度出现峰值的时间早于南通 2~3 小时;而在夜间东南风条件下,上游的太仓市臭氧浓度出现峰值的时间较下风向的南通早约 1 个小时,且峰形高度重合。从气团轨迹模拟(未考虑源排放)分析来看(图6-2-24),南通市臭氧污染时段,影响南通市区的气团主要来自偏南区域,苏州、浙江和上海的输入影响较为明显,其中南通、苏州、上海、浙江分别贡献为 18.2%、27.0%、14.5% 和 29.2%。从数值模式内外源(考虑源排放)分析来看,江苏内源对南通市臭氧污染贡献明显。利用空气质量数值模式(CAMx-OSAT)分析臭氧污染时段内外

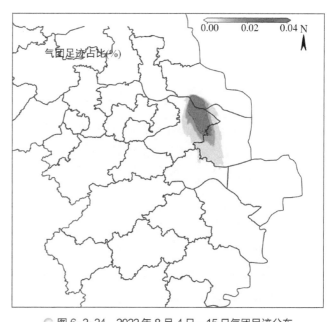

◎ 图 6-2-24　2022 年 8 月 4 日—15 日气团足迹分布

源排放贡献占比情况,结果显示:江苏本地排放贡献 57.7%,显著高于周边其他省市(上海贡献约 10.9%、浙江约 20.4%),其中南通、苏州 2 市分别贡献 36.6%、16.4%。

8 月以来臭氧超标时段,南通持续受副高控制,晴热少云,气温高,风速小,气象条件同比转差明显。从高空天气形势看,西太平洋副热带高压西伸脊线稳定,江苏省沿江地区整体位于脊线中心线附近,受其长时间控制,控制区内高层辐合下沉气流,导致近地面垂直扩散能力差。从地面气象要素看,8 月南通市平均气温为 30.3℃,比去年同期高 2.5℃,日最高气温高于 35℃ 的日数达 18 天,显著高于同期水平(仅 1 天);平均风速为 2.7 m/s,较去年同期基本持平;总降水量为 21.7 mm,较去年同期大幅减小 85.4%;有效降雨日 5 天,较去年同期大幅减少 11 天。从长三角地区看,该地区气温偏高,日最高气温持续在 36℃ 以上,大部分地区降水稀少,光照辐射条件有利于臭氧生成。

第五节　典型行业溯源调查

省环境监测中心组织各驻市中心于 2021 年 12 月针对全省的表面涂层、印刷印染、建材等涉及 VOCs 排放的 208 家典型企业开展了一轮调查监测,所调查行业的 VOCs 排放占全省排放的 27.0%,具有较好的代表性。各驻市中心分别选取 1~2 个典型行业,采用资料调研和现场排查相结合的方式开展行业调查监测,其中,对南京、徐州、常州、苏州、淮安、泰州针对家具制造、涂布不干胶、涂层涂布等表面涂层行业,对无锡、南通、盐城、宿迁针对包装印刷、纺织印染、油墨使用等印刷印染行业,对镇江针对特种碳材料和水泥等建材行业,对连云港、扬州针对工业污水、毛绒玩具等其他行业开展。根据 2019 年江苏省本地精细化人为排放清单,其中表面涂层行业、印刷印染行业、建材行业的 VOCs 的排放占全省 VOCs 排放的 22.1%、1.8% 和 3.1%;建材行业的 $PM_{2.5}$ 一次排放量占全省 $PM_{2.5}$ 一次排放量的 16.2%,均是不可忽视的重要行业。

调查内容包括企业源头治理、过程管控、末端处理、运行管理等方面。调查发现主要问题有:治理设施运行效果差;无组织排放现象普遍;源头治理不系统。

(一)治理设施运行效果差。企业生产过程中,各市均存在颗粒物和 VOCs 处理设施缺失或长期闲置的情况,车间废气收集效果不佳。其中,徐州、常州、扬州、宿迁废气未经收集处理直接排放于外环境中;徐州、南通部分企业涉嫌超标排放,有组织排放浓度超过或非常接近排气筒 VOCs 限值要求;镇江特种碳企业在停产并运行除尘设备的状态下,厂房内烟气仍积聚明显,$PM_{2.5}$ 浓度过高。

(二)无组织排放现象普遍。各市企业车间密闭性较差,原辅材料、危废等堆放不规范,存在不同程度的无组织排放问题。其中,南京、徐州、常州、南通、连云港、淮安、盐城、扬州、宿迁企业车间未封闭,生产及操作过程未在密闭空间或者设备中进行;无锡、常州、苏州、南通、淮安、盐城、扬州、泰州原辅材料随意敞开存放;常州、南通 VOCs 无组织排放浓度超过相关标准要求;南京、徐州疑似擅自启用去功能化车间生产加工,已停用车间仍存在 VOCs 排放。

(三)源头治理不系统(表 6-2-2)。各市不同程度存在"使用的原辅材料品质良莠不齐、耗材更换不及时、清洁生产未有效落实"等问题。其中,南京、无锡、常州、宿迁多数企业使用的原辅料 VOCs 含量差异大,尤其宿迁油墨使用行业普遍使用成分不明确、VOCs 质量占比不确定、污染物产排量较大的"三无"产品;南通部分企业未有清洁生产审核或审核时间跨度大;无锡、南通多家企业缺少相关基础台账,显示相关企业的清洁生产工作未得到有效落实。

表 6-2-2　江苏省各设区市典型或特色行业企业问题清单

序号	城市称	行业名称	企业数量	主要问题	所属行业大类
1	南京	家具行业	28	1. 擅自启用去功能化车间生产加工; 2. 环保净化设备收集处理效率较差或未设置环保净化设备; 3. 车间密闭性较差、敞开作业,长期直排污染物,未生产车间内 VOCs 实测浓度过高;车间杂乱,原料与危废混放。	表面涂层
2	无锡	包装印刷行业	10	1. 存在"厂中厂"现象,缺少基础台账; 2. 废气收集效果不佳,耗材未及时更换; 3. 车间密闭性较差、原料桶敞开存放;生产车间 VOCs 浓度偏高。	印刷印染
3	徐州	家具行业	9	1. 停用的车间仍存在 VOCs 排放; 2. 废气收集设施漏风严重,收集效果不佳或缺失,存在废气直排; 3. 喷漆房密闭性较差;车间浓度偏高。	表面涂层
4	常州	地板行业	14	1. 废气收集效果不佳或未设置处理设施; 2. 车间密封性较差,敞开式作业较多;车间地面堆积大量粉尘。	表面涂层
5	苏州	涂层行业	12	1. 废气收集效果不佳或未设置处理设施; 2. 车间地面脏乱,胶桶未按要求放置。	表面涂层
6	南通	纺织印染行业	24	1. 未有清洁生产审核; 2. 车间废气收集效果差; 3. 车间环境差,原料桶未按要求堆放;厂界浓度不满足要求。	印刷印染

序号	城市称	行业名称	企业数量	主要问题	所属行业大类
7	连云港	经济开发区工业污水	11	1. 工业污水中有机溶剂含量超标； 2. 废气收集效果不佳或未设置处理设施； 3. 企业污水输送管网未封闭。	工业废水
8	淮安	家具制造及木材加工行业	12	1. VOCs废气处理装置使用不合理或缺失，耗材更换不及时； 2. 车间密封性差，有明显异味；车间原料桶随意堆放。	表面涂层
9	盐城	纺织染整产业园	28	1. 废气处理装置效果差； 2. 车间密闭性差；车间原料桶随意堆放。	印刷印染
10	扬州	毛绒玩具行业	14	1. 净化装置未安装或闲置； 2. 车间密闭性差，工作环境杂乱。	其他工业
11	镇江	特种碳材料和水泥行业	5	1. 除尘设备处理效率欠佳； 2. 车间环境差，积尘明显；存在烟气泄漏和扬尘隐患。	建材
12	泰州	涂布不干胶行业	12	1. 监测平台设置不规范； 2. VOCs收集效率不高或无有效收集VOCs装置； 3. 原料桶堆放不规范。	表面涂层
13	宿迁	油墨使用行业	29	1. 企业布局分散；油墨使用品质良莠不齐； 2. 废气收集处理设施缺失。	印刷印染

第六节 大气污染控制对策

2013年《大气污染防治行动计划》出台后，江苏省坚定不移地打好污染防治攻坚战，推动空气质量持续明显改善。PM$_{2.5}$年均浓度连续9年持续下降，2021年和2022年PM$_{2.5}$浓度均低于35 μg/m^3，连续两年达世卫组织一阶段目标。但臭氧作为首要污染物且超标的天数较多，首污超标天数占比逐渐增大，臭氧是影响优良天数最重要的因素。从污染成因来看，江苏省内源贡献整体上大于外源，内源贡献平均占六成左右，本地排放仍是大气污染最主要的因子，江苏大气污染防治的结构性、根源性、趋势性压力尚未得到根本缓解，全省高排放、高耗能产业规模仍然较大，粗钢、生铁和水泥产量均居全国前列；能源结构仍以化石能源为主，单位国土面积耗煤量远高于全国平均水平。因大气污染物排放强度和总量偏大,江苏省整体仍未摆脱气象条件影响,当遇不利气象条件时,污染物浓度立刻快速上升。臭氧主要是由氮氧化物(NO_x)和挥发性有机物(VOCs)经过一系列复杂的光化学反应生成。$PM_{2.5}$主要组分包括硝酸盐、有机物、硫酸盐、铵盐、地壳元素、无机碳等,经多年大气污染治理,江苏省$PM_{2.5}$中一次排放(烟尘、扬尘源等)贡献已显著降低。目前,二次颗粒物对$PM_{2.5}$贡献达三分之二以上,是江苏省$PM_{2.5}$中占比最为突出的部分。而二次颗粒物中的主要组分硝酸铵和二次有机物分别由氮氧化物(NO_x)和挥发性有机物(VOCs)与环境空气中的氧化性物质不断发生化学反应生成。在前体物浓度保持高位的前提下,大气氧化性的增强,能够促进二次颗粒物的生成。因此,从污染排放情况看,目前氮氧化物和VOCs排放量巨大,是造成$PM_{2.5}$和臭氧污染的关键因子。夏收和秋收后的秸秆焚烧、春节期间的烟花爆竹燃放也会短时抬升$PM_{2.5}$浓度。同时北方沙尘天气也会对优良天气比率有一定影响,2019—2022年,沙尘分别使江苏省优良天气比率降低了1.0、0.2、1.5、0.4个百分点,沙尘天气受气候影响,年际变化较大,但对江苏省的影响主要集中在4月、5月、10月、11月。针对大气污染的影响因子,江苏省在大气污染防治攻坚中的主要防治对策如下:

一是积极推进清洁原料替代、超低排放改造等工作,培育企业绿色发展示范典型,切实削减氮氧化物和挥发性有机物等大气污染物排放总量。以推动重点企业实施清洁原料替代为着力点,通过严格市场准入、强化排查整治、建立正面清单、完善标准制度等手段,以点带面,全面推广低VOCs含量原辅料清洁原料替代工作。同时做好与辖区内火电、钢铁、焦化、石化、水泥、玻璃等重点行业和工业炉窑、垃圾焚烧重点设施企业的沟通对接,鼓励和引导企业积极推进超低排放改造或深度治理、清洁能源替代等,自愿落实超低排放改造(深度治理)措施。充分发挥企业示范引领作用,标杆建设一批、改造提升一批、优化整合一批,树立环境保护示范企业典型。

二是坚持问题导向,全面发力强化全域监管,不留死角"织密"污染物管控"网络",通过帮扶落后地区,降低污染排放影响。多次污染过程溯源分析表明,个别区县存在对设区市传输贡献大的特点,在目前严峻的形势下,不仅要重视城市区域的环境空气质量改善,还要在原先基础上进一步强化全域监管。尽全力压降城市周边区域污染物浓度,降低对国控点空气质量的污染贡献,从身边问题出发,全面持续改善环境空气质量。

三是抓住秋冬季关键变量,重点关注秸秆焚烧、工业排放、机动车排放,全力"削峰保良",扭转环境质量不利形势。监测数据显示,污染时段钾离子浓度远高于全年平均水平,秸秆焚烧情况抬头,同时硝酸盐、有机物同比上升显著,且多次在污染过程前的夜间至凌晨时段,NO_2浓度出现异常升高现象。在当前污染物排放量处于上升趋势的情况下,须利用好污染源在线监控、网格化监测等数据,整合走航监测、无人机巡查、遥感监测等科技手段,紧盯秸秆焚烧、工业排放、机动车排放等关键变量,提前管控,降低污染排放强度。

　　四是针对臭氧污染防治,紧盯"两苯两烯"等VOCs活性组分,以短期应急防治与长期可持续治理相结合的方式推进臭氧污染的防控。江苏省绝大多数城市均处于VOCs控制区,应坚定不移推进VOCs减排。石化化工行业、溶剂使用和机动车尾气是江苏省VOCs的主要来源,"两苯两烯"等活性组分是其中的关键物种,挥发、泄漏等无组织过程是VOCs排放的主要形式。固定源方面,根据最新的大气污染源排放清单,应以污染大户为重点,推动石化、化工、仓储、工业涂装、包装印刷等行业深度治理。无组织排放方面,应完成储罐改造,规范涂料、油墨等有机原辅材料的调配和使用环节无组织废气收集,采取车间环境负压改造、安装高效集气装置等措施,提高VOCs产生环节的废气收集率,同时推广低挥发性溶剂使用,尤其是汽车制造、家具制造、印刷等使用量较大的行业,并加强对上述行业的监测和监控。